Christian Schlieder

Autodesk® AutoCAD® 2014

Grundlagen in Theorie und Praxis

Viele praktische Übungen am Planbeispiel „Digitale Fabrikplanung“

Christian Schlieder

Autodesk® AutoCAD® 2014

Grundlagen in Theorie und Praxis

Viele praktische Übungen am Planbeispiel „Digitale Fabrikplanung“

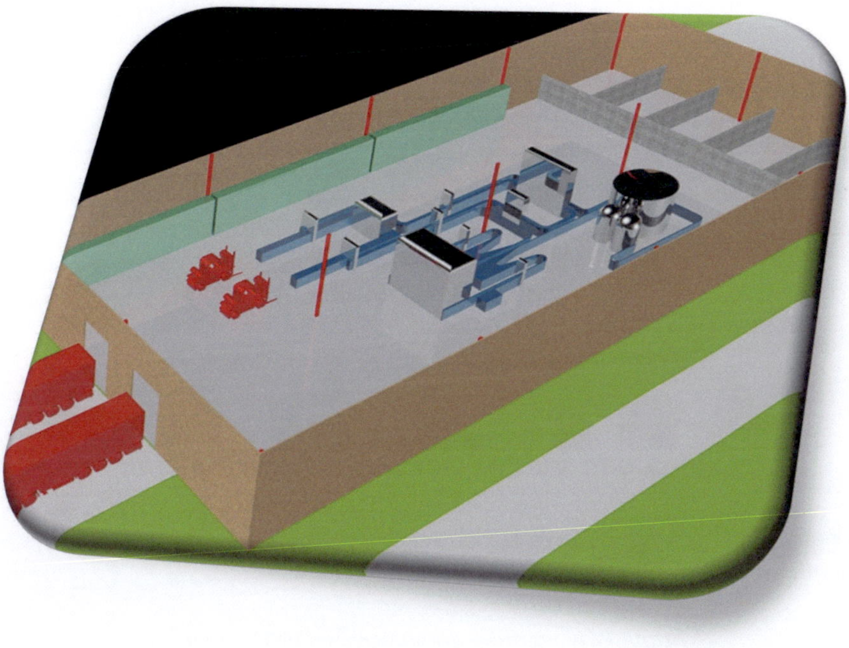

Weiterführende Literatur

Inventor®
Grundlagen in Theorie und Praxis

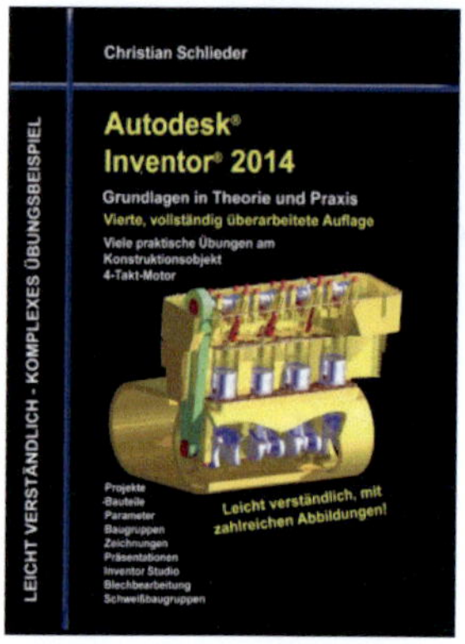

ISBN: 9783732237265
24,95 Eur

Autodesk® Inventor®
Aufbaukurs
Konstruktion

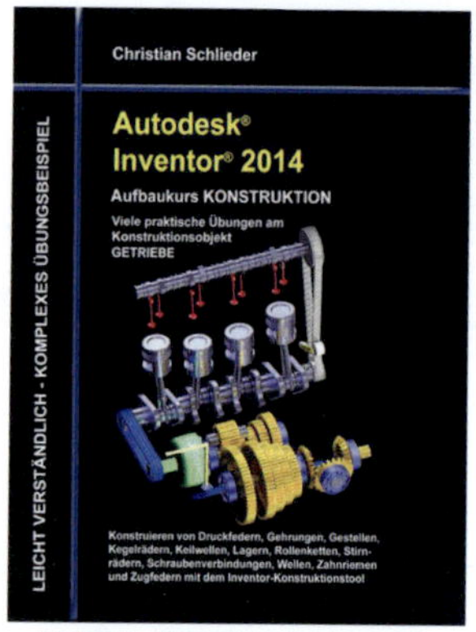

ISBN: 9783732242368
18,95 Eur

Autodesk® Inventor®
Einsteiger-Tutorial
Hybridjacht

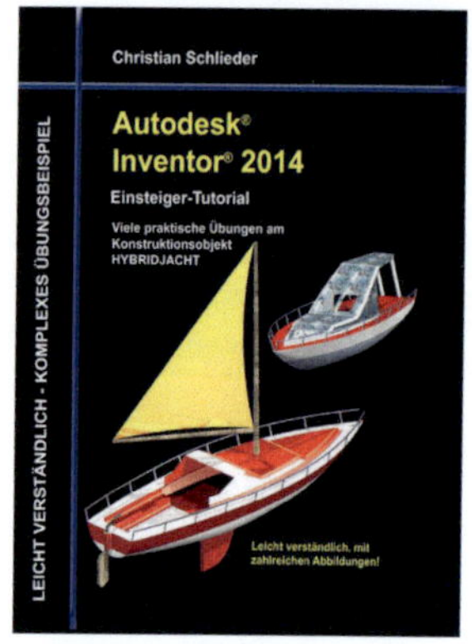

ISBN: 9783732241712
18,95 Eur

Frontal-Schulung

Frontal-Schulungen können in Ihrer Firma oder in unseren Räumlichkeiten in Berlin stattfinden. Jeder Teilnehmer erhält eigene Schulungsunterlagen, die Schritt für Schritt abgearbeitet werden. Der Trainer klärt Fragen direkt und ausführlich an den einzelnen Arbeitsplätzen, wodurch eine intensive und individuelle Betreuung möglich ist.

Gern senden wir Ihnen einen Kostenvoranschlag.

Kostenlose Videos auf www.YouTube.com

Viele Übungen aus unseren Büchern stehen kostenlos als Videos auf der folgenden Website zur Verfügung:

http://www.youtube.com/user/DerCADTrainer

Autodesk
Authorised Author

ISBN

978-3-7322-5284-8

IMPRESSUM

Dipl.- Ing. Christian Schlieder
www.cad-trainings.de
Fax: +49 (0) 3212 - 1122290

HERSTELLUNG UND VERLAG

BoD - Books on Demand, Norderstedt
www.BoD.de

INHALTSVERZEICHNIS

1 Einleitung

1.1 Zielsetzung

Dieses Buch richtet sich an alle interessierten Personen jeglicher fachlicher Bereiche. Es ist logisch aufgebaut und versucht, dem Leser anhand eines komplexen Übungsbeispiels das Programm ***Autodesk® AutoCAD® 2014*** näherzubringen. In kleinen Abschnitten lernt der Leser verschiedene Vorgehensweisen und Befehle kennen und setzt diese praktisch um.

Sobald die benötigten Übungsdateien heruntergeladen und gespeichert wurden, werden alle Randbedingungen des Übungsbeispiels erläutert. Die Programmgrundlagen (Programmoberfläche, Hauptmenü, Menüleiste, Werkzeugkästen, Multifunktionsleisten, Protokoll- und Befehlseingabebereich, Modell- und Layoutbereich) werden dargestellt und das Projekt in den druckfähigen Papierbereich übertragen.

Die Arbeitsweise findet analog zum Programmaufbau statt. Die Befehle werden den einzelnen Registern und Befehlsgruppen zugeordnet, deren Bedeutung und Eigenschaften erläutert und anschließend praktisch ins Übungsprojekt übertragen. Nach Fertigstellung des 2D-Modells wird das Projekt für den Druck aufbereitet (Layoutbereich).

Im letzten Teil des Buches sollen die Möglichkeiten der Modellierung im plastischen Bereich aufgezeigt werden. Die Zeichnungsdaten aus dem 2D-Bereich werden mit Hilfe verschiedener Befehle aus dem 3D-Bereich in Volumenkörper konvertiert.

1.2 Übungsordner und Übungsdateien

1.2.1 Erzeugen Sie einen Übungsordner auf Ihrem PC

AutoCAD 2012 – Übung Fabrikplanung

Um die Übungen in diesem Buch durchführen zu können, benötigen Sie vorgefertigte Übungsdateien, welche Sie kostenlos von der Website des Autors herunterladen können.

Vorher sollten Sie auf Ihrem PC an geeigneter Stelle einen neuen Ordner mit der Bezeichnung ***AutoCAD 2014 – Übung Fabrikplanung*** erzeugen. Dieser Ordner wird als Projektordner dienen.

1.2.2 Download der zum Buch gehörenden Übungsdateien

Um die Übungen aus diesem Buch durchführen zu können, benötigen Sie Übungsdateien, welche Sie von der folgenden Website kostenlos herunterladen können:

http://www.cad-trainings.de

Wählen Sie im Register ***Download*** das entsprechende Buch und klicken Sie auf den rechts daneben stehenden Link ***Download der Übungsdateien***.

Speichern Sie die Datei im Projektordner ***AutoCAD 2014 – Übung Fabrikplanung*** und entpacken Sie diese darin. Es handelt sich um eine ZIP-Datei, welche mit dem kostenlosen Programm ***WINZIP*** entpackt werden kann. Den Link zu diesem Programm finden Sie ebenfalls auf der Website des Autors (Register ***Download***, oben).

Der neu entpackte Ordner enthält verschiedene Dateien, welche in den folgenden Übungen verwendet werden sollen.

1.2.3 Verwendete Abkürzungen

In diesem Buch werden die folgenden Abkürzungen verwendet:

- **BG** => Befehlsgruppe
- **BM** => Betriebsmittel
- **Entf** => Taste Entfernen
- **Enter** => Taste Enter
- **Esc** => Taste Escape
- **ggf.** => gegebenenfalls
- **TM** => Transportmittel
- **UZS** => Uhrzeigersinn
- **WA** => Warenausgang
- **WE** => Wareneingang
- **Z. B.** => zum Beispiel

2 Randbedingungen definieren

2.1 Randbedingungen des Planungsbeispiels

Grundlegend sind bei der Planung einer Fabrik folgende Randbedingungen zu beachten:

- Produktbeschaffenheit
- Benötigte Betriebsmittel
- Benötigte Transportmittel
- Lagerbereiche
- Sozialtrakt für die Mitarbeiter
- Hallenaufbau
- Außenbereich (Grundstück)
- Qualitätssicherungsmaßnahmen
- Material- und Personalfluss
- Energie- und Informationsfluss
- Kosten- und Personalanalyse
- Anforderungen an den Standort
- Gesetzliche Bestimmungen

Die Fabrikplanung im vorliegenden Übungsbeispiel wird sich auf die zeichnerische Umsetzung mit der Software ***Autodesk® AutoCAD® 2014*** beschränken. Eine Betrachtung der Qualitätssicherung, der Material-, Personal-, Energie- und Informationsflüsse sowie der Kosten- und Personalanalyse ist nicht notwendig. Lediglich die folgenden Bereiche sind von Bedeutung:

- Produktbeschaffenheit
- Benötigte Betriebsmittel
- Benötigte Transportmittel
- Lagerbereiche
- Sozialtrakt für die Mitarbeiter
- Hallenaufbau
- Außenbereich (Grundstück)

2.2 Produktbetrachtung

Das eigentliche Produkt des Planungsbeispiels ist reines Quellwasser, welches aus einer naheliegenden Quelle zum Fabrikgelände gepumpt und dort in Glasflaschen gefüllt werden soll. Diese werden in Kunststoffkästen gesetzt und anschließend auf Europaletten gestapelt. Leere Flaschen in Kästen werden als Leergut auf Europaletten angeliefert und müssen vor dem Füllprozess gereinigt werden.

2.2.1 *Quellwasser*

Abmessungen:
- Keine

Anlieferung:
- Wasser wird zum Fabrikgelände gepumpt

Bearbeitung:
- Quellwasser in Wasserspeicher zwischenlagern

2.2.2 *Glasflaschen*

Abmessungen:
- Durchmesser x Höhe: 100 x 300 mm

Anlieferung:
- Flaschen befinden sich in Kunststoffkästen
- Schraubverschlüsse wurden bereits entfernt
- Flaschen verschmutzt (innen und außen)

Bearbeitung:
- Flaschen aus Kästen heben
- Flaschen auf gefährliche Verunreinigungen (Gifte), enthaltene Feststoffe und Beschädigungen prüfen, ggf. aussortieren
- Flaschen reinigen (Laugenbad mit anschließender Wasserspülung)
- Flaschen erneut prüfen
- Flaschen füllen, verschließen und etikettieren
- Flaschen zwischenspeichern

2.2.3 *Kunststoffkästen*

Abmessungen:
- Länge x Breite x Höhe: 400 x 300 x 320 mm

Anlieferung:
- Kästen verschmutzt
- Kästen befinden sich auf Europalette

Bearbeitung:
- Kästen von Paletten heben
- Flaschen aus Kästen heben
- Kästen reinigen
- Kästen zwischenspeichern

2.2.4 Paletten

Abmessungen:
- Länge x Breite x Höhe: 1200 x 800 x 144 mm

Anlieferung:
- Paletten werden (mit Leergut) auf LKW angeliefert

Bearbeitung:
- Kästen und Flaschen von Palette heben
- Paletten zwischenspeichern

2.3 Einteilung der Bereiche

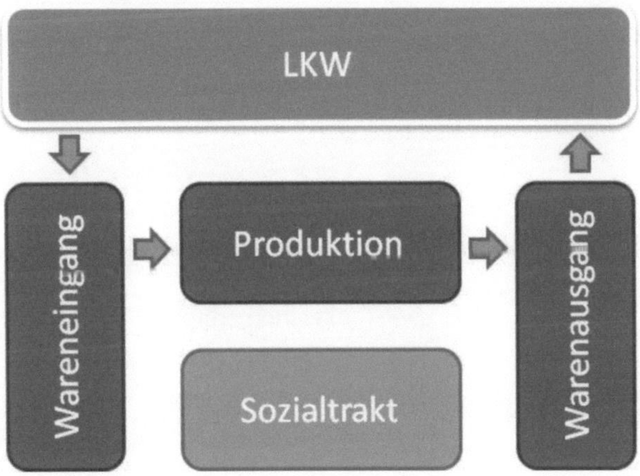

Grundlegend verläuft der Materialfluss vom LKW über den Wareneingang im Lager, die Produktion, den Warenausgang im Lager und wieder zurück zum LKW.

Maßgeblich für die Planung der notwendigen Größe der Fabrikhalle ist die Produktionslinie. Sie bestimmt neben der benötigten Hallengröße auch die Anordnung der einzelnen Bereiche innerhalb der Halle.

2.4 Betriebsmittel

2.4.1 Maschinen und Anlagen der Produktionslinie

Der Produktionsbereich wird Form und Aufbau der Fabrikhalle und des Außengeländes bestimmen. Aufbau, Größe und Form der Produktionslinie werden durch die erforderlichen Betriebsmittel beeinflusst. Eine Produktionsanlage benötigt an Betriebsmitteln: Anlagen, Maschinen und sonstige Geräte.

Da sich dieses Übungsbuch allein auf die zeichnerische Umsetzung der Fabrikplanung konzentriert, sollten die folgenden Betriebsmittel betrachtet werden:

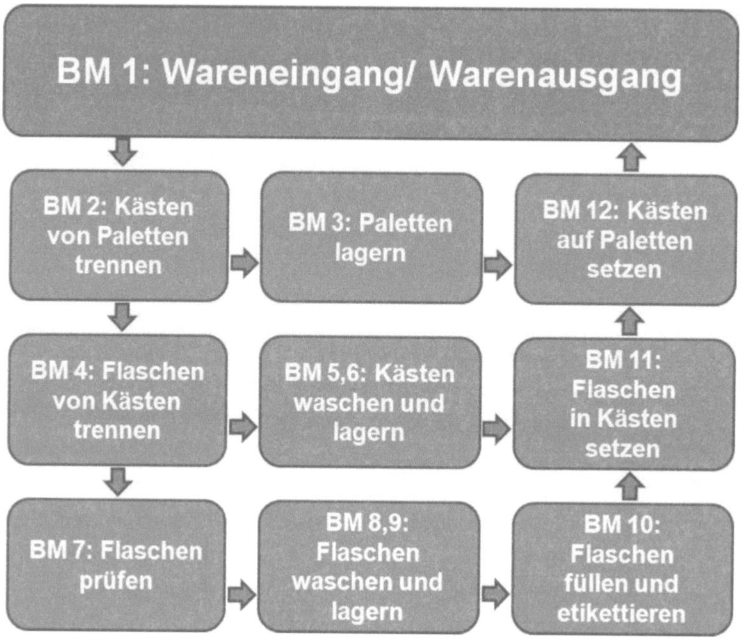

- ***BM 1***: Transport der Paletten (LKW – Lager – Produktionslinie)
- ***BM 2***: Kästen (gefüllt) von Paletten trennen
- ***BM 3***: Paletten zwischenlagern
- ***BM 4***: Flaschen von Kästen trennen
- ***BM 5***: Kästen reinigen
- ***BM 6***: Kästen zwischenlagern
- ***BM 7***: Flaschen prüfen
- ***BM 8***: Flaschen zwischenlagern
- ***BM 9***: Flaschen reinigen
- ***BM 10***: Flaschen füllen, schließen und etikettieren
- ***BM 11***: Flaschen in Kästen setzen
- ***BM 12***: Kästen und Flaschen auf Paletten setzen

2.4.1.1 BM 1: Transport der Paletten (LKW – Lager – Produktionslinie)

Be-/ Entladen des LKWs durch einen handelsüblichen Gabelstapler. Der LKW wird entladen, das Leergut ins Lager bzw. direkt zur Produktionslinie gebracht, wobei die Paletten vom Stapler direkt auf die Transportbänder gesetzt werden. Im Lagerbereich stehen Regalsysteme zur Aufnahme von Paletten und Leergut zur Verfügung.

2.4.1.2 BM 2: Kästen und Flaschen von Paletten trennen

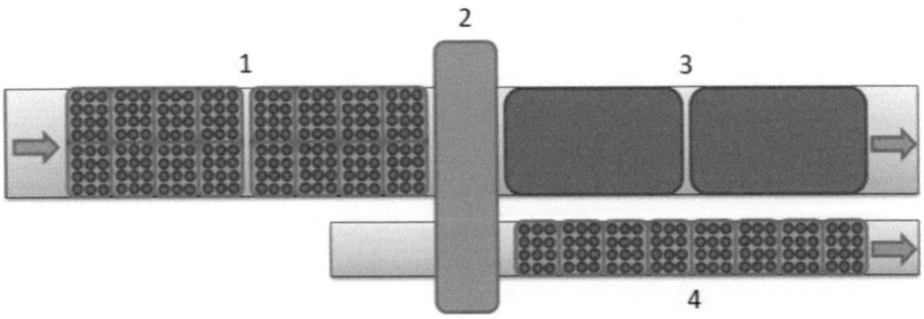

1. Paletten mit Leergut (auf Rollenband)
2. Roboter hebt Kästen (gefüllt) von Palette
3. Leere Paletten (auf Rollenband)
4. Kästen (gefüllt)

Die Paletten samt Leergut werden auf einem Rollenband (1) zum ***BM 2*** transportiert. Hier hebt ein Roboter (2) die Kästen einzeln von der Palette und setzt sie auf das Kastentransportband (4).

2.4.1.3 BM 3: Paletten zwischenlagern

Die leeren Paletten fahren weiter auf dem Rollenband in einen Palettenspeicher (***BM 3***). Dieser stapelt die Paletten übereinander und gibt sie bei Bedarf wieder ins System zurück.

2.4.1.4 BM 4: Flaschen von Kästen trennen

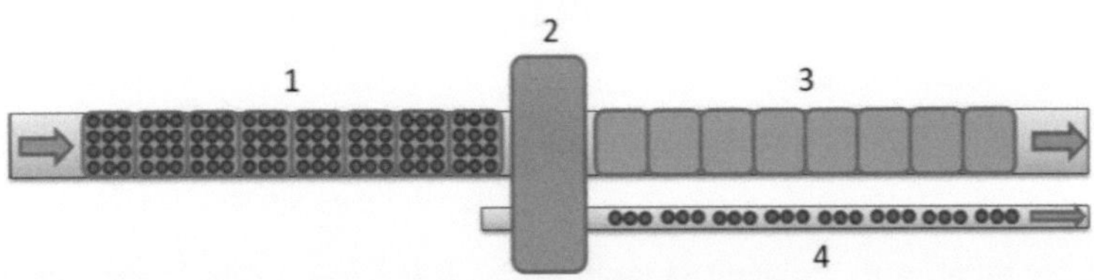

1. Kästen (gefüllt)
2. Roboter hebt Flaschen aus Kästen
3. Kästen (leer)
4. Flaschen

Die Kästen (gefüllt) werden auf Transportbändern (1) zum ***BM 4*** transportiert. Hier hebt ein Roboter (2) die Flaschen (drei Flaschen je Hub) aus dem Kasten und setzt sie auf das Flaschentransportband (4). Die leeren Kästen fahren weiter auf dem Kastentransportband in Richtung Kastenwaschmaschine (3).

2.4.1.5 BM 5: Kästen reinigen

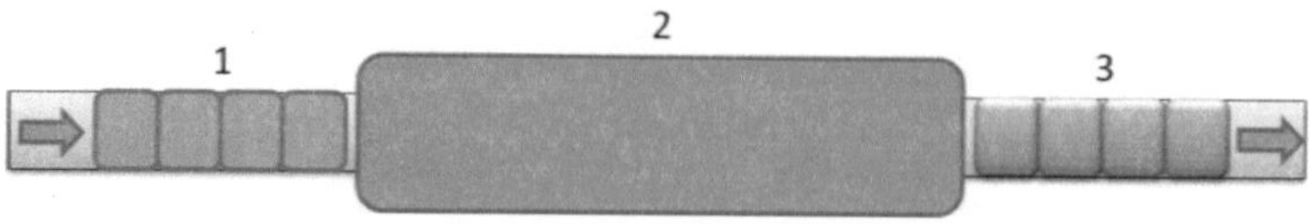

1. Kästen (ungereinigt)
2. Kastenwaschmaschine
3. Kästen (gereinigt)

Die Kästen werden auf dem Kastentransportband angeliefert und fahren durch eine Kastenwaschmaschine (***BM 5***). Bei langsamer Fahrt werden diese darin gewaschen.

2.4.1.6 BM 6: Kästen zwischenlagern

Die leeren, gereinigten Kästen fahren weiter auf dem Kastentransportband in einen Kastenspeicher (***BM 6***). Dieser stapelt die Kästen übereinander und gibt sie bei Bedarf wieder ins System zurück.

2.4.1.7 BM 7: Flaschen prüfen

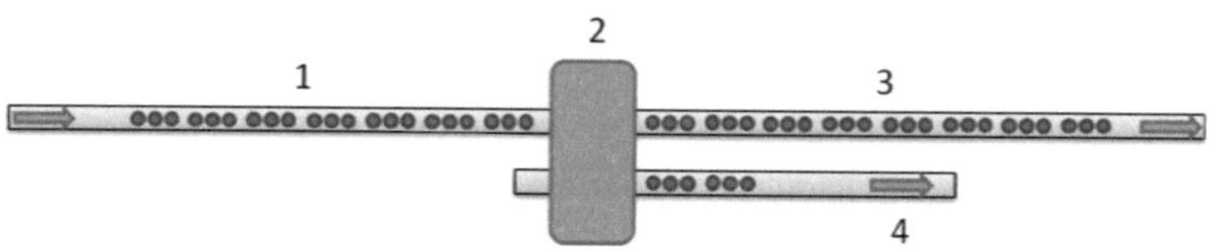

1. Flaschen vor Prüfung
2. Flaschenprüfmaschine
3. Flaschen nach Prüfung
4. Aussortierte Flaschen

Die Flaschen werden auf Transportbändern (1) zu ***BM 7*** transportiert. Hier werden Sie mit einer Flaschenprüfmaschine (2) auf Beschädigungen, gefährliche Inhaltsstoffe und Festkörper untersucht. Betroffene Flaschen werden aussortiert (4), alle anderen weitertransportiert (3). Das Prüfen der Flaschen erfolgt jeweils vor und nach der Flaschenreinigung, wofür zwei identische Maschinen vorgesehen sind.

2.4.1.8 BM 8: Flaschen zwischenlagern

Die Flaschen werden auf Transportbändern zu einem Speichertisch (***BM 8***) transportiert. Dieser verbreitert den Transportweg, ordnet die Flaschen nebeneinander an und kann dadurch eine große Anzahl an Flaschen speichern. Defekte Flaschen welche vorher aussortiert wurden, können hier durch neue Flaschen ersetzt werden. Das gesamte System verfügt über insgesamt zwei Speichertische, einen vor und einen nach der Flaschenreinigung.

2.4.1.9 BM 9: Flaschen reinigen

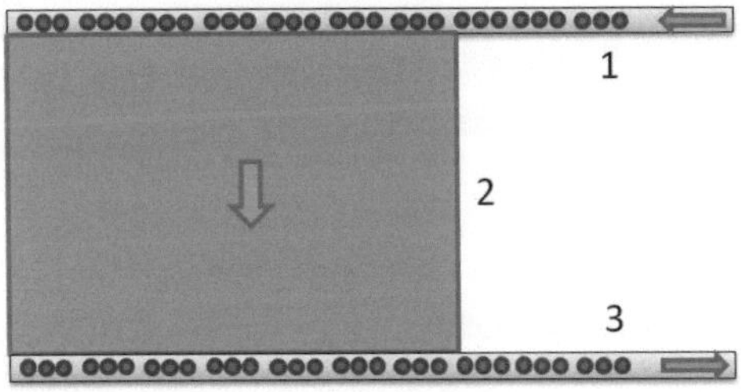

1. Flaschen vor Reinigung
2. Flaschenwaschmaschine
3. Flaschen nach Reinigung

Die Flaschen werden auf Transportbändern angeliefert (1) und in die Flaschenwaschmaschine (***BM 9***) transportiert (2). Dort werden die Flaschen in mehreren Lauge- und Wasserbädern gereinigt. Die sauberen Flaschen verlassen die Waschmaschine auf einem Transportband (3).

2.4.1.10 BM 10: Flaschen füllen, schließen, etikettieren

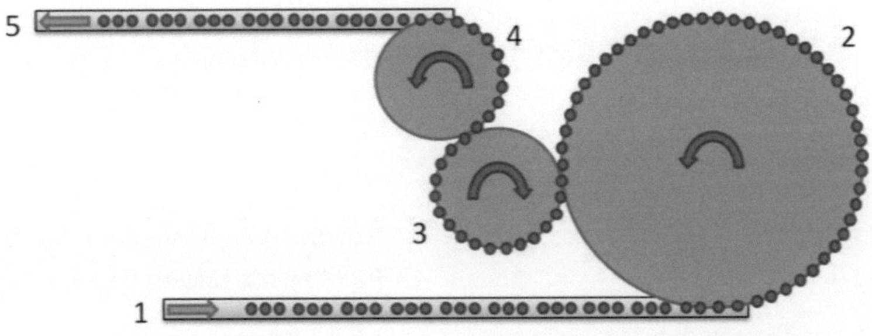

1. Zufuhr der gereinigten Flaschen
2. Flaschen mit Quellwasser füllen (Füller)
3. Flaschen verschließen (Schließer)
4. Flaschen etikettieren (Etikettierer)
5. Abtransport der Flaschen

Die Flaschen werden auf Transportbändern angeliefert (1), von einer Greifvorrichtung erfasst und in den Füller gehoben. Hier werden sie mit Quellwasser gefüllt, anschließend verschlossen und etikettiert. Die gesamte Einheit besteht aus Füller (2), Schließer (3), Etikettierer (4) und ist ein zusammenhängendes Aggregat (***BM 10***). Die Flaschen werden danach wieder auf Transportbänder gesetzt und abtransportiert (5).

2.4.1.11 BM 11: Flaschen in Kästen setzen

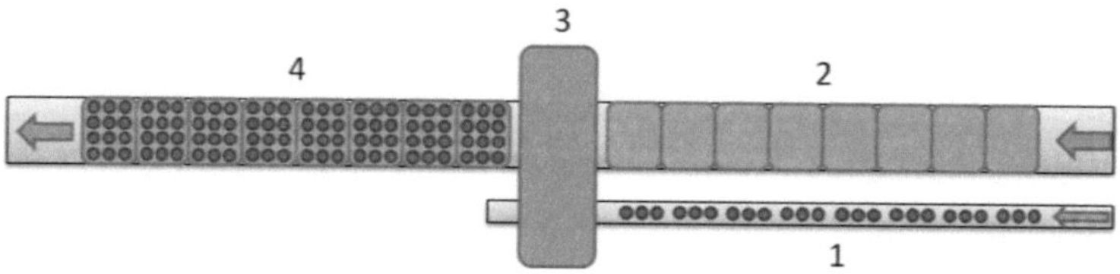

1. Flaschen (einzeln)
2. Kästen (leer)
3. Roboter hebt Flaschen in Kästen
4. Kästen (gefüllt)

Flaschen (1) und Kästen (2) werden auf den jeweiligen Transportbändern zu ***BM 11*** transportiert. Hier greift ein Roboter (3) die Flaschen und setzt sie (drei je Hub) in die Kästen.

2.4.1.12 BM 12: Kästen und Flaschen auf Paletten setzen

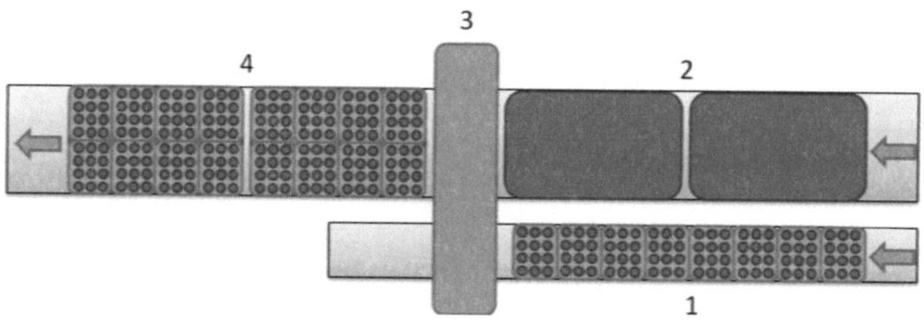

1. Kästen (gefüllt)
2. Paletten (leer)
3. Roboter hebt Kästen auf Paletten
4. Paletten mit Kästen (gefüllt)

Kästen (1) und Paletten (2) werden auf den jeweiligen Transportbändern zu ***BM 12*** transportiert. Hier greift ein Roboter (3) die Kästen und setzt sie (ein Kasten je Hub) auf eine Palette.

2.4.2 Lagerbereiche

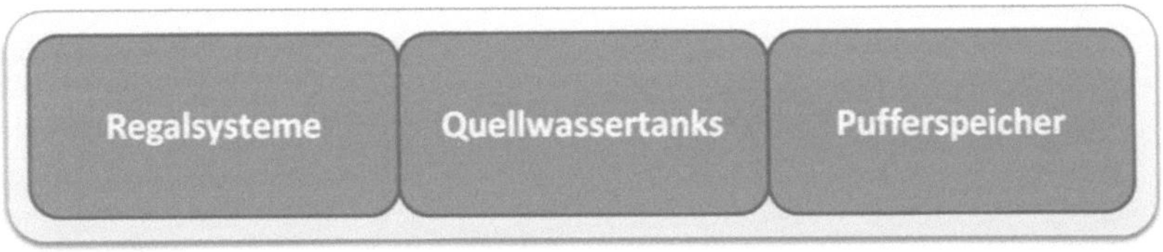

Die benötigten Lagerbereiche ergeben sich aus den Anforderungen der Produktionslinie.

Leergut:

Das Leergut (Flaschen und Kästen auf Paletten) muss zwischen Entladung der LKWs und Beladung der Produktionslinie zwischengelagert werden. Hierfür werden Regalsysteme mit entsprechender Lagerkapazität benötigt.

Ersatzmaterial:

Beschädigte Paletten, Kästen und Flaschen müssen ersetzt werden. Die Lagerung der hierfür benötigten Ersatzmaterialien erfolgt in Regalsystemen im Lagerbereich.

Quellwasser:

Das Quellwasser wird von der Quelle zum Fabrikgelände gepumpt. Dort soll es in zwei großen Tanks zwischengelagert werden, um Qualitätsüberwachung und reibungslosen Produktionsablauf zu gewährleisten. Beide Tanks werden außerhalb der Produktionshalle angeordnet.

Pufferspeicher für Paletten, Kästen und Flaschen:

Eine Produktionslinie benötigt aufgrund der unterschiedlichen Arbeitsgeschwindigkeiten der enthaltenen Betriebsmittel verschiedene Zwischenspeicher (Puffer). Sie sollen Störungen in der Produktion ausgleichen und einen konstanten Produktionsablauf gewährleisten. Paletten und Kästen werden platzsparend übereinander gestapelt, Flaschen auf Speichertischen nebeneinander angeordnet. Alle Speichersysteme müssen so dimensioniert werden, dass der Produktionsablauf bei kurzfristigem Ausfall eines Betriebsmittels nicht komplett unterbrochen werden muss.

2.4.3 Sozialtrakt

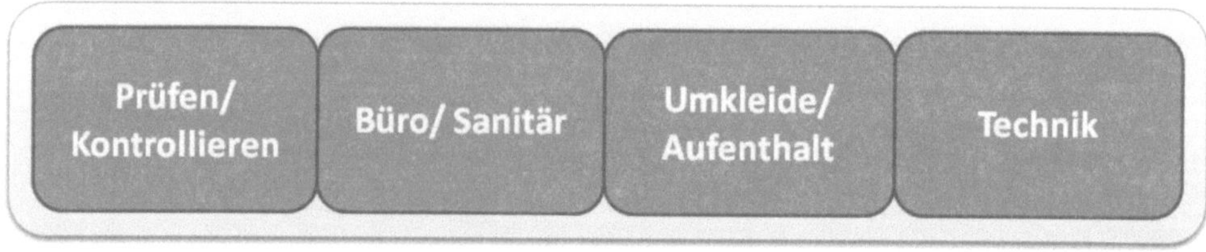

Der Sozialtrakt kann in einem Komplex zusammengefasst und innerhalb der Fabrikhalle angeordnet werden. Die folgenden Bereiche werden benötigt:

- Prüf- und Kontrollbereich
- Büro- und Sanitärbereich
- Umkleide- und Aufenthaltsbereich
- Technik

2.4.4 Gesamtbedarf für das Fabrikgelände

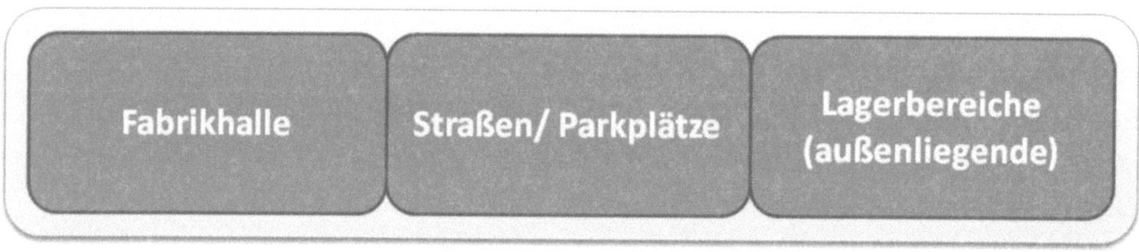

Der gesamte Platzbedarf für das Fabrikgelände wird durch die folgenden Bereiche definiert:

- Fabrikhalle (Produktion, Sozialtrakt)
- Straßen/ Parkplätze (LKW und PKW)
- Lagerbereiche (Regalsysteme, Wassertanks)

Das nächste Kapitel soll einen kurzen Einblick in den Programmaufbau und die Benutzeroberfläche von ***Autodesk® AutoCAD® 2014*** bieten. Sollten Sie das Programm noch nicht gestartet haben, holen Sie dies jetzt bitte nach.

3 Grundlagen zum Programm

3.1 Grafische Programmoberfläche

Die Programmoberfläche kann in die folgenden Bereiche unterteilt werden:

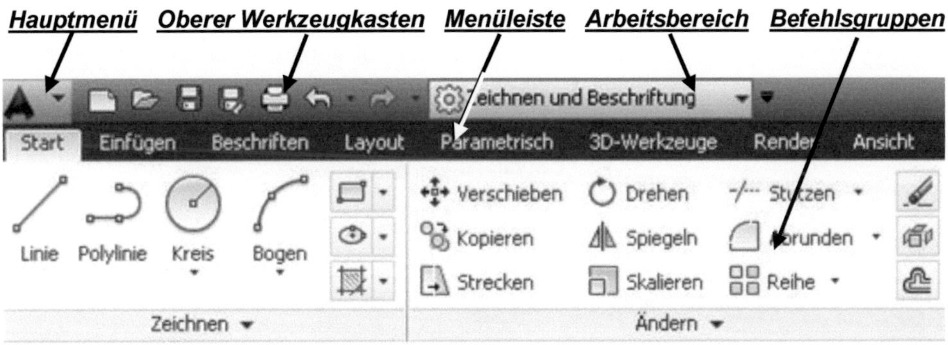

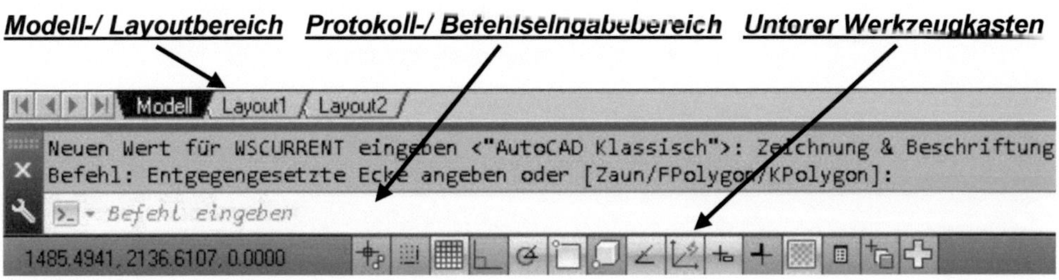

Das ***Willkommen-Fenster*** wird standardmäßig beim Start des Programms geöffnet. Hier können Dateien erstellt oder geöffnet sowie Lernmodule gestartet werden. Mit der Option ***Beim Start anzeigen*** (unten links) kann dieser automatische Start deaktiviert werden.

3.2 Hauptmenü

Die folgenden Befehle finden Sie im Hauptmenü:

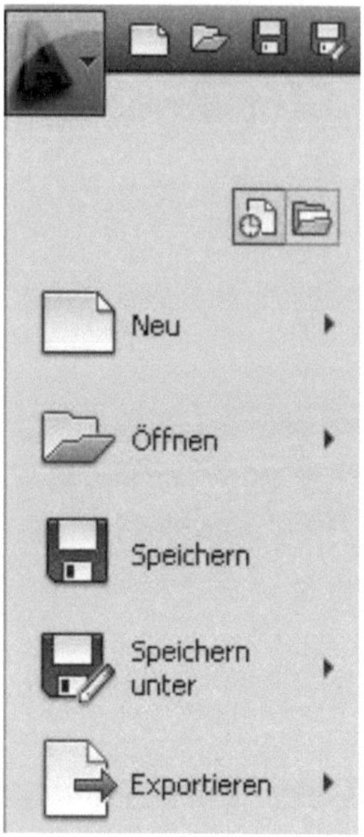

FUNKTION

- Öffnet das Hauptmenü

OPTIONEN

- Anzeige der zuletzt verwendeten Dokumente
- Anzeige der aktuell geöffneten Dokumente
- Neue Datei erstellen
- Öffnen
- Speichern
- Speichern unter
- Exportieren
- Publizieren
- Drucken
- Zeichnungsprogramme
- Datei schließen
- Optionen Öffnet die Programmoptionen
- Autodesk AutoCAD 2014 beenden Beendet das Programm

3.2.1 Neue Datei erstellen

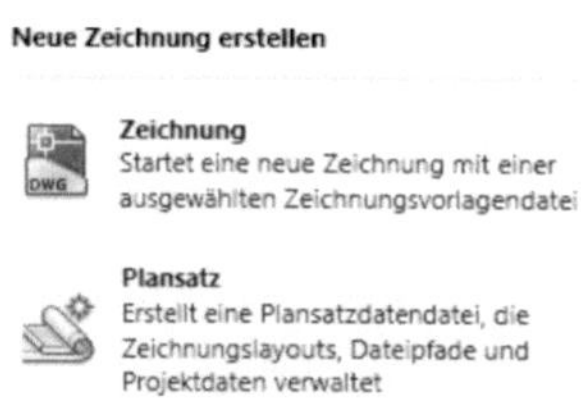

FUNKTION

- Erstellt eine neue Zeichnung oder einen Plansatz

OPTIONEN

- Erstellt eine neue Zeichnung (Vorlagenauswahl)
- Erstellt einen neuen Plansatz

HINWEIS

- Eigene Zeichnungsvorlagen können unter dem Pfad: [Hauptmenü > Speichern unter > Dateityp: AutoCAD-Zeichnungsvorlage (DWT)] gespeichert werden.
- Ein Plansatz ist eine Gruppe zusammengehöriger Dateien.

3.2.2 Öffnen einer vorhandenen Datei

FUNKTION

- Dateien (Zeichnung/ Plansatz) öffnen, DGN-Dateien importieren, Beispieldateien öffnen

OPTIONEN

- Öffnet eine Zeichnung
- Öffnet einen Plansatz
- Importiert Daten aus einer DGN-Datei
- Öffnet eine Zeichnung aus der Cloud
- Öffnet eine Beispieldatei

OPTIONEN

- Die Cloud ermöglicht den direkten Zugang zu Funktionen, Produkten und Daten auf einem Autodesk®-Server.

3.2.3 Speichern der aktuellen Datei

Speichert den aktuellen Stand der geöffneten Datei.

3.2.4 Speichern unter

FUNKTION

- Speichert die Datei als Zeichnung (lokal/ Cloud), Zeichnungsvorlage, Zeichnungsstandard oder in einem anderen Format

OPTIONEN

- Datei als Zeichnung (DWG) speichern (lokal)
- Datei als Zeichnung (DWG) speichern (Cloud)
- Datei als Zeichnungsvorlage (DWT) speichern

- Datei als Zeichnungsstandard (DWS) speichern
- Datei unter anderem Format speichern
- Layoutobjekte als Zeichnung speichern
- Datei in das DWG-Format konvertieren

HINWEIS

- Der Befehl ***Layout als Zeichnung speichern*** funktioniert nur im Layoutbereich (Papierbereich).

3.2.5 Exportieren

FUNKTION

- Exportiert die aktuelle Datei in ein neues Format

OPTIONEN

- Exportiert die Datei in ein DWF-Format
- Exportiert die Datei in ein DWFx-Format
- Exportiert die Datei in ein 3D-DWF-Format
- Exportiert die Datei in ein PDF-Format
- Exportiert die Datei in ein DGN-Format
- Exportiert die Datei in ein FBX-Format
- Exportiert die Datei in ein anderes Format

3.2.6 Drucken

FUNKTION

- Druckt eine Zeichnung auf Papier aus

OPTIONEN

- Sendet Zeichnungsdaten an einen Drucker
- Sendet mehrere Zeichnungen an einen Drucker
- Zeigt eine Voransicht des Druckbildes
- Übersicht aller Druckaufträge

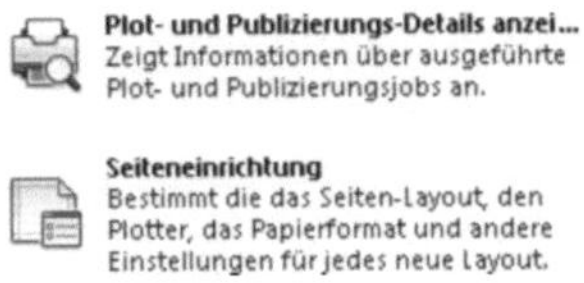

- Öffnet die Seiteneinrichtung
- Startet den Plot-Manager
- Verwaltet die Plot-Stile (Plot-Manager)
- Bearbeitet existierende Plotstiltabellen

3.2.7 Publizieren

FUNKTION

- Sendet die Informationen der Volumenkörper aus der Zeichnung an einen 3D-Druckdienst oder archiviert komplette Plansätze

OPTIONEN

- Sendet Daten an einen 3D-Druckdienst
- Archiviert die aktuelle Plansatzdatei
- Erzeugt ein Paket der Zeichnungsdaten und deren zugehörige Referenzen
- Sendet die Datei als E-Mail

3.2.8 Zeichnungsprogramme

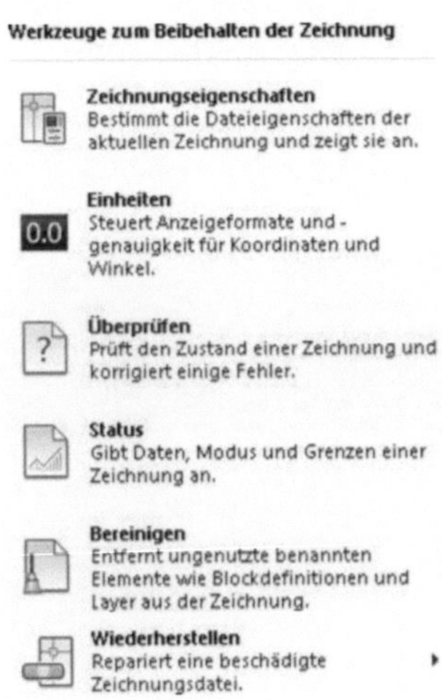

FUNKTION

- Bearbeitet oder repariert Zeichnungen

OPTIONEN

- Öffnet die Zeichnungseigenschaften
- Öffnet das Eingabefenster der Einheiten
- Prüft die Zeichnung auf vorhandene Fehler
- Öffnet ein Fenster mit diversen Dateidaten
- Löscht unbenutzte Elemente aus der Datei
- Repariert eine Datei
- Repariert eine Datei mittels XRefs
- Zeichnungswiederherstellungs-Manager öffnen

3.2.9 Schließen

FUNKTION

- Schließt die aktuelle Zeichnung oder alle geöffneten Zeichnungen

3.2.10 Optionen

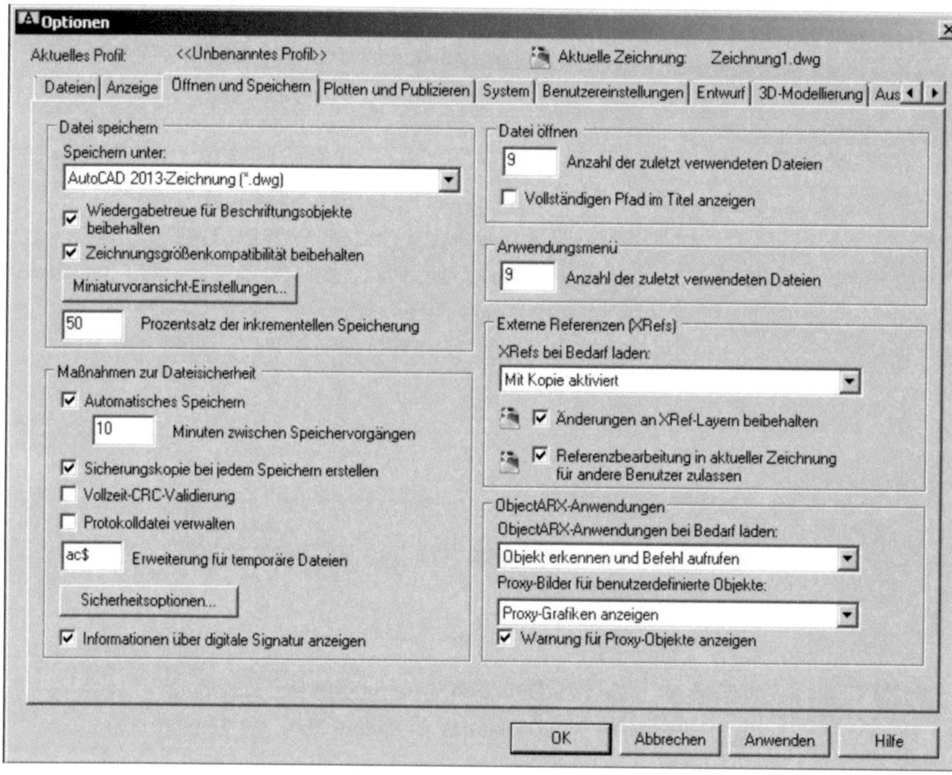

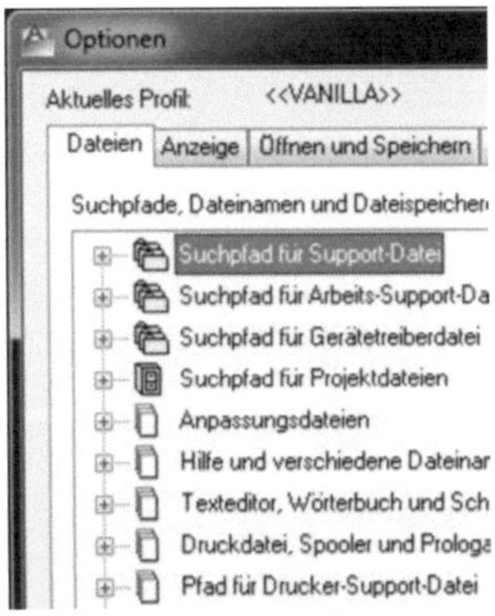

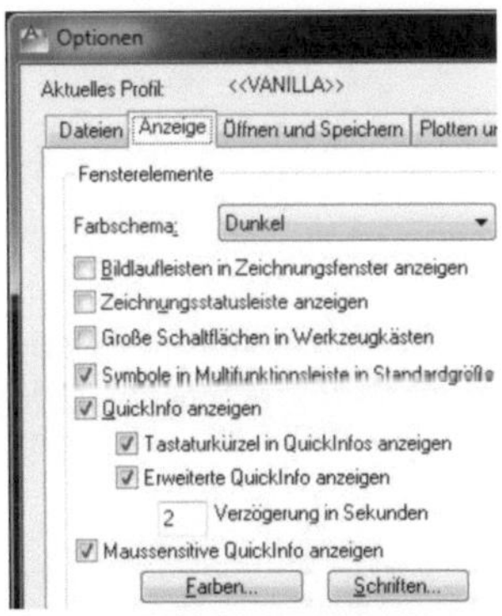

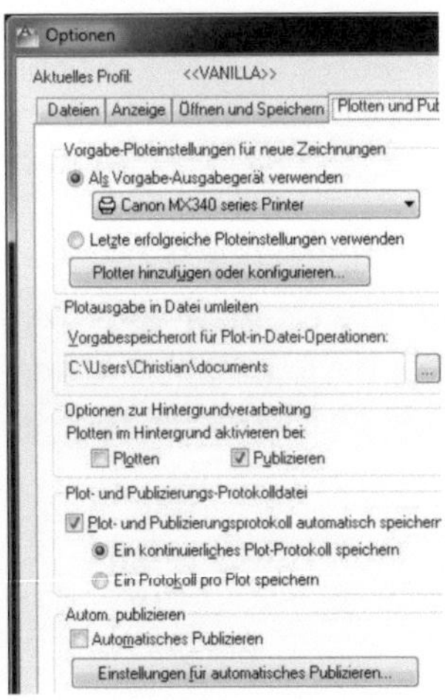

FUNKTION

- Öffnet die Programmoptionen

OPTIONEN

- <u>Register: Dateien</u>
- Speicherorte für Treiber, Dateien, Programmdaten

- <u>Register: Anzeige</u>
- Fenster- und Layoutelemente, Bildschirmauflösung, Bildschirmleistung, Fadenkreuzgröße und Fading-Steuerung

- <u>Register: Öffnen und Speichern</u>
- Dateien speichern/ öffnen, Anwendungsmenü, externe Referenzen und ObjectARX-Anwendungen

- <u>Register: Plotten und Publizieren</u>
- Plot-Einstellungen, Hintergrundverarbeitung, automatisches Publizieren, Plot-Optionen, Plot-Markierung, Plot-Stil-Tabellen

- <u>Register: System</u>
- 3D-Leistung, Layout-Regenerierung, Zeigegerät, Datenbankverbindung

- <u>Register: Benutzereinstellungen</u>
- Windows-Standardverhalten, Benutzereinstellungen

- <u>Register: Entwurf</u>
- AutoSnap, Objektfang, AutoTrack, Auswahl für Ausrichtepunkt und Größe der Öffnung

- <u>Register: 3D-Modellierung</u>
- 3D-Fadenkreuze, ViewCube/ BKS-Symbol, 3D-Objekte, 3D-Navigation und dynamische Eingabe

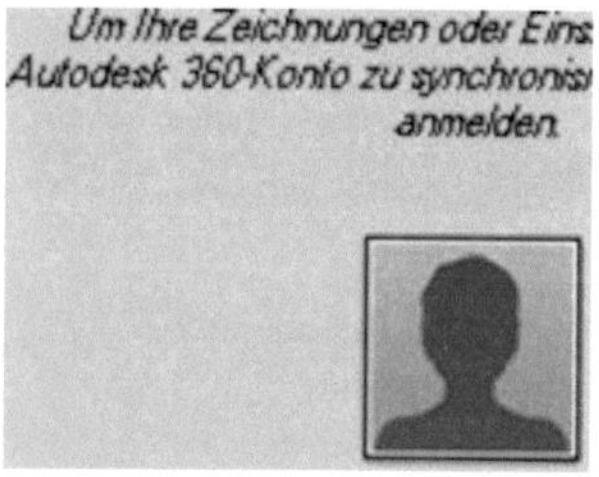

- Register: Auswahl
- Pickbox-Größe, Auswahlvoransicht, Auswahlmodi, Optionen der Multifunktionsleisten und Griffe

- Register: Profil
- Übersicht der Profile, Bearbeitungsoptionen

- Register: Online
- Einstellungen in der Cloud vornehmen

3.3 Menüleiste

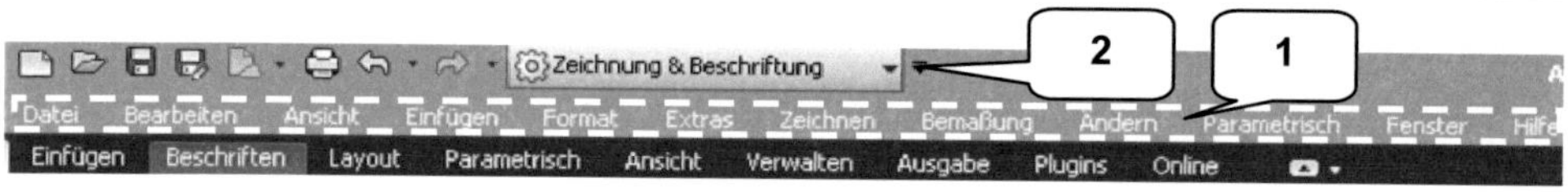

Die ***Menüleiste*** (1) beinhaltet eine Übersicht aller Befehle nach der klassischen Programmanordnung. Um die Ansicht dieser Leiste zu aktivieren, klicken Sie auf das markierte Symbol (2) und wählen dort die Option ***Menüleiste anzeigen***. Alle Befehle können auch über die Menüleiste gestartet werden.

3.4 Oberer Werkzeugkasten (Schnellzugriff-Werkzeugkasten)

Der ***Schnellzugriff-Werkzeugkasten*** enthält eine Auswahl häufig verwendeter Befehle und kann über den markierten Button (1) bearbeitet werden. Um Befehle ein- oder auszublenden, muss der entsprechende Haken gesetzt oder entfernt werden. Die Befehle sind alternativ über das Hauptmenü oder die einzelnen Befehlsgruppen der Multifunktionsleisten zu öffnen.

3.4.1 Arbeitsbereich

FUNKTION

- Arbeitsbereiche (1) beinhalten auf den jeweiligen Bearbeitungsmodus (2D, 3D) abgestimmte Befehlsgruppen

OPTIONEN

- Öffnet einen der vorhandenen Standardarbeitsbereiche (Zeichnen und Beschriftung, 3D-Grundlagen, 3D-Modellierung, Klassisch) oder speichert die aktuellen Einstellungen als neuen Arbeitsbereich.

3.4.2 Durchsuchen

Durchsucht das Programm nach einem Befehl. Der gesuchte Befehl wird in das links nebenstehende Fenster eingetragen und die Suche mit dem Fernglas-Symbol (alternativ [Enter]) gestartet. Das Programm benötigt hierbei einen Zugriff auf das Internet. Alternativ kann die Hilfedatei vom Autodesk®-Server geladen und lokal installiert werden. Der Download-Link für eine lokal zu installierende Hilfedatei in diversen Sprachen lautet:

http://usa.autodesk.com/adsk/servlet/item?id=21223737&siteID=123112&linkID=10809853

3.4.3 Autodesk 360, Exchange, Updates, Hilfe

- Meldet den Anwender an den Autodesk® 360 Online-Service an
- Öffnet Informationen, Hilfen, Downloads oder die Autodesk®-Community
- Sucht nach aktuellen Programm-Updates
- Öffnet die Autodesk®-Hilfe. Auch hier ist eine Verbindung zum Internet oder eine lokal installierte Hilfedatei erforderlich

3.5 Registerkarten

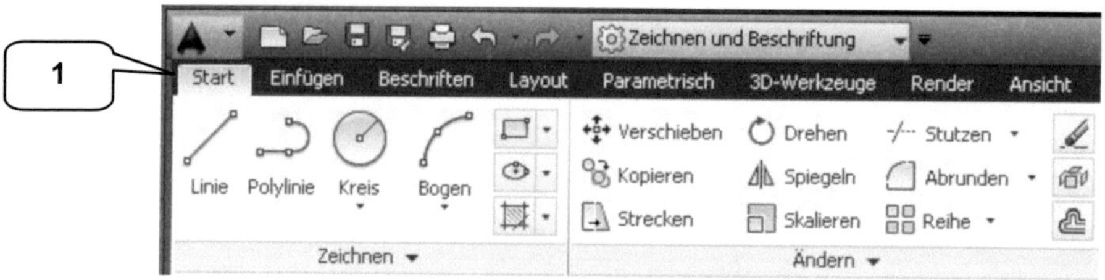

Registerkarten (1) beinhalten diverse Befehlsgruppen und Befehle. Jede Registerkarte kann ein- oder ausgeblendet werden. Klicken Sie mit der rechten Maustaste auf eines der Register und wählen Sie die Option ***Registerkarten anzeigen***. Um die darin enthaltenen Befehlsgruppen einzublenden, wählen Sie die Option ***Gruppen anzeigen*** der rechten Maustaste.

3.6 Protokoll und Befehlseingabebereich

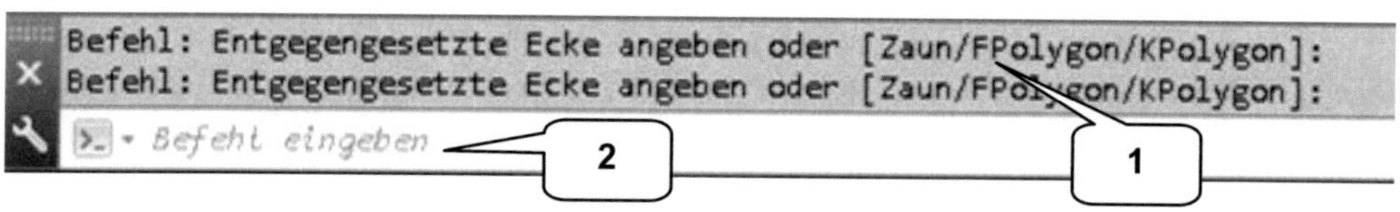

Das ***Protokoll*** (1) zeigt eine Übersicht der letzten Befehlseingaben. Im ***Befehlseingabebereich*** (2) können Werte und Tastaturbefehle eingegeben werden. Alternativ kann die Taste [F2] verwendet werden, um das AutoCAD®-Textfenster zu öffnen.

3.7 Unterer Werkzeugkasten

3.7.1 Koordinatenanzeige

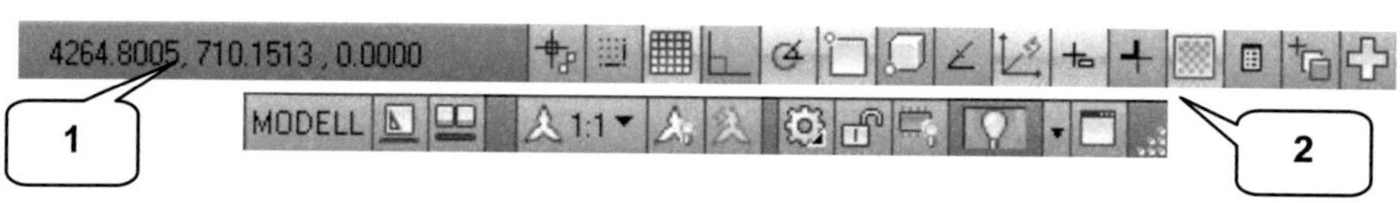

Der linke Bereich des unteren Werkzeugkastens (1) zeigt die aktuelle Position des Mauszeigers im Modell- und Layoutbereich (relativ zum Koordinatenursprung). Im restlichen Bereich der Leiste befinden sich weitere, häufig verwendete Befehle (2).

3.7.2 Abhängigkeiten ableiten

Leitet bei aktiviertem Befehl während des Zeichnens automatisch Abhängigkeiten ab. Vorhandene Abhängigkeiten können im Register ***Parametrisch*** > ***Geometrisch*** ein- oder ausgeblendet werden. Vorhandene Abhängigkeiten können gelöscht werden, indem die betreffende Abhängigkeit markiert und die Option ***Löschen*** der ***rechten Maustaste*** gewählt wird.

3.7.3 Fangmodus

Bei aktiviertem Fangmodus bewegt sich der Mauszeiger entlang eines Rasters. Das Raster muss dabei nicht eingeblendet sein. Der Tastaturbefehl [Fang] aktiviert die erweiterten Optionen (Ein, Aus, Aspekt, Stil oder Typ).

3.7.4 Rasteranzeige

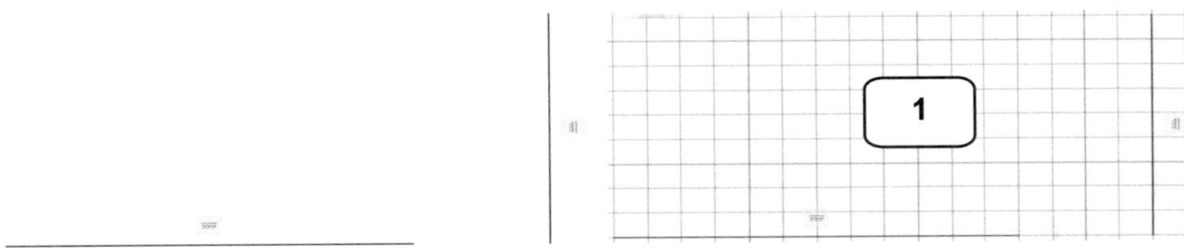

Bei aktivierter Option wird ein Raster eingeblendet (1). Um den Rasterabstand zu bearbeiten muss mit der ***rechten Maustaste*** auf ***Rasteranzeige*** geklickt und der Pfad ***Einstellungen*** > ***Fang und Raster*** gewählt werden. Die Abstände können dort unter ***Rasterabstand*** definiert werden.

3.7.5 Ortho-Modus

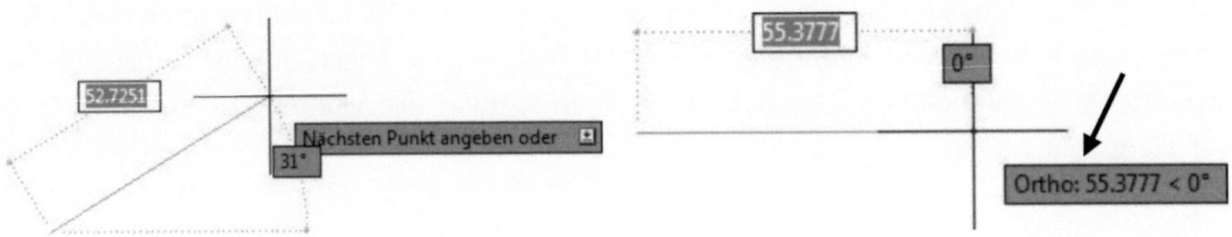

Bei aktiviertem ***Ortho-Modus*** das freie Zeichnen (z. B. einer Linie) nur in vertikaler oder horizontaler Richtung möglich. Beim Zeichnen der Linie im rechten Bild wurde der Befehl aktiviert, links deaktiviert.

3.7.6 Spurverfolgung

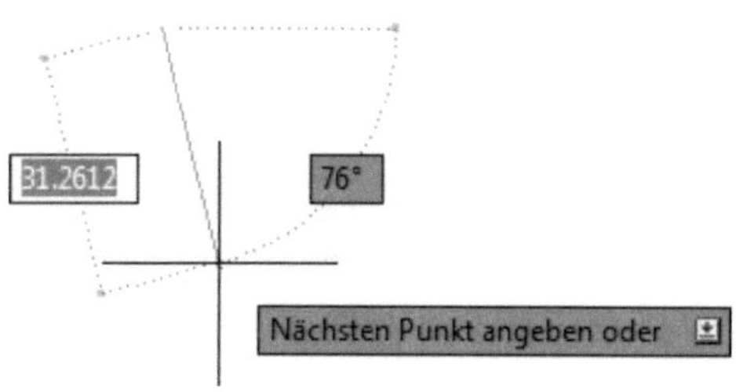

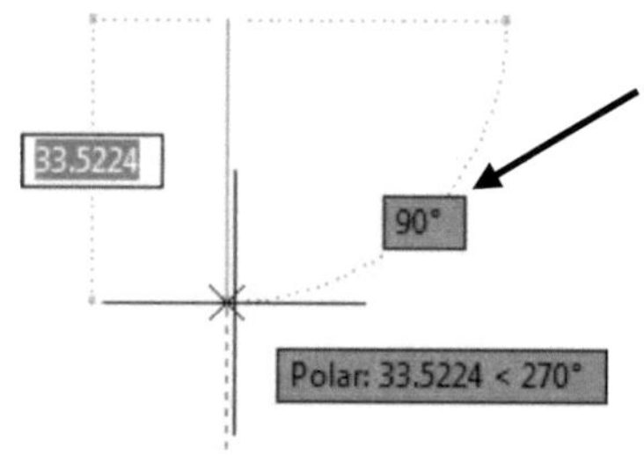

Bei aktivierter ***Spurverfolgung*** unterstützt das Programm das Zeichnen in horizontaler oder vertikaler Richtung, was durch einen verlängerten Strahl dargestellt wird. Ein Zeichnen außerhalb dieser vordefinierten Winkel ist allerdings trotzdem möglich. Im rechten Bild wurde diese Option aktiviert, links nicht.

3.7.7 Objektfang

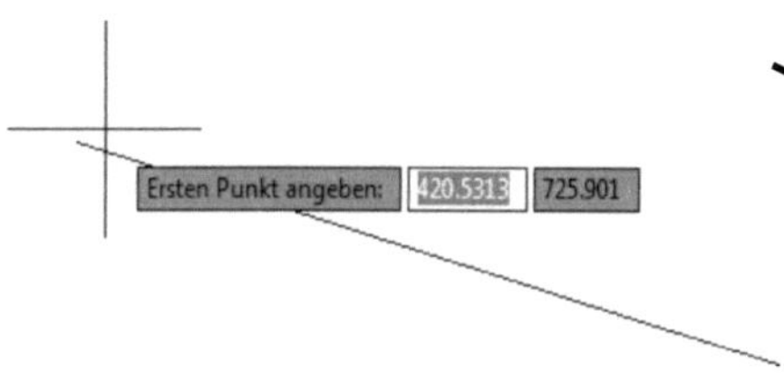

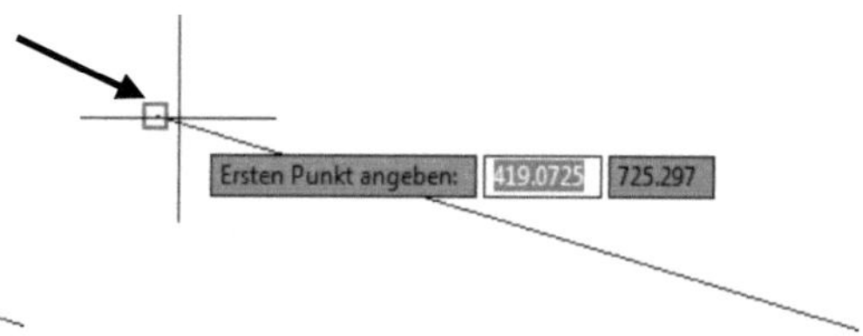

Fängt den Punkt eines Objektes. So kann ein sauberes Zeichnen gewährleistet und unterschiedliche geometrische Elemente eindeutig aneinandergesetzt werden. Welche Objektpunkte gefangen werden sollen und welche nicht, kann mittels ***rechter Maustaste*** auf das Symbol ***Objektfang*** und dann durch die Option ***Einstellungen*** > ***Objektfang*** definiert werden. Die temporäre Auswahl eines bestimmten Objektfangmodus für den folgenden Arbeitsschritt kann mittels ***rechter Maustaste*** auf das Symbol und anschließender Auswahl der gewünschten Fangmethode festgelegt werden. Im rechten Bild wurde mit dem Objektfang der Startpunkt der markierten Linie gefangen.

3.7.8 3D-Objektfang

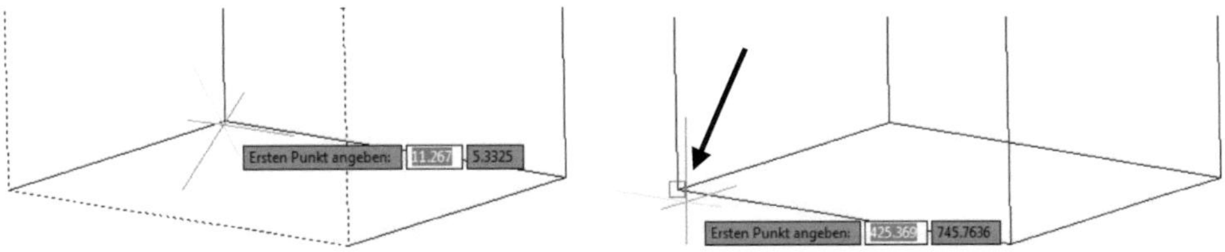

Der ***3D-Objektfang*** funktioniert wie der 2D-Objektfang und wurde lediglich um einige Optionen erweitert.

3.7.9 Objektfangspur

Bei aktivierter ***Objektfangspur*** erzeugt das Programm eine (lineare) fiktive Verlängerung der Mauszeigerspur. Entlang dieser Linie können dann neue Objekte erzeugt werden.

3.7.10 Dynamisches BKS zulassen/ nicht zulassen

Ein ***Dynamisches BKS*** (Benutzerkoordinatensystem) ist ein temporäres Verschieben des Koordinatenursprungs auf eine neue Position, um einen Volumenkörper in einer räumlich verschobenen/ verdrehten Position erzeugen zu können.

3.7.11 Dynamische Eingabe

Die aktivierte ***Dynamische Eingabe*** ermöglicht die Eingabe von Längen- oder Winkelmaßen mittels Tastatureingabe bereits während des Zeichnens. Mit [Tab] gelangt man in die jeweiligen Eingabereiche und wechselt zwischen ihnen. [Enter] bestätigt die Eingabe nach jedem Punkt. Bereits während des Zeichnens können somit Position und Geometrie eines Objektes genau definiert werden, welche allerdings nicht fixiert sind. In der folgenden Darstellung wurden beim Zeichnen bereits Länge (1) und Winkel (2) der gezeichneten Linie definiert.

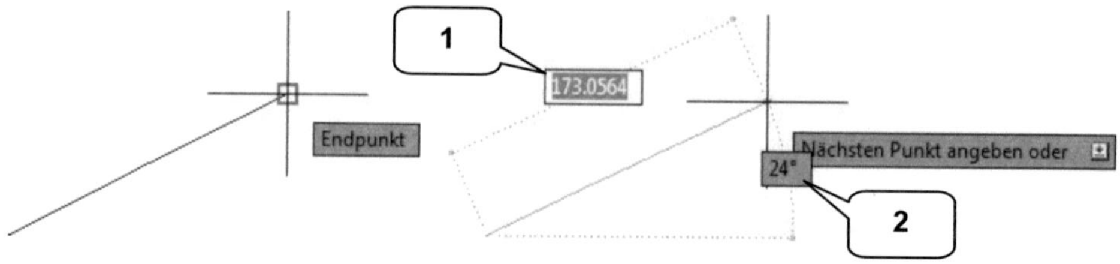

3.7.12 Linienstärke anzeigen/ ausblenden

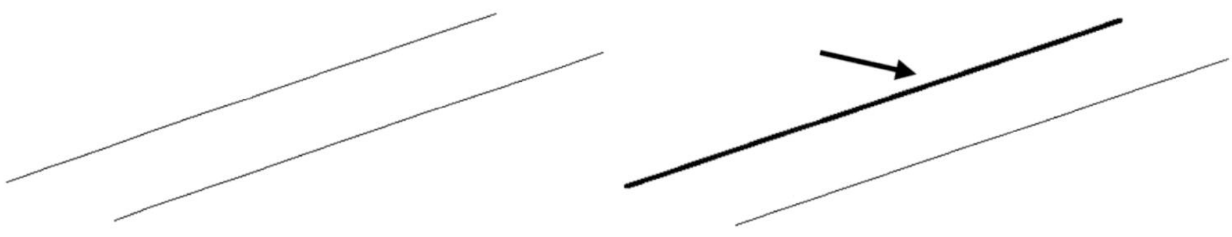

Sollten Sie verschiedene ***Linienstärken*** beim Zeichnen verwenden, können diese während des Zeichnens ein- oder ausgeblendet werden. Die Linienstärke eines Objektes kann unter ***Start*** > ***Eigenschaften*** > ***Linienstärke*** geändert oder das Objekt im Bereich ***Start*** > ***Layer*** > ***In aktuellen Layer ändern*** einem anderen Layer zugewiesen werden.

3.7.13 Transparenz aktivieren/ deaktivieren

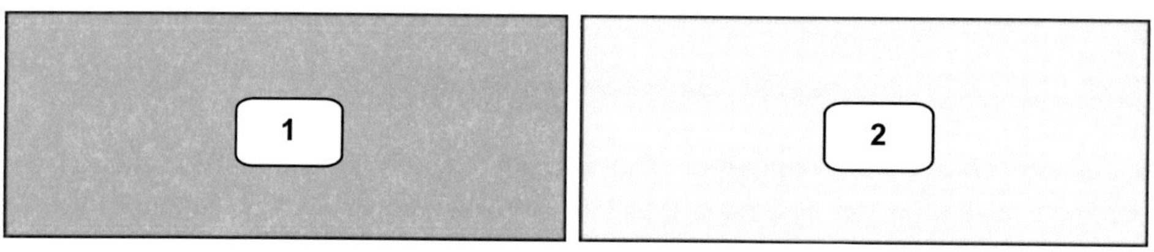

Wird ein Objekt mit einer Transparenz versehen, kann diese Transparenz ein- oder ausgeschaltet werden. Das Rechteck in den beiden oberen Abbildungen wurde mit einer Transparenz von 85 % versehen. Im linken Bild (1) ist die Sichtbarkeit dieser Transparenz deaktiviert, im rechten Bild (2) aktiviert worden.

3.7.14 Schnelleigenschaften

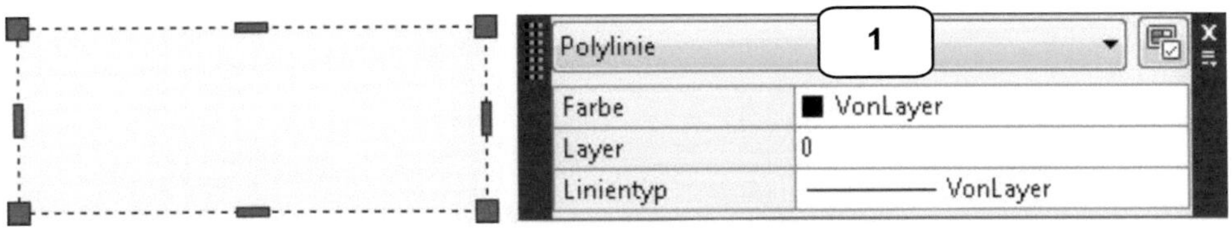

Sobald bei aktivierter Schnelleigenschaft einmal mit der linken Maustaste auf ein Objekt geklickt wird, öffnet sich das Schnelleigenschafts-Fenster (1). Hier werden oft verwendete Objekteigenschaften (Typ, Farbe, Layer, Linientyp) angezeigt. Dieses Fenster kann alternativ (ohne aktivierte Schnelleigenschaft) per Doppelklick auf das Objekt gestartet werden.

3.7.15 Wechselnde Auswahl

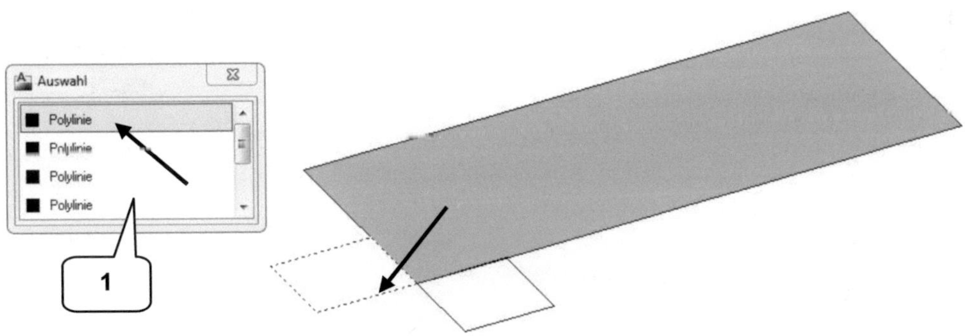

Die ***Wechselnde Auswahl*** öffnet ein separates Auswahlfenster bei z. B. eng aneinander liegenden Objekten und erleichtert somit deren Auswahl. Im oberen Beispiel wurden drei Rechtecke gezeichnet. Eines davon soll aktiviert werden. Da alle drei Rechtecke dicht beieinander liegen, öffnet sich bei aktivierter Option das Auswahlfenster (1) und das gewünschte Objekt kann aus einer Liste gewählt werden.

3.7.16 MODELL Modell- oder Papierbereich

Hier kann zwischen Modell- und Papierbereich (Layoutbereich) gewechselt werden. Im Modellbereich wird gezeichnet, der Papierbereich stellt die Druckversion der Zeichnung dar. Alternativ können die Reiter Modell / Layout1 ***Modell*** und ***Layout*** im unteren, linken Bereich des Programms verwendet werden.

3.7.17 Schnellansicht-Layouts

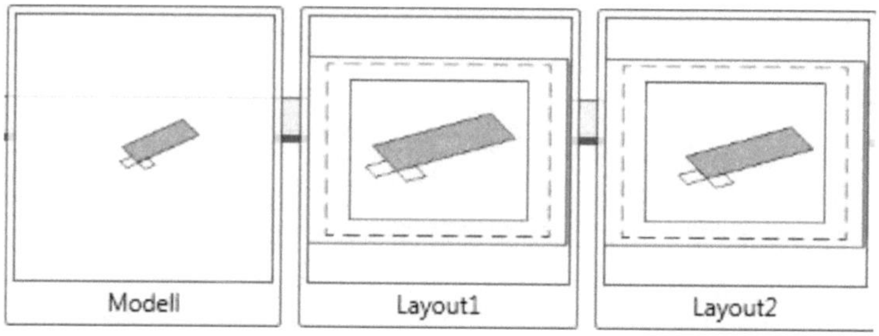

Dieser Befehl öffnet eine verkleinerte Vorschau des Modellbereichs samt aller vorhandenen Layouts. Die folgenden Optionen öffnen sich ebenfalls:

- ***Publizieren*** der ausgewählten Ansicht
- ***Fixiert*** die ausgewählte Ansicht
- ***Erstellt*** ein neues Layout
- × ***Schließt*** die Schnellansicht-Layouts

3.7.18 Schnellansicht-Zeichnungen

Öffnet eine verkleinerte Vorschau der Zeichnungsdatei, der Miniaturansichten des Modellbereichs und der vorhandenen Layouts. Die folgenden Optionen öffnen sich weiterhin:

- × ***Schließen*** der aktuellen Datei
- ***Fixieren*** der aktuellen Datei
- ***Erzeugen*** einer neuen Datei
- ***Öffnen*** einer vorhandenen Datei

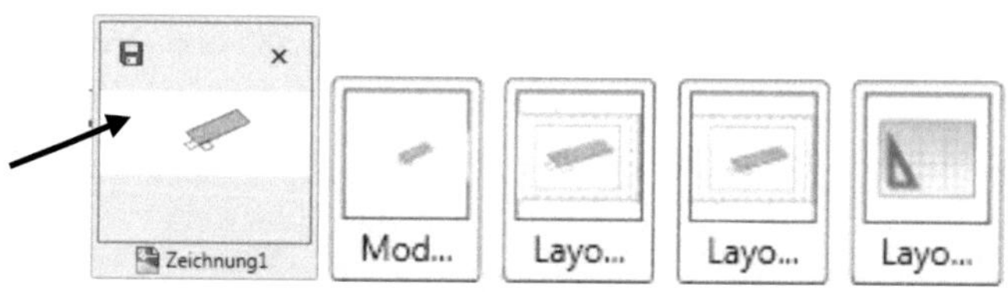

Sobald Sie mit der Maus über die Miniaturansichten fahren, vergrößern sich diese. Ein Klick auf eine der Miniaturansichten öffnet diese.

3.7.19 Beschriftungs-Maßstab

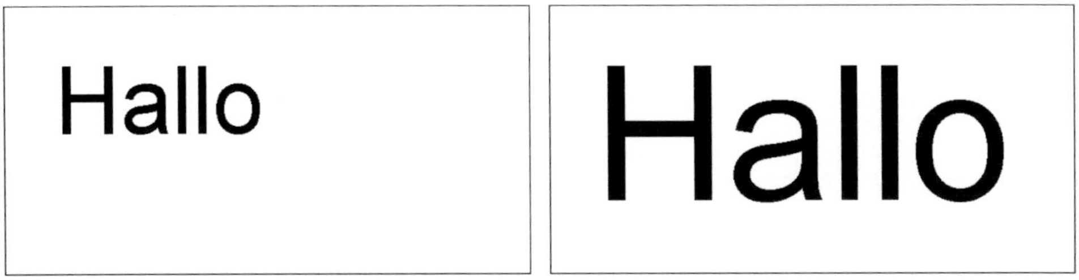

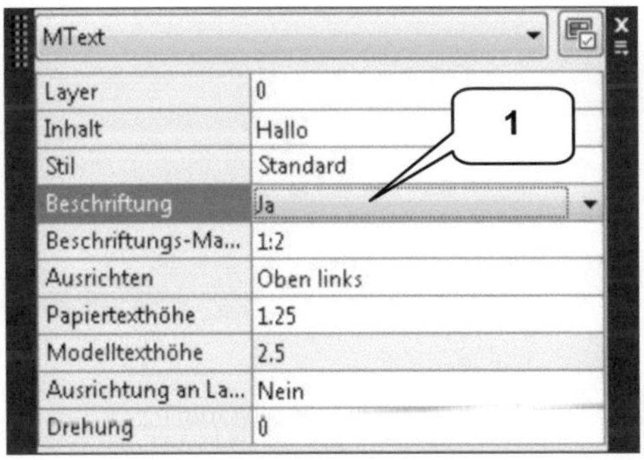

Der ***Beschriftungsmaßstab*** legt das Größenverhältnis zwischen Beschriftung und Zeichnungsmaßstab fest und wird für Modell- sowie Layoutbereich gespeichert. Ein Text ist allerdings nicht automatisch auch eine Beschriftung. Um einen Text als Beschriftung zu definieren, muss er markiert und mit der ***rechten Maustaste*** der Pfad ***Eigenschaften*** > ***Beschriftung*** > ***Ja*** gewählt werden (1). Der Text passt sich danach automatisch den Änderungen des Beschriftungs-Maßstabs an.

3.7.20 Beschriftungssichtbarkeit

Ist diese Option aktiviert, werden alle in einer Zeichnung vorhandenen Beschriftungen angezeigt. Ist diese Option deaktiviert, werden nur die Beschriftungen im aktuell eingestellten Beschriftungs-Maßstab angezeigt.

3.7.21 Automatische Maßstäbe

Ist diese Option aktiviert, so werden die Maßstäbe der Beschriftungsobjekte automatisch angepasst, sobald sich der Beschriftungs-Maßstab ändert.

3.7.22 Arbeitsbereichswechsel

Dieser Befehl öffnet ein Fenster, in welchem Arbeitsbereiche geöffnet oder neu erzeugt werden können. Änderungen am geöffneten Arbeitsbereich können gespeichert und die ***Arbeitsbereichseinstellungen*** geöffnet werden.

3.7.23 Werkzeugkasten/ Fensterpositionen freigeben

Sperrt/ Entsperrt Werkzeugkästen, Leisten und Fenster. Gesperrte Fenster sind nicht mehr frei beweglich, bis sie wieder entsperrt werden.

3.7.24 Hardwarebeschleunigung ein

Aktiviert die Beschleunigung der Hardware, um ein flüssiges und leistungsfähiges Arbeiten mit dem Programm zu ermöglichen.

3.7.25 Objekte isolieren

Wenn Objekte isoliert werden, werden alle anderen Objekte einer Zeichnung ausgeblendet. (1) zeigt ein Rechteck und einen Text. In der Mitte (2) wurde das Rechteck isoliert, rechts (3) der Text. ***Objektisolierung beenden*** beendet die Isolation.

3.7.26 Vollbild

Hier kann der Zeichenbereich als Vollbild dargestellt, bzw. in die Ausgangsansicht zurückgewechselt werden. Alternativ funktioniert die Tastenkombination [STRG] + [0].

3.8 Modell- und Layoutbereich

3.8.1 Modell Modellbereich

Der Modellbereich ist der Konstruktions- und Zeichenbereich. Hier werden Zeichnungen erstellt und bearbeitet. Seine Darstellung kann mithilfe der beiden folgenden Hilfsmittel gedreht, gezoomt, verschoben und beliebig ausgerichtet werden.

Folgende Tools finden Sie im Zeichenfenster:

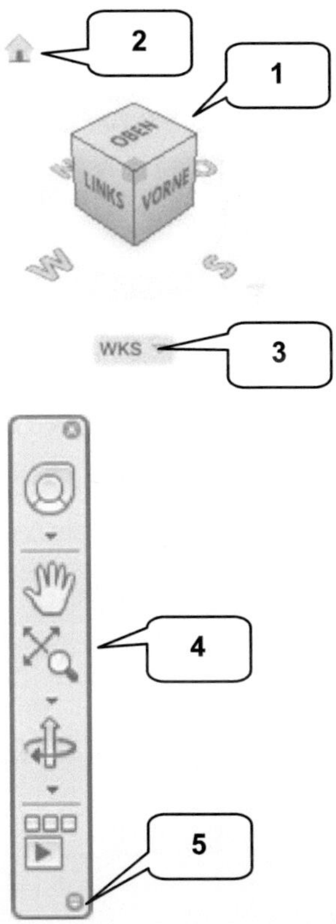

Der ***ViewCube*** (1) richtet die Ansicht im Modellbereich aus. Aktivieren Sie eine der Seiten des Würfels (Oben, Unten, Rechts, Links, Hinten, Vorne ...) oder drehen Sie den Würfel bei gedrückter linker Maustaste darauf (alternativ [Shift] + gedrückte mittlere Maustaste).

Mit einem Klick auf das kleine ***Haus*** (2) wird eine isometrische Ansicht eingestellt. Ein Klick auf das WKS ***WKS-Zeichen*** (3) öffnet ein Auswahlfenster der vorhandenen Koordinatensysteme. Ein- oder Ausschalten können Sie den ViewCube im Register ***Ansicht*** > ***Fenster*** > ***Benutzeroberfläche***.

Die ***Navigationsleiste*** (4) beinhaltet eine Auswahl an Navigationswerkzeugen (Navigationsräder, Pan, Zoomfunktionen, Orbit-Versionen, ShowMotion).

Mit dem kleinen Button unten rechts in der Navigationsleiste (5) können die Navigationswerkzeuge ein-/ ausgeblendet und die Fixierungsposition der Navigationswerkzeuge im Modellbereich festgelegt werden.

3.8.2 Layout1 Papierbereich (Layoutbereich)

Der ***Papierbereich*** (Layoutbereich) bringt die im Modellbereich erzeugten Ergebnisse in ein druckfertiges Format. Üblicherweise hat jede Zeichnung neben dem Modellbereich mehrere Layouts. Jedes Layout kann mit einem eigenen Format (z. B. für verschiedene Drucker oder Blattformate) versehen werden und kann verschiedene Ansichten des Modellbereiches enthalten. Ausschnitte des Modellbereichs werden im Layoutbereich durch Ansichtsfenster dargestellt. Ansichtsfenster können in ihrer Position und Größe beliebig bestimmt werden. Der Doppelklick auf ein Ansichtsfenster ermöglicht eine Bearbeitung des Modellbereiches innerhalb des Papierbereichs.

4 Fabrikplanung im 2D-Bereich

4.1 Der Arbeitsbereich ZEICHNUNG & BESCHRIFTUNG

4.1.1 Programmstart und Öffnen einer neuen Datei

Starten Sie ***AutoCAD® 2014***, sofern noch nicht geschehen. Erzeugen Sie im ersten Schritt eine neue Datei aus der Vorlage ***acadiso.dwt*** und speichern Sie diese unter dem Dateinamen [Flasche] und dem Dateityp ****.dwg*** in Ihrem Übungsordner (AutoCAD 2014 – Übung Fabrikplanung).

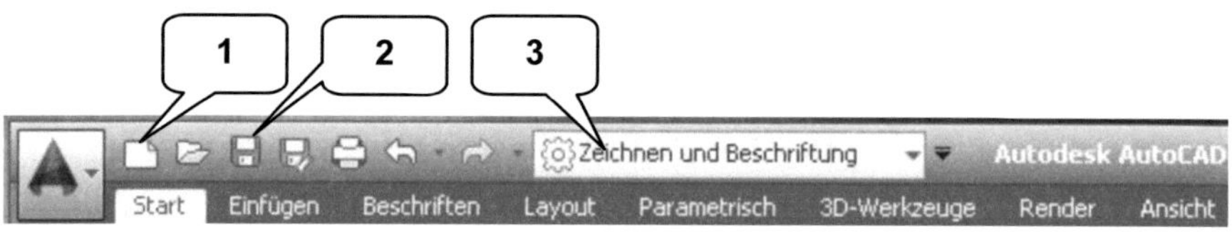

- ***Neu*** (1)
- Vorlage: acadiso.dwt
- Öffnen

- ***Speichern*** (2)
- Dateiname: [Flasche]
- Dateityp: *.dwg
- Speichern

Wählen Sie in der oberen Befehlsleiste den Arbeitsbereich ***Zeichnen und Beschriftung*** (3). Dieser Arbeitsbereich bietet diverse Register und Befehlsgruppen, welche sich speziell mit der Zeichnungserstellung im 2D-Bereich befassen.

HINWEIS: Wenn in diesem Buch rechteckige Klammern verwendet werden, bedeutet das eine Tastatureingabe im Programm (Eingabezeile). Tragen Sie dann bitte nur den Wert innerhalb der Klammern ein (nicht die Klammern selbst).

4.1.2 Ändern der Fang- und Anzeigeoptionen

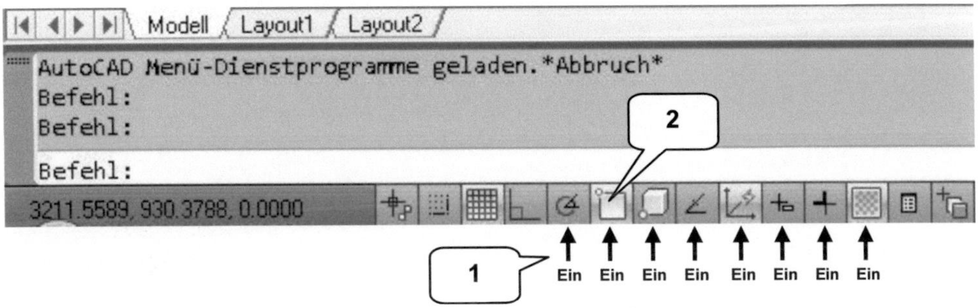

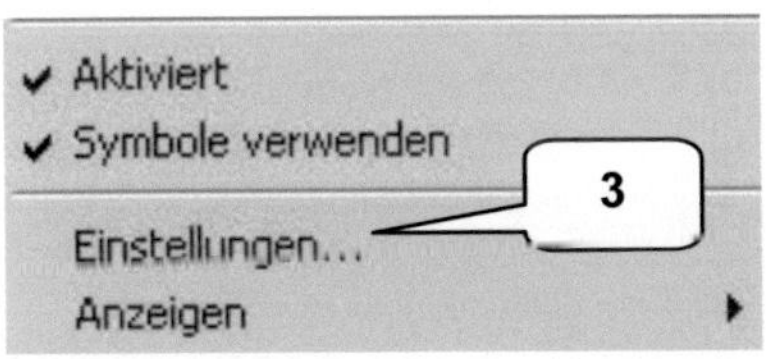

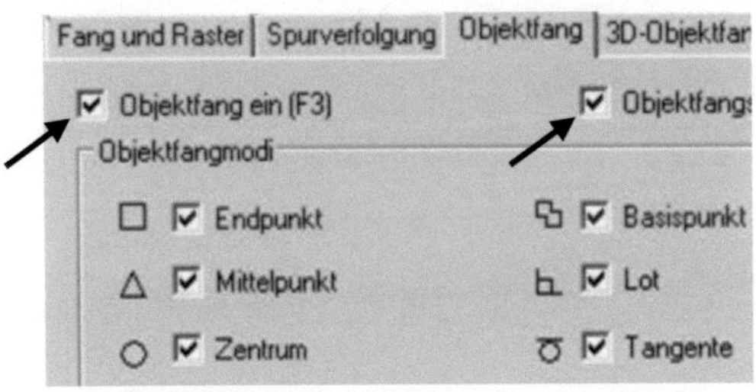

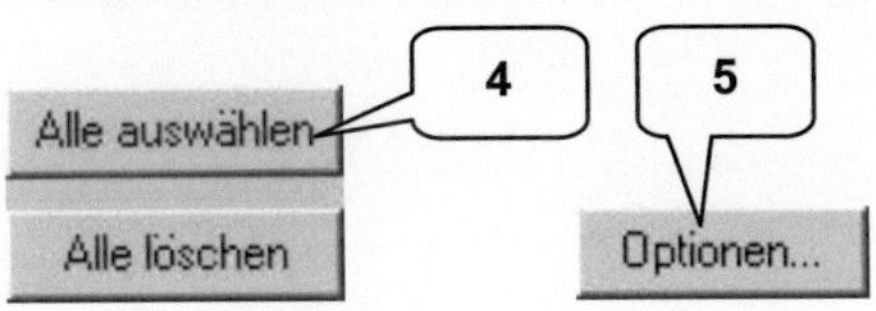

Um die Fang- und Anzeigeoptionen einzustellen, sollten die markierten Optionen (1) aktiviert werden. Um den Objektfang vollständig zu aktivieren, ist mit der ***rechten Maustaste*** auf ***Objektfang*** (2) zu klicken, die Option ***Einstellungen*** (3) zu wählen und die dargestellten Einstellungen zu übernehmen.

- Rechte Maustaste auf ***Objektfang*** (2)
- Option: Einstellungen (3)
- Alle auswählen Alle auswählen (4)
- Optionen... Optionen (5)

Der Befehl Optionen... ***Optionen*** (5) öffnet die allgemeinen Programmoptionen.

4.1.3 Ändern der Ansichtseinstellungen

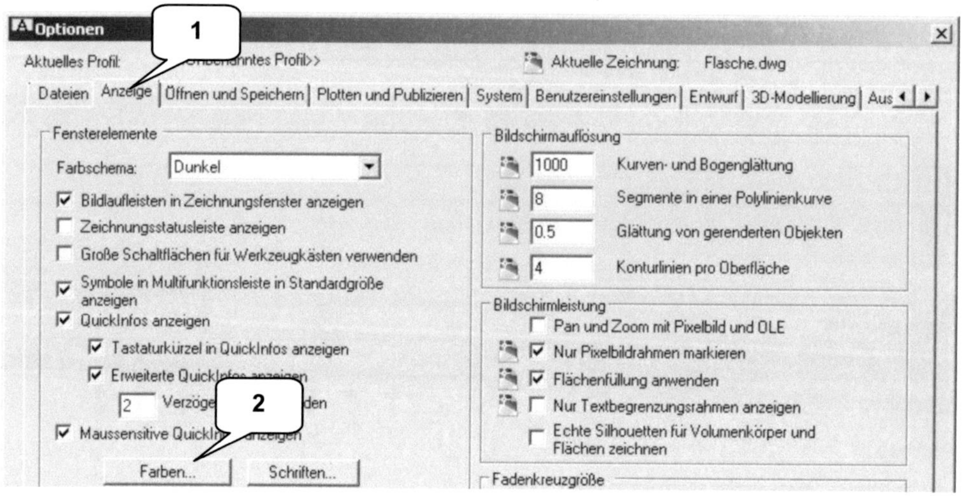

In den Programmoptionen sollen die Ansichtsdarstellungen bearbeitet werden. Im Register ***Anzeige*** (1) ist hierfür die Option ***Farben*** (2) zu aktivieren. Übernehmen Sie anschließend die Einstellungen aus der oberen Abbildung.

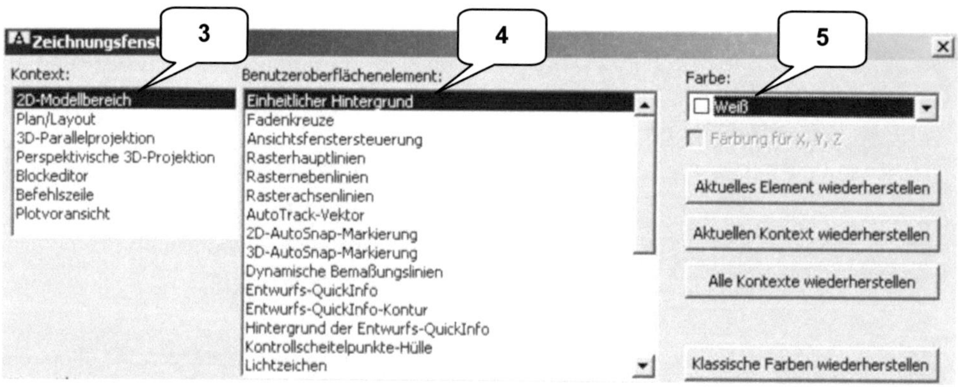

- ***Register: Anzeige*** (1)
- Farben... ***Farben*** (2)
- Kontext: 2D-Modellbereich (3)
- Benutzeroberflächenelement: Einheitlicher Hintergrund (4)
- Farbe: (Weiß) (5)
- Anwenden & Schließen Anwenden & Schließen

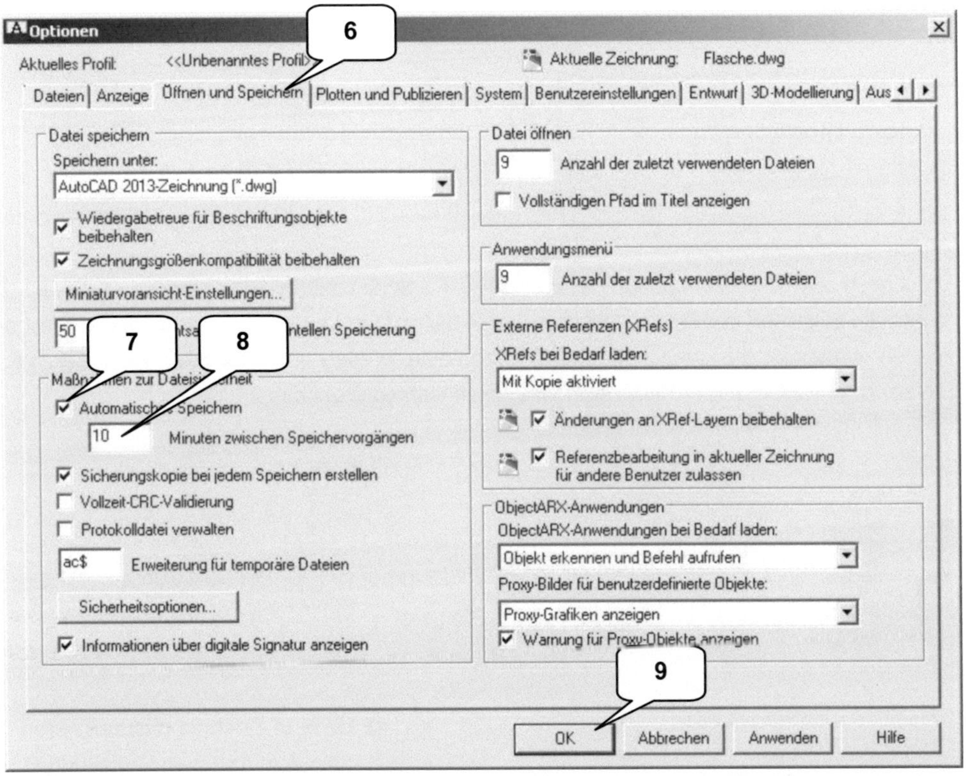

Zurück in den Programmoptionen ist das Register ***Öffnen und Speichern*** (6) zu starten, die Option ***Automatisches Speichern*** (7) zu aktivieren und die Zeit [10] Minuten einzutragen (8). Programmoptionen und Entwurfseinstellungen können danach mit OK ***Ok*** (9) beendet werden.

4.2 ZEICHNEN UND BESCHRIFTUNG > Register: START

Das erste Register im Arbeitsbereich ***Zeichnen und Beschriftung***, welches in diesem Übungsbuch betrachtet werden soll, ist das Register ***Start***. Die folgenden Befehlsgruppen finden Sie hier:

- Zeichnen
- Ändern
- Layer
- Beschriftung
- Block
- Eigenschaften
- Gruppen
- Dienstprogramme
- Zwischenablage

4.2.1 Befehlsgruppe: LAYER

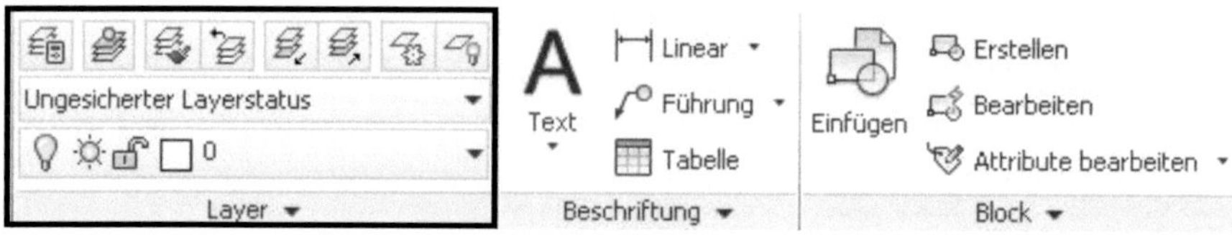

Um Linien und Zeichenobjekten verschiedene Farben, Linientypen, -stärken und weitere Merkmale zuweisen zu können, arbeitet das Programm in Layern. Ein Layer besitzt diesbezüglich vordefinierte Eigenschaften. Zeichenobjekte werden vor oder nach dem Zeichnen Layern zugewiesen und erhalten somit die gewünschten Eigenschaften.

4.2.1.1 Befehlsgrundlagen: Layereigenschaften-Manager

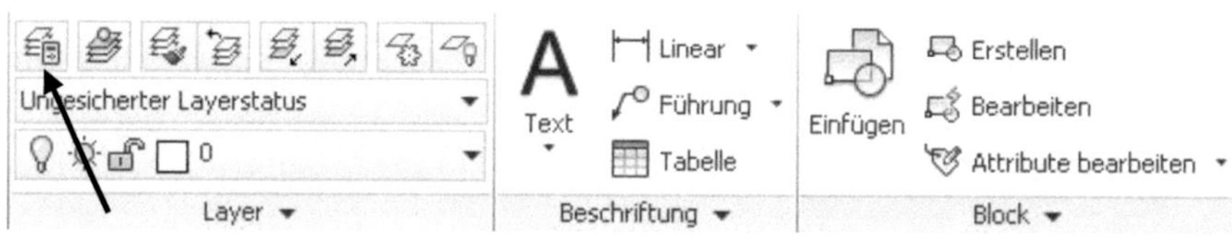

FUNKTION

- Öffnet den Layereigenschaften-Manager

OPTIONEN

- Ordnen der Layer nach einer gewählten Eigenschaft
- Ordnen der Layer nach Gruppen
- Speichert die aktuellen Layereinstellungen der Zeichnung
- Definiert einen neuen Layer
- Definiert einen neuen Layer und friert diesen ein
- ✖ Löscht gewählte (nicht referenzierte Layer)
- ✔ Layer als Arbeitslayer festlegen
- Layer in Zeichnung aktualisieren
- Dialogfeld für Layereinstellungen
- Layer suchen

- <u>Fenster: Filter</u>
- Filter-/ Gruppenoption wählen

- <u>Fenster: Listenfeld</u>
- [Ein]: Sichtbarkeit ein-/ ausschalten
- [Zu frierenden]: Sichtbarkeit frieren/ tauen
- [Sperre]: Layer sperren/ entsperren
- [Farbe]: Layerfarbe
- [Linientyp]: Vordefinierten Linientyp zuweisen
- <u>Fenster: Listenfeld</u> (weitere)
- [Linienstärke]: Linienstärke zuweisen

- [Transparenz]: Intensität der Layer-Darstellung
- [Plotstil]: Layer drucken/ nicht drucken
- [Frieren in neuen AF]: Layer in neuen Ansichtsfenstern ausblenden
- [Beschreibung]: Kommentar einfügen

4.2.1.2 Layer: Flasche

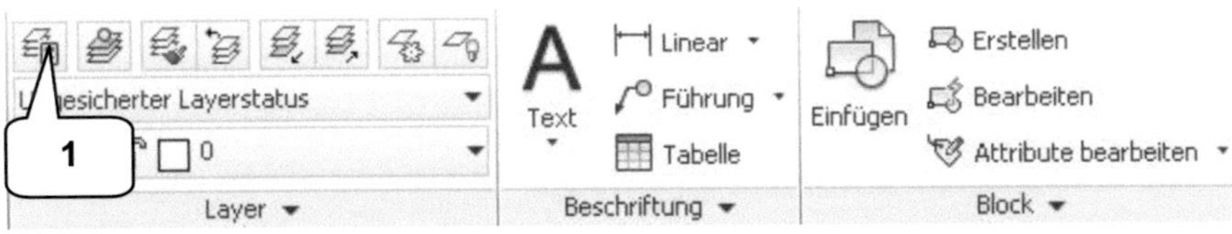

Vor dem Zeichnen der ersten Kontur soll ein neuer Layer erzeugt werden. Starten Sie den ***Layereigenschaften-Manager*** (1) und folgen Sie der Befehlskette.

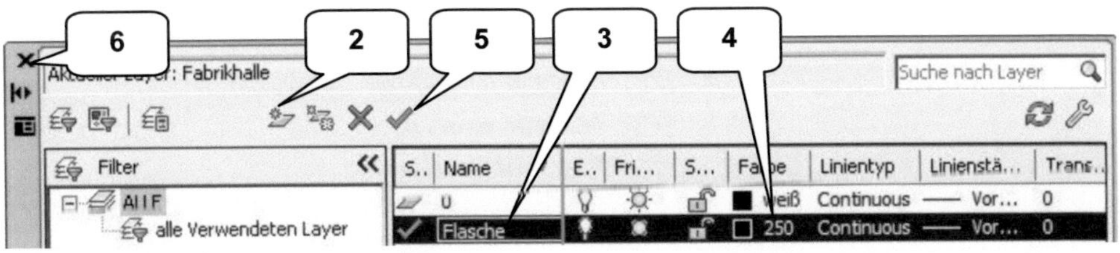

- ***Layereigenschaften-Manager*** (1)
- Neuer Layer (2)
- Name: [Flasche] (3)
- Farbe: [250] (4)
- Layer aktivieren (5)
- Manager schließen (6)

4.2.2 Befehlsgruppe: ZEICHNEN

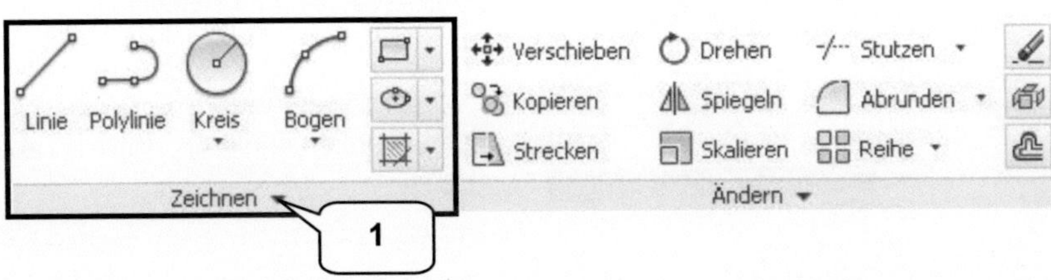

Die Befehlsgruppe ***Zeichnen*** enthält diverse Befehle zur Erstellung neuer geometrischer Elemente. Durch einen Klick auf das kleine Dreieck (1) im unteren Bereich der Befehlsgruppe kann diese erweitert werden.

4.2.2.1 Befehlsgrundlagen: Kreis durch Mittelpunkt und Radius

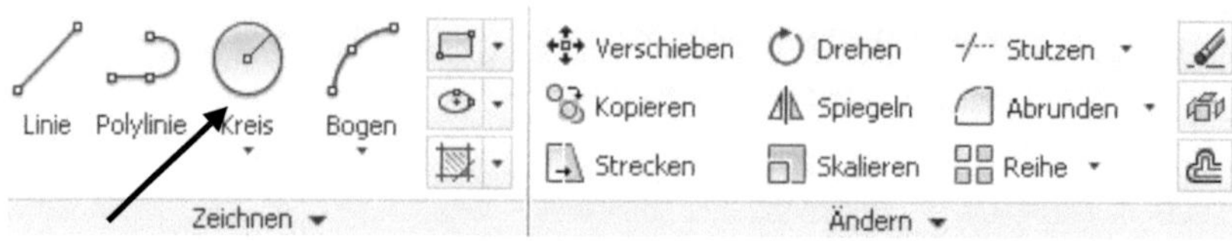

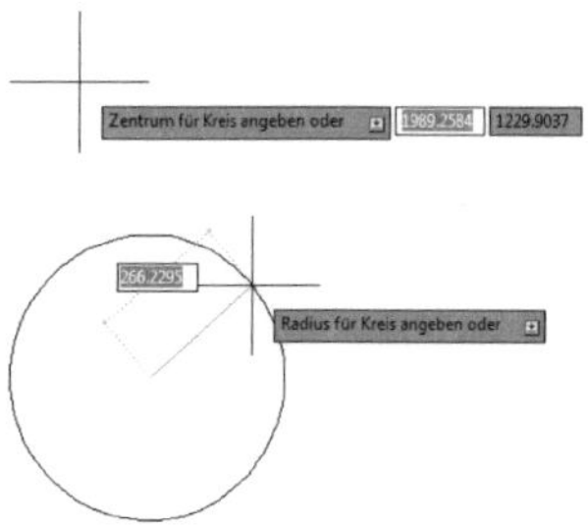

FUNKTION

- Erstellt einen Kreis, definiert durch Kreismittelpunkt und Radius oder andere Vorgaben

OPTIONEN

- [3P]: Zeichnet einen Kreis mittels drei Punkten
- [2P]: Zeichnet einen Kreis mittels zwei Punkten
- [Ttr]: Zeichnet einen Kreis mittels zwei Tangenten und einer Radiusangabe

4.2.2.2 Flasche zeichnen

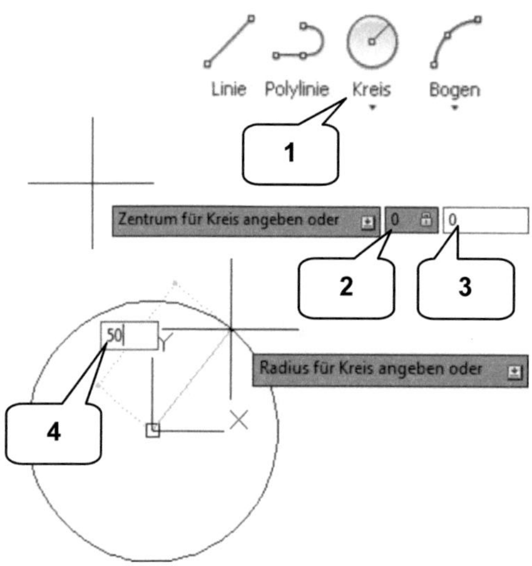

Das erste Zeichenelement soll ein einfacher Kreis werden. Dieser soll eine Getränkeflasche mit einem Radius von 50 mm in der Draufsicht darstellen. Kreismittelpunkt und Radius werden mittels dynamischer Werteeingabe per Tastatur definiert.

- ***Kreis (Mittelpunkt, Radius)*** (1)
- Startpunkt definieren: [0] > [Tab] > [0] (2,3)
- [Enter]
- Wert für Radius angeben: [50] mm (4)
- [Enter]

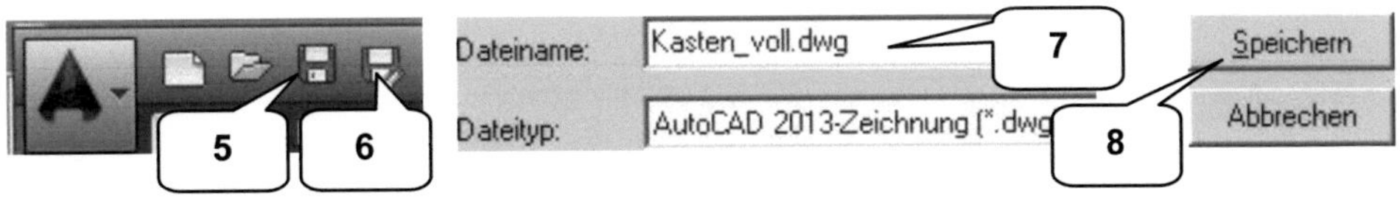

Die Zeichnung ist anschließend zu ***speichern***. Um eine Kopie der Zeichnung zu erzeugen, muss der Befehl ***Speichern unter*** verwendet werden, wobei die Bezeichnung [Kasten_Voll] zu verwenden ist.

- ***Speichern*** (5)
- ***Speichern unter*** (6)
- Dateiname: [Kasten_Voll] (7)
- Dateityp: *.dwg
- Speichern Speichern (8)

4.2.2.3 Layer für Flaschenkasten erzeugen

In der neuen Zeichnung (Kasten_Voll.dwg) wird ein weiterer Layer benötigt. Starten Sie den ***Layereigenschaften-Manager*** und erzeugen Sie den Layer ***Flaschenkasten***.

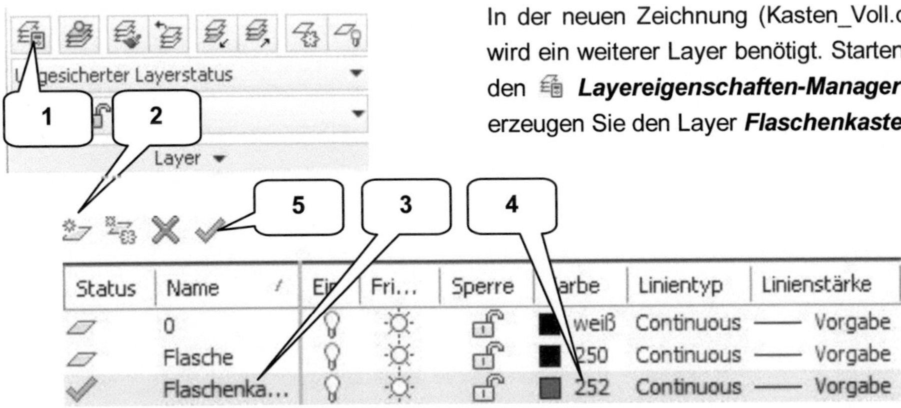

- ***Layereigenschaften-Manager*** (1)
- Neuer Layer (2)
- Name: [Flaschenkasten] (3)
- Farbe: [252] (4)
- Layer aktivieren (5)
- Layereigenschaften schließen

4.2.2.4 Befehlsgrundlagen: Rechteck

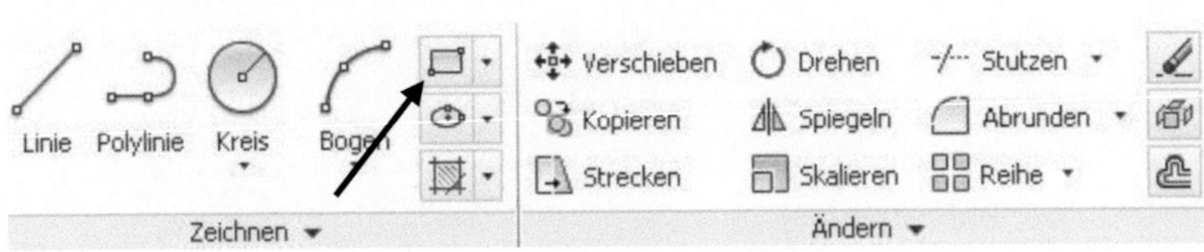

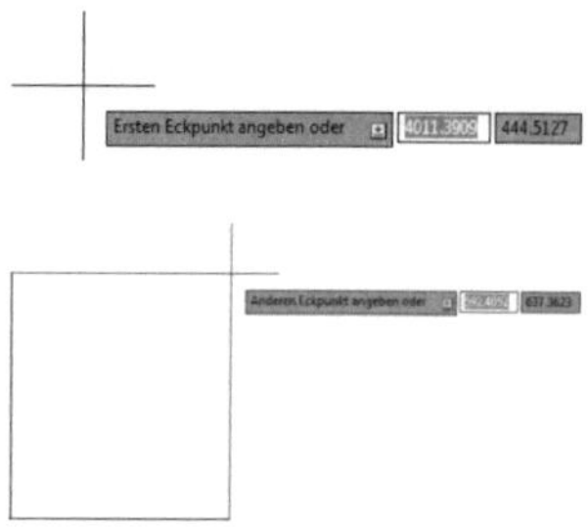

FUNKTION

- Erstellt ein Rechteck durch zwei Punkte

OPTIONEN

- [Fasen]: Ecken fasen
- [Erhebung]: Abstand der Zeichenebene in Z-Richtung
- [Abrunden]: Ecken abrunden
- [Objekthöhe]: Rechteck extrudieren
- [Breite]: Linienbreite festlegen

4.2.2.5 Außenkontur des Wasserkastens durch Rechteck darstellen

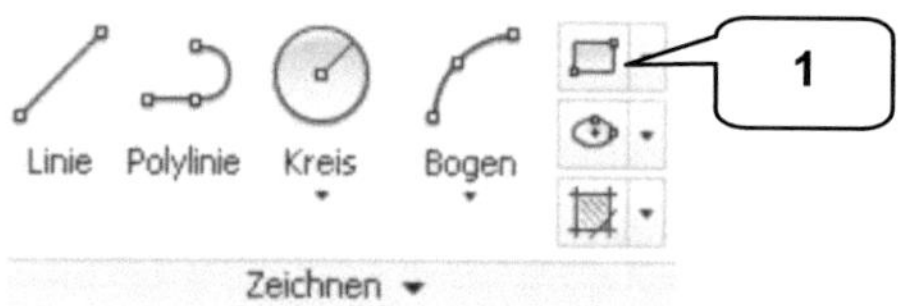

Da ein Teil des Flaschenkastens durch zwei Rechtecke dargestellt werden soll, muss zuerst die Außenkontur des Kastens gezeichnet werden und dann die Flaschenreihen.

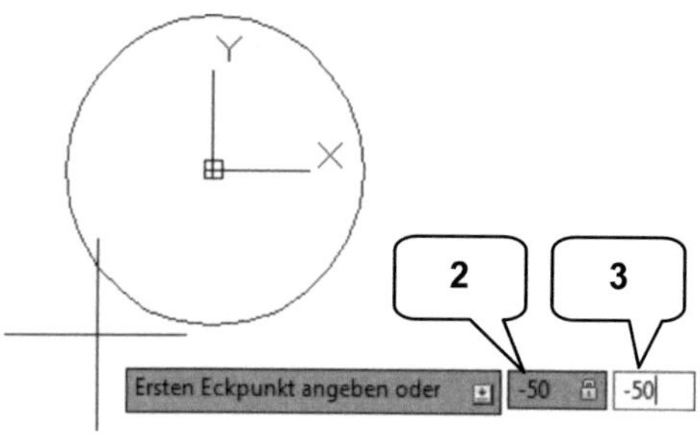

Ein Rechteck wird entweder durch die Angabe zweier Punktkoordinaten oder durch ein freies Setzen zweier Punkte mit der linken Maustaste definiert. Wir verwenden die Koordinateneingabe. Das erste Wertepaar legt die Position des Startpunktes fest, das zweite Länge und Breite des Rechtecks.

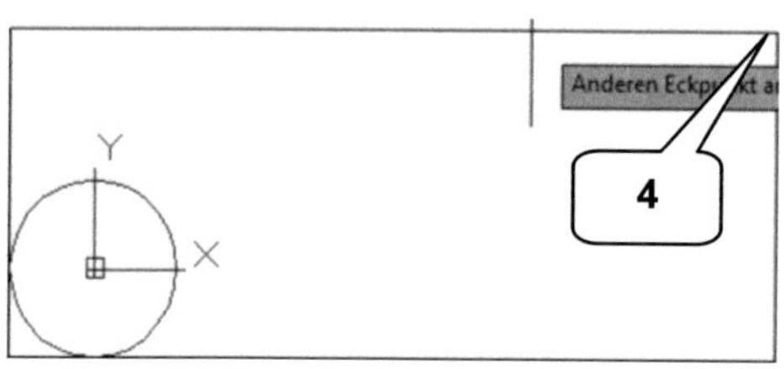

- ***Rechteck*** (1)
- Erster Punkt: [-50] > [Tab] > [-50] (2,3)
- [Enter]
- Zweiter Punkt: [400] > [Tab] > [300] (4)
- [Enter]

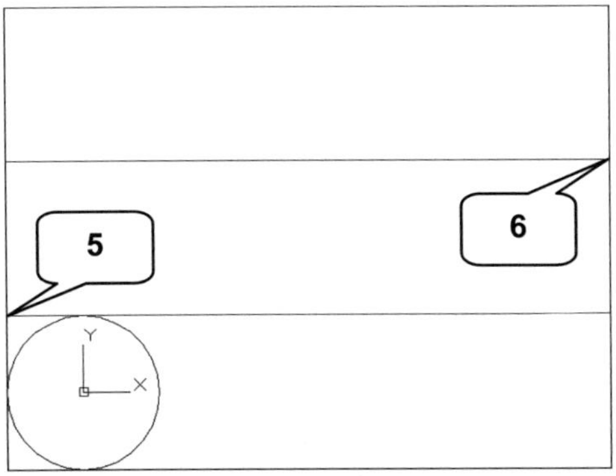

Zeichnen Sie anschließend ein zweites Rechteck, um die Reihen des Kastens zu definieren.

- **Rechteck** (1)
- Erster Punkt: [-50] > [Tab] > [50] (5)
- [Enter]
- Zweiter Punkt: [400] > [Tab] > [100] (6)
- [Enter]

4.2.2.6 Befehlsgrundlagen: Linie

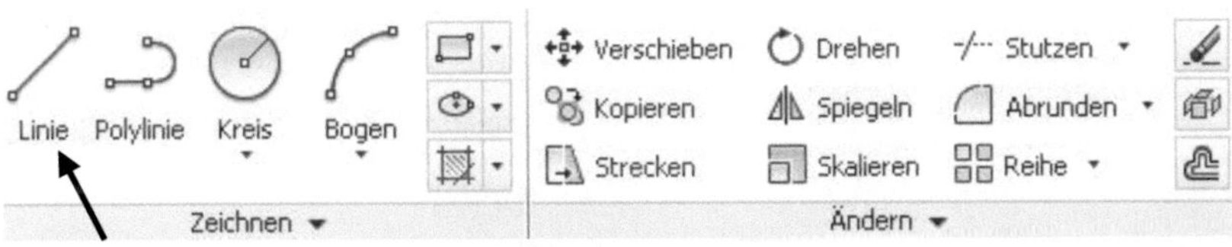

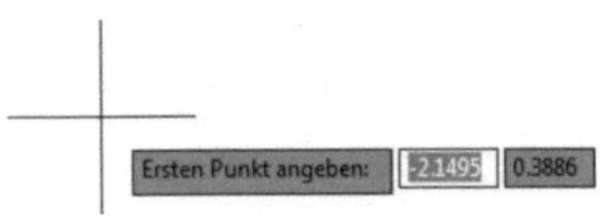

FUNKTION

- Erstellt eine Linie aus zwei oder eine Polylinie aus mehreren einzelnen Linien

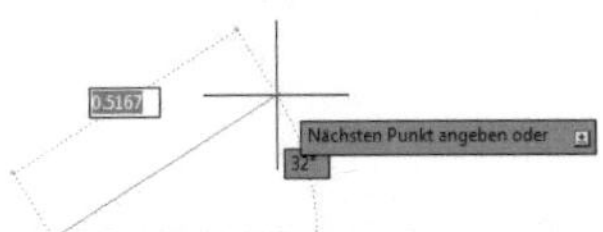

OPTIONEN

- ➢ [Schließen]: Schließt den Linienzug
- ➢ [Zurück]: Kehrt zum letzten Punkt zurück

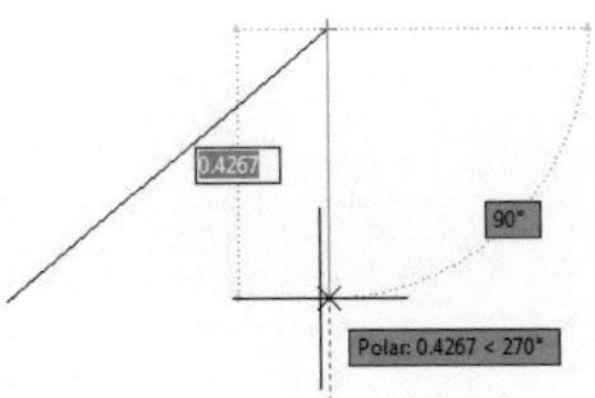

4.2.2.7 Wasserkasten mit einer Linie erweitern

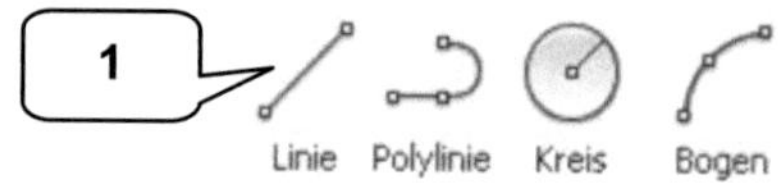

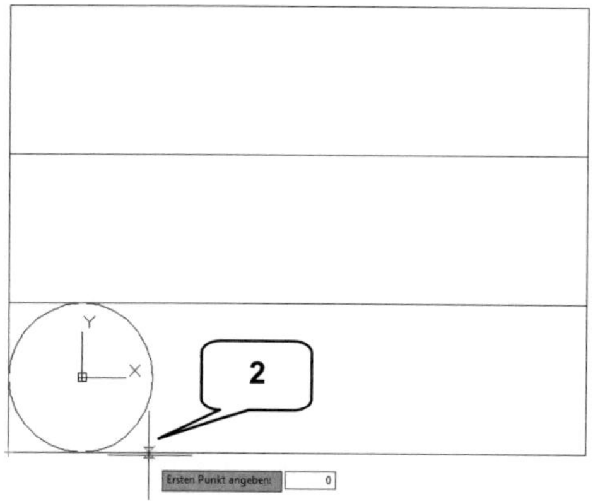

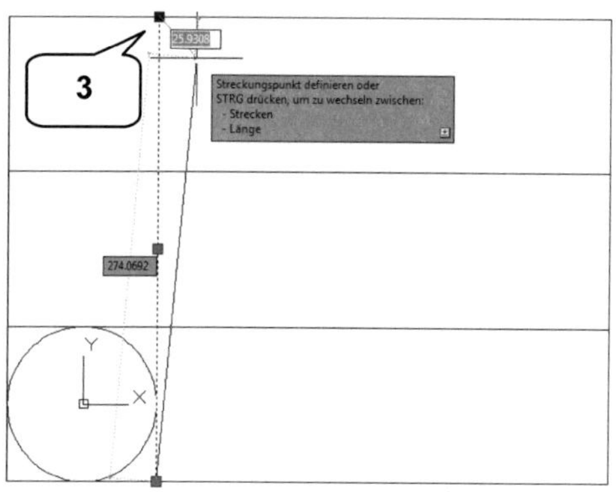

Drei Linien sollen die Spalten des Wasserkastens kennzeichnen. Linien werden durch die Angabe von Koordinaten oder durch ein freies Setzen von Punkten mit der linken Maustaste definiert. Die erste Linie soll per Tastatureingabe gezeichnet werden.

- *Linie* (1)
- Erster Punkt: [50] > [Tab] > [-50] (2)
- [Enter]
- Zweiter Punkt: [300] > [Tab] > [90] (3)
- [Enter]
- [Esc]

4.2.3 Befehlsgruppe: ÄNDERN

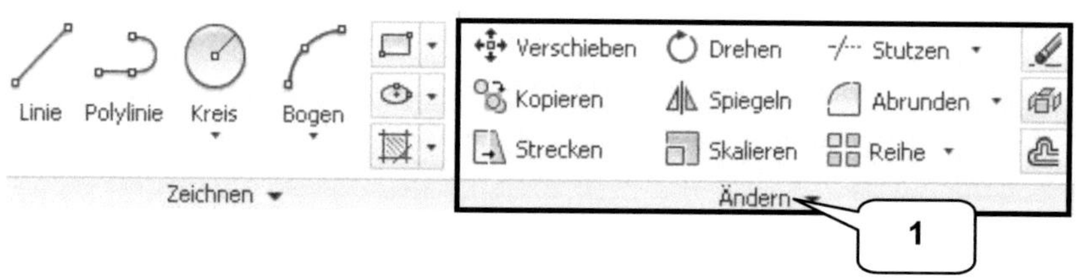

Die Befehlsgruppe ***Ändern*** beinhaltet diverse Befehle zur Bearbeitung geometrischer Objekte. Sie kann durch einen Klick auf die Bezeichnung (1) erweitern werden.

4.2.3.1 Befehlsgrundlagen: Kopieren

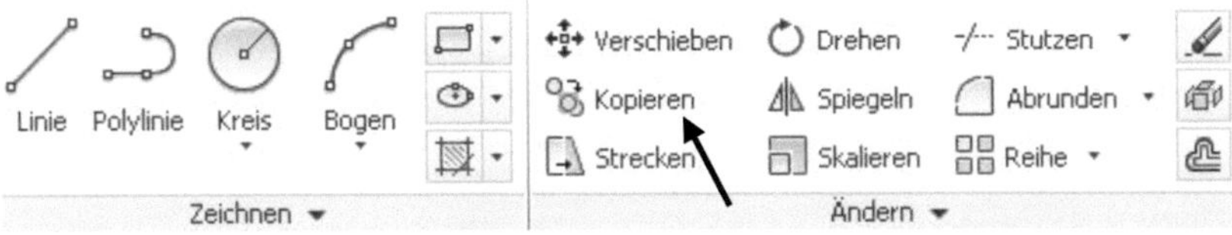

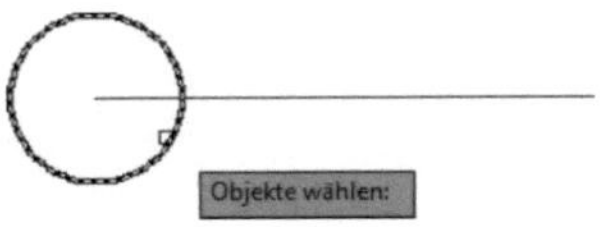

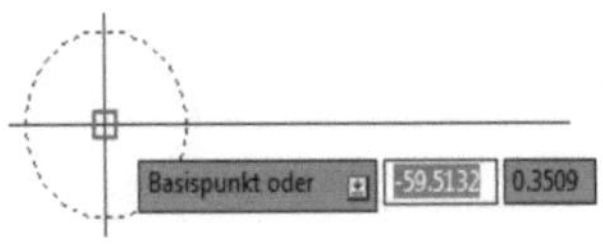

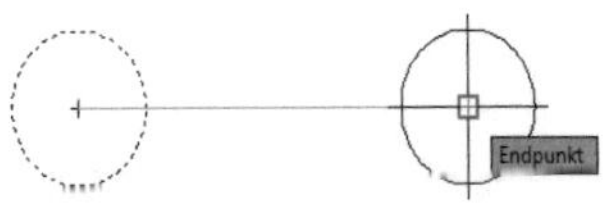

FUNKTION

- Kopiert Objekte und ermöglicht eine Platzierung der Kopien über einen definierten Basispunkt

OPTIONEN

- [Verschiebung]: Kopieren per Koordinateneingabe
- [Modus]: Einzelne oder mehrfache Vervielfältigung
- [Anordnung]: Bietet eine lineare Anordnung an
- [Beenden]: Beendet das Kopieren
- [Rückgängig]: Platzierungskorrektur im Modus Mehrfachvervielfältigung (ohne Befehlsabbruch)

4.2.3.2 Kopieren der Linie

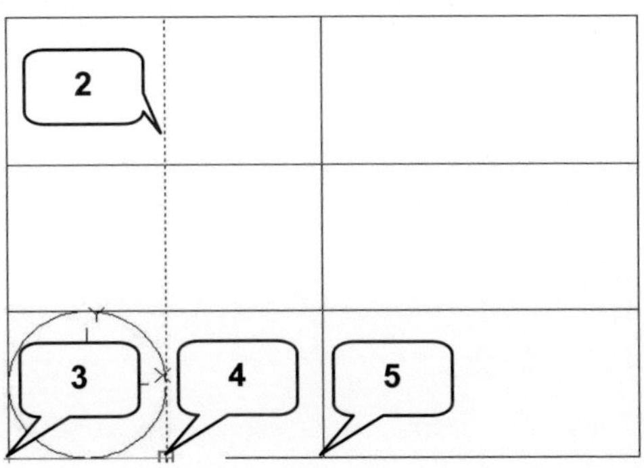

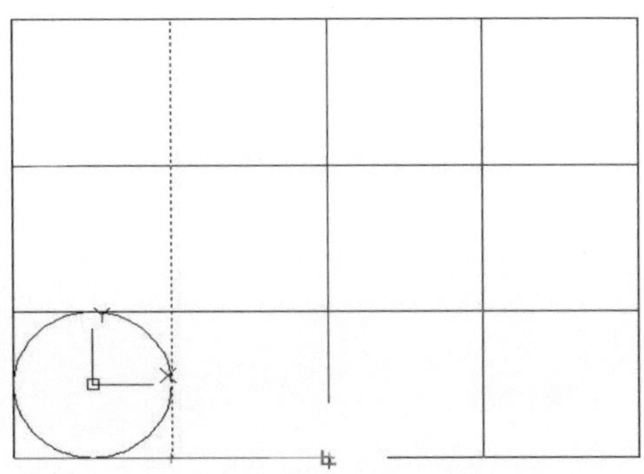

Die erste Linie muss zweimal kopiert werden. Wählen Sie zuerst die vorhandene Linie, dann den Basis-Referenzpunkt und legen Sie anschließend zwei Kopien an den markierten Punkten ab.

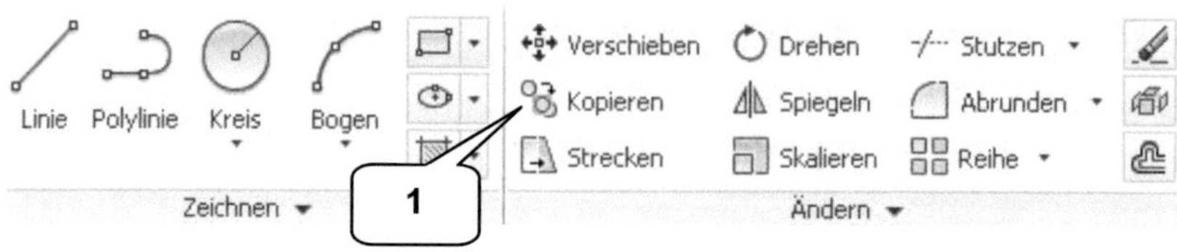

- **_Kopieren_** (1)
- (Befehlsgruppe: Ändern)
- Linie wählen (2)
- [Enter]
- Basispunkt wählen (3)
- Ersten Einfügepunkt wählen (4)
- Zweiten Einfügepunkt wählen (5)
- [Esc]

4.2.3.3 Layer wechseln

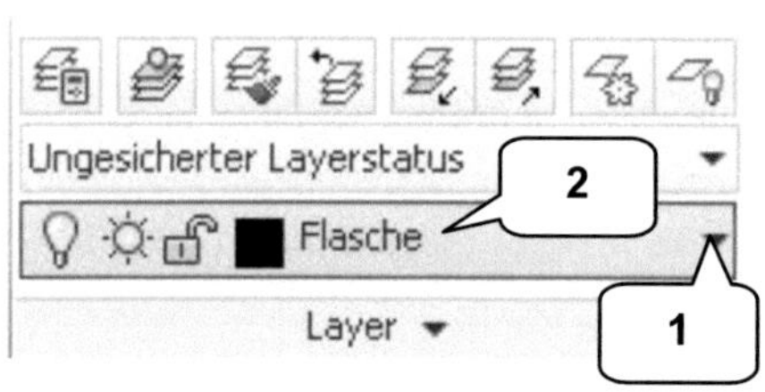

Um einen gefüllten Flaschenkasten darzustellen, aktivieren Sie zunächst den passenden Layer. Klicken Sie auf das markierte Auswahlfeld der Befehlsgruppe ***Layer*** (1) und wählen dann den Layer ***Flasche*** (2).

> **_HINWEIS:_** Achten Sie bei allen Arbeitsschritten auf die korrekte Layereinstellung, um Zeichenobjekte nicht irrtümlich einem falschen Layer zuzuweisen.

4.2.3.4 Befehlsgrundlagen: Rechteckige Anordnung (Reihe)

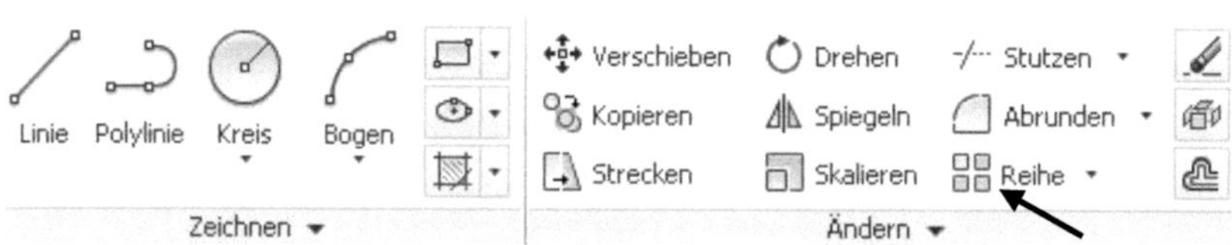

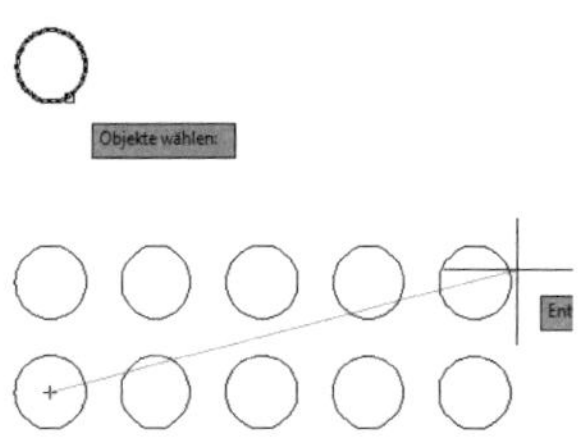

FUNKTION

- Kopiert Objekte und ordnet diese rechteckig in einer oder mehreren Ebenen an

OPTIONEN

- [Basispunkt]: Wahl eines Basispunktes

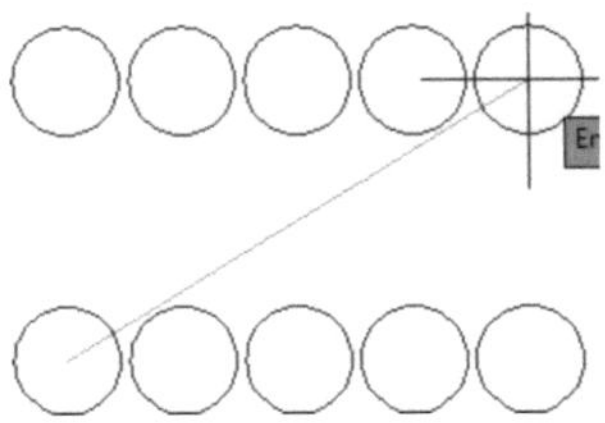

- [Winkel]: Winkel zwischen der Diagonalen des virtuellen Rechtecks und der X-Achse des BKS
- [Anzahl]: Zeilen- und Spaltenanzahl
- [Abstand]: Zeilen- und Spaltenabstand
- [Ausdruck]: Wertermittlung über mathematische Gleichung
- [Assoziativ]: Legt fest, ob die Elemente nach deren Erzeugung voneinander abhängig sein sollen
- [Zeilen]: Bearbeitet die Zeilenanzahl
- [Spalten]: Bearbeitet die Spaltenanzahl
- [Ebenen]: Anordnung erfolgt in mehreren Ebenen (3D)
- [Gesamt]: Abstand wird nicht zwischen den einzelnen Kopien, sondern zwischen erster und letzter Kopie angegeben
- [Exit]: Beendet den Befehl

4.2.3.5 Flasche kopieren und rechteckig anordnen

Nachdem der Befehl ***Rechteckige Anordnung*** gestartet wurde, ist der erste Kreis zu wählen und die Auswahl mit [Enter] zu bestätigen. Das Programm wechselt automatisch ins Register ***Anordnung erstellen***. Übernehmen Sie hier die dargestellten Werte der Befehlsgruppen ***Spalten*** und ***Reihen***. Sobald alle Daten übernommen wurden, kann das Register geschlossen werden.

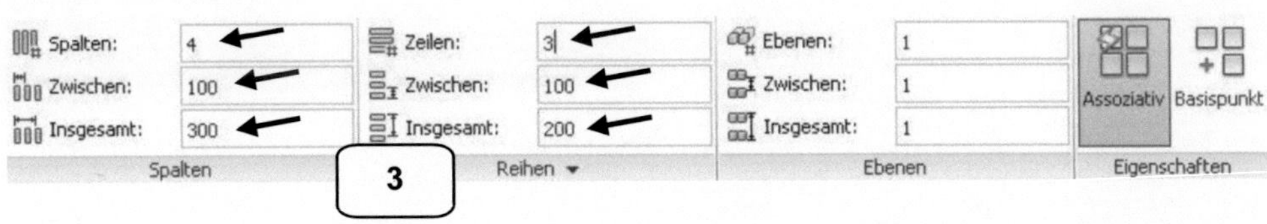

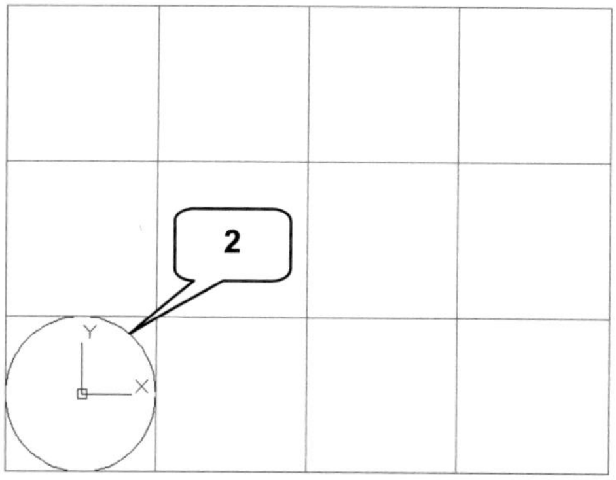

- **Rechteckige Anordnung (Reihe)**(1)
- Kreis wählen (2)
- [Enter]
- Werte übernehmen (3)
- Anordnung schließen

Speichern Sie die Zeichnung und verwenden Sie anschließend den Befehl ***Speichern unter***, um eine Kopie der Zeichnung als ***Kasten_Leer*** zu sichern.

4.2.3.6 Ableiten der vorhandenen Zeichnung

Um aus einem gefüllten Wasserkasten einen leeren Wasserkasten zu erzeugen, müssen alle vorhandenen Flaschen gelöscht werden. Diese könnten alle einzeln markiert und anschließend gelöscht werden (Taste [Entf]), oder komfortabler mittels Befehl ***Löschen***, welcher einen Layer samt aller zugeordneten Objekte aus einer Zeichnung entfernt.

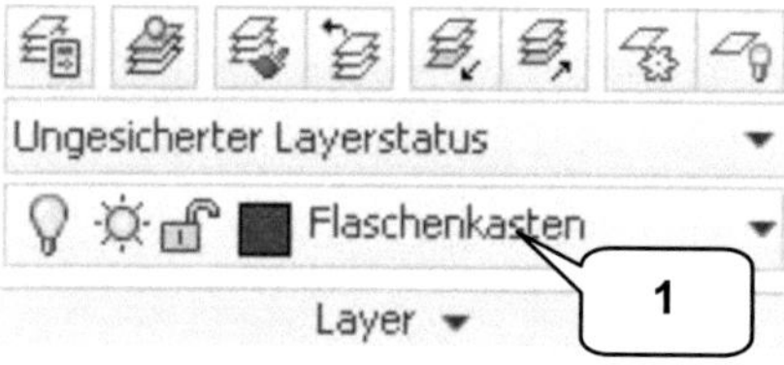

Um den Layer ***Flasche*** löschen zu können, muss vorher ein anderer Layer aktiviert werden. Öffnen Sie in der Befehlsgruppe Layer das Auswahlmenü und wählen Sie den Layer ***Flaschenkasten*** (1).

4.2.3.7 Befehlsgrundlagen: Löschen (Layer)

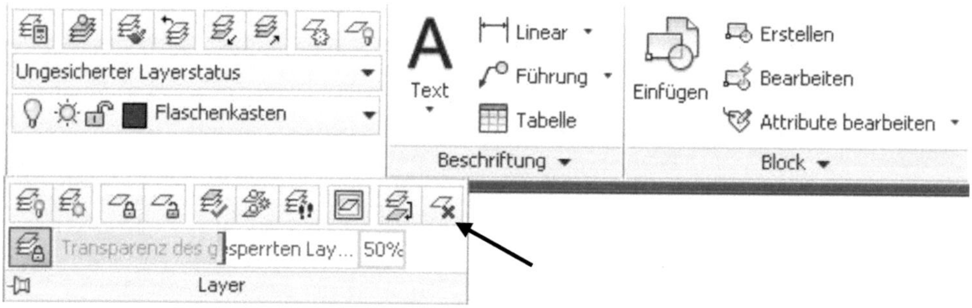

Entfernt einen Layer samt aller dem Layer zugeordneter Objekte aus einer Zeichnung. Der Befehl befindet sich im unteren Bereich der aufgeklappten Befehlsgruppe ***Layer***.

4.2.3.8 Löschen des Layers Flasche und der zugeordneten Kreise

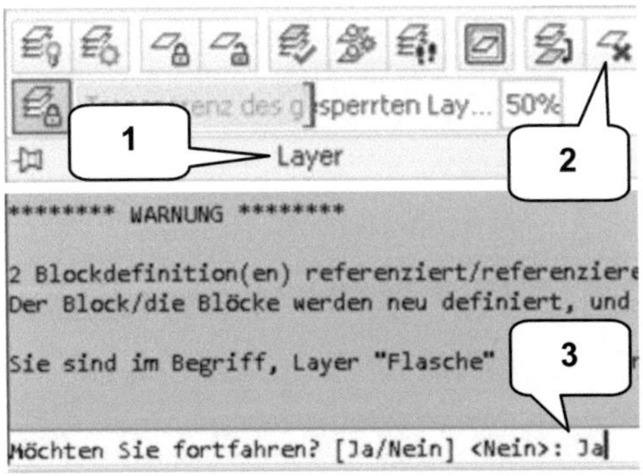

- Befehlsgruppe ***Layer*** aufklappen (1)

- ***Löschen*** (2)
- Einen der Kreise wählen
- [Enter]
- Im Eingabefenster [Ja] eingeben (3)
- [Enter]

- ***Speichern***
- Zeichnung schließen

4.2.3.9 Ableiten der neuen Zeichnung aus einer vorhandenen Zeichnung

Eine neue Zeichnung soll eine Palette, gefüllt mit Kästen und Flaschen, in der Draufsicht darstellen. Öffnen Sie die Datei ***Kasten_Voll.dwg*** aus dem Projektordner und verwenden Sie den Befehl ***Speichern unter***, um eine Kopie der Zeichnung als ***Palette_Voll.dwg*** zu speichern.

4.2.3.10 Kästen rechteckig anordnen

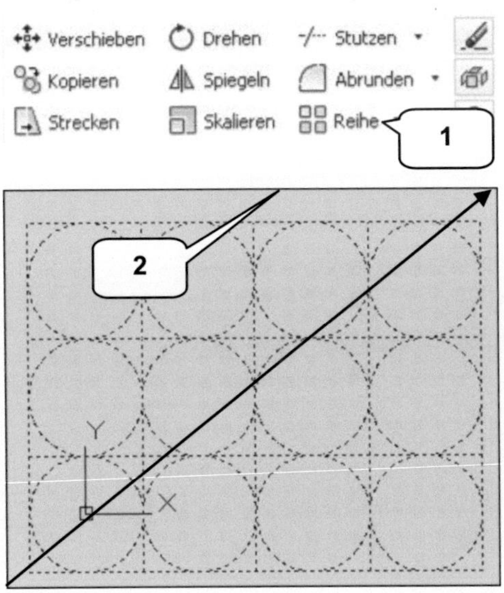

Im Übungsbeispiel soll eine Palette mit den Abmessungen 1200 x 800 mm verwendet werden. Bei einem Kastenmaß von 300 x 400 mm können auf der Palette (in einer Ebene) 4 x 2 Kästen angeordnet werden.

Verwenden Sie den Befehl ***Rechteckige Anordnung (Reihe)***, um die vorhandenen Flaschen und Kästen entsprechend zu kopieren. Für die Auswahl der zu kopierenden Elemente, ziehen Sie bei gedrückter linker Maustaste ein Fenster über den gesamten Kasten. So muss nicht jedes Element einzeln markiert werden.

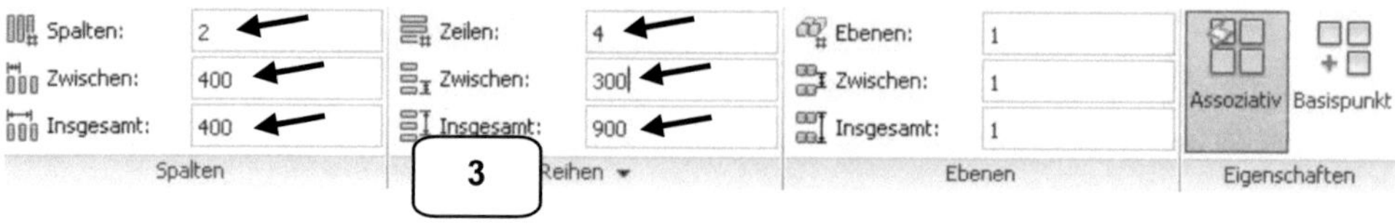

- **_Rechteckige Anordnung_** (1)
- Fenster über den gefüllten Kasten aufziehen (2)
- [Enter]
- Werte übernehmen (3)
- Anordnung schließen

Speichern Sie die Zeichnung und verwenden Sie den Befehl ***Speichern unter***, um eine Kopie der Zeichnung mit der Bezeichnung ***Palette_Leer.dwg*** zu erzeugen.

4.2.3.11 Befehlsgrundlagen: Polylinie (BG: ZEICHNEN)

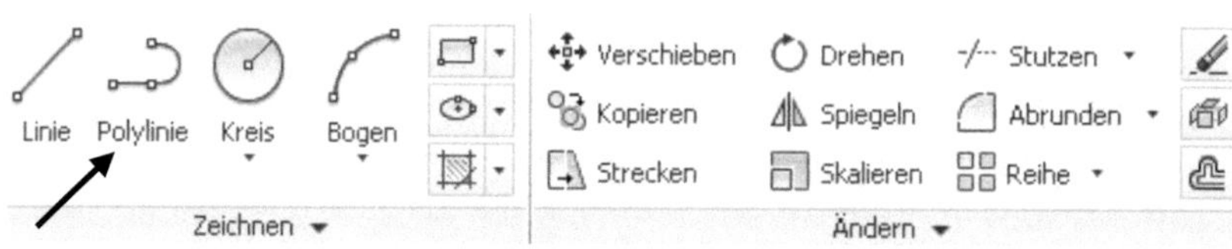

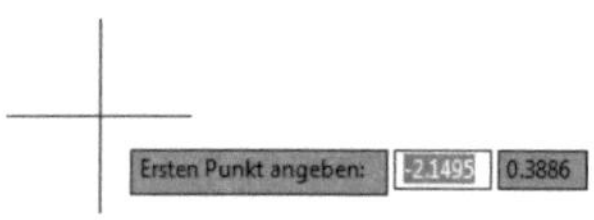

FUNKTION

- Erstellt eine Linie aus zwei oder mehreren Punkten als ein zusammenhängendes Linienobjekt

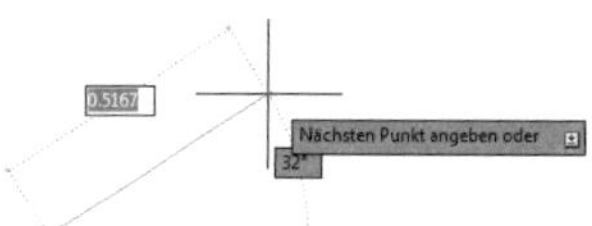

OPTIONEN

- [Schließen]: Schließt den Linienzug
- [Zurück]: Wechselt einen Schritt zurück
- [Kreisbogen]: Erzeugt einen Kreisbogen
- [Halbbreite]: Bestimmt die Breitenhälfte der Linie
- [Sehnenlänge]: Definiert eine Sehnenlänge
- [Breite]: Bestimmt die Linienbreite

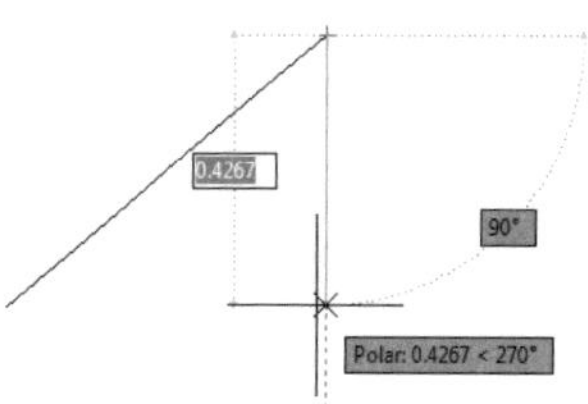

4.2.3.12 Layer: Palette

In der neuen Zeichnung (Kasten_Voll.dwg) wird ein weiterer Layer benötigt. Starten Sie den ***Layereigenschaften-Manager*** und erzeugen Sie den Layer ***Palette***.

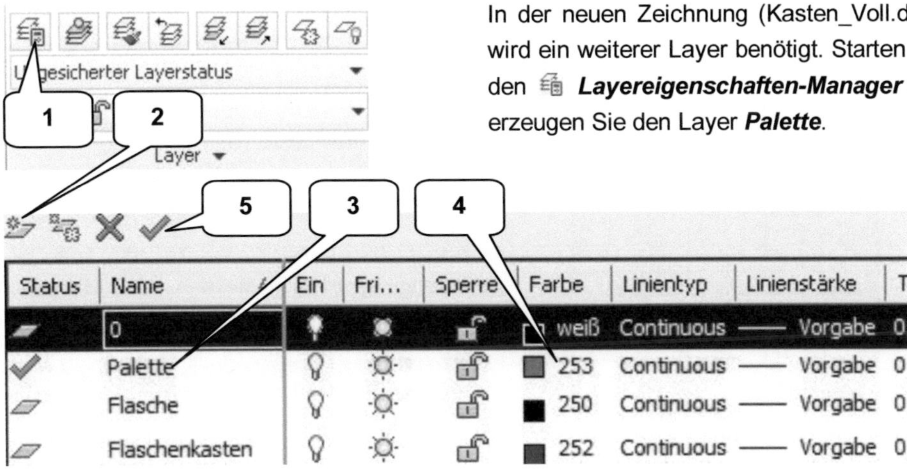

- ***<u>Layereigenschaften-Manager</u>*** (1)
- Neuer Layer (2)
- Name: [Palette] (3)
- Farbe: [253] (4)
- Layer aktivieren (5)
- Layereigenschaften schließen

4.2.3.13 Leere Palette durch Polylinie darstellen

Die aktuelle Zeichnung besteht aus einer rechteckigen Anordnung der gefüllten Kästen. Sobald diese aus der Zeichnung entfernt werden, bleibt nichts außer einem leeren Zeichenbereich übrig. Da eine leere Palette durch ein Rechteck und zwei sich diagonal kreuzenden Linien symbolisiert wird, soll die noch vorhandene Anordnung als Ausgangsbasis verwendet werden. Die Ecken dieser Anordnung sollen jetzt durch eine geschlossene Polylinie miteinander verbunden werden.

Starten Sie den Befehl ***Polylinie***, verbinden Sie nacheinander die in der folgenden Abbildung markierten Eckpunkte und beenden Sie den Befehl mit der Tastatureingabe [S], welche bewirkt, dass die Polylinie vollständig geschlossen wird.

- ***Polylinie*** (1)
- Startpunkt: Markierter Punkt (2)
- Nächster Punkt: Markierter Punkt (3)
- Nächster Punkt: Markierter Punkt (4)
- Nächster Punkt: Markierter Punkt (5)
- Tastatureingabe: [S]
- [Enter]

Kästen und Flaschen können jetzt aus der Zeichnung gelöscht werden. Markieren Sie einen der Kästen oder Flaschen (Nicht auf die gerade erzeugte Polylinie klicken!) und drücken Sie die Taste [Entf].

4.2.3.14 Leere Palette mit zwei diagonalen Linien kennzeichnen

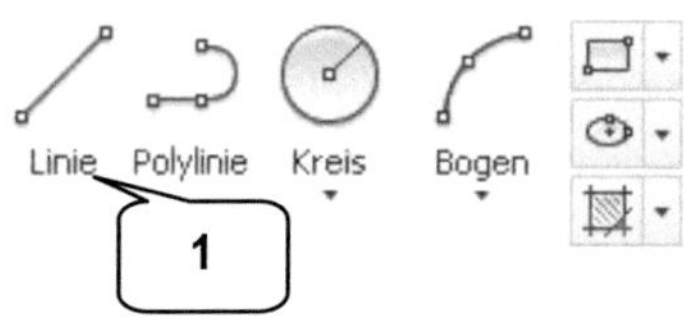

Das Rechteck soll nun durch zwei sich kreuzende Diagonalen ergänzt werden. Verwenden Sie hierfür den Befehl ***Linie***.

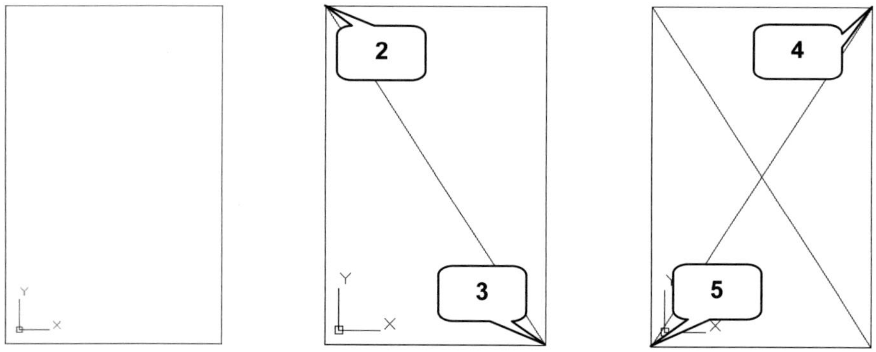

- ***Linie*** (1)
- Erster Punkt: Markierter Punkt (2)
- Zweiter Punkt: Markierter Punkt (3)
- [Esc]

- ***Linie*** (1)
- Erster Punkt: Markierter Punkt (4)
- Zweiter Punkt: Markierter Punkt (5)
- [Esc]

Die Datei kann anschließend ***gespeichert*** und geschlossen werden.

4.2.3.15 Neue Zeichnung erzeugen

Nach der Darstellung der geometrischen Grundobjekte (Flasche, Kasten, Palette) kann die erste Maschine gezeichnet werden. Erzeugen Sie eine neue Zeichnung und speichern Sie diese als ***01_02_Kästen_von_Paletten_heben.dwg*** im Projektordner ab.

- ***Neu*** (1)
- Vorlage: acadiso.dwt
- Öffnen

- ***Speichern*** (2)
- Dateiname: [01_02_Kästen_von_Paletten_heben]
- Dateityp: *.dwg

4.2.3.16 Layer: Kästen von Palette heben

Starten Sie den ***Layereigenschaften-Manager*** und erstellen Sie einen neuen Layer ***Kästen_von_Palette_heben*** mit den folgenden Eigenschaften:

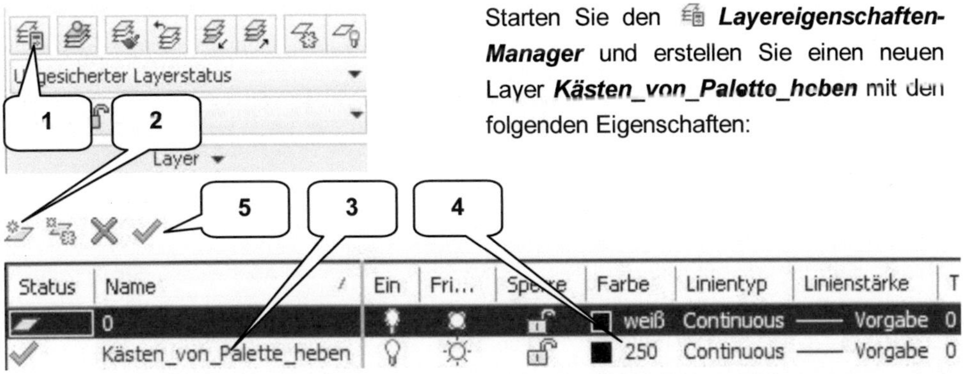

- ***Layereigenschaften-Manager*** (1)
- Neuer Layer (2)
- Name: [Kästen_von_Palette_heben] (3)
- Farbe: [250] (4)
- Layer aktivieren (5)
- Layereigenschaften schließen

4.2.3.17 Basiskontur anhand der dargestellten Skizze zeichnen

Verwenden Sie die Befehle ***Linie***, ***Polylinie*** und ***Rechteck*** um das folgende Objekt zu erzeugen. Der markierte Punkt ***P0*** kennzeichnet den Koordinatenursprung (0, 0).

HINWEIS: Haben Sie einen Punkt falsch positioniert, kann mit der Texteingabe [Z] > [Enter] ein Schritt zurück gesprungen und korrigiert werden.

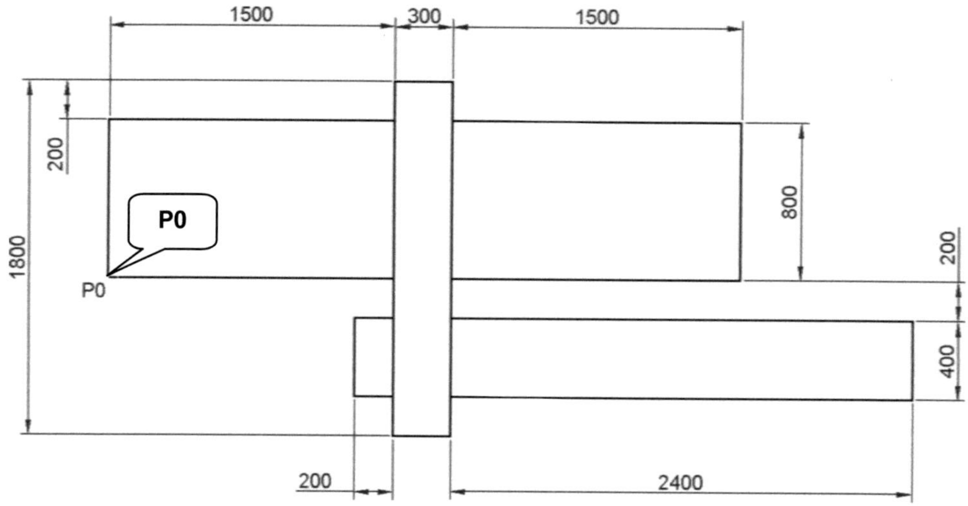

4.2.4 Befehlsgruppe: BLOCK

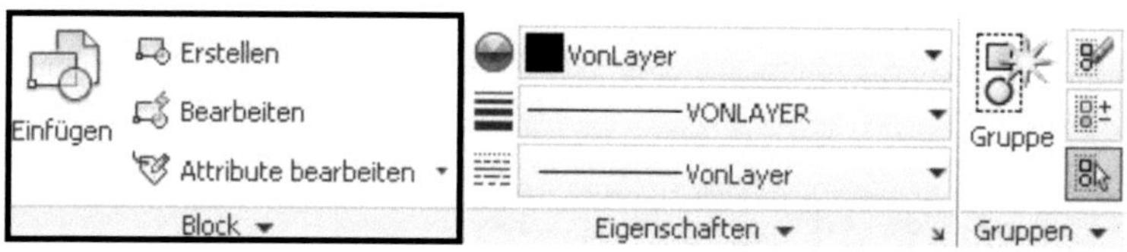

Unterschiedliche geometrische Zeichenobjekte einer Zeichnung können als ***Block*** zusammengefasst und somit als Einheit betrachtet werden. Blöcke können aus Zeichnungen exportiert, oder in andere Zeichnungen eingefügt werden.

4.2.4.1 Befehlsgrundlagen: Einfügen

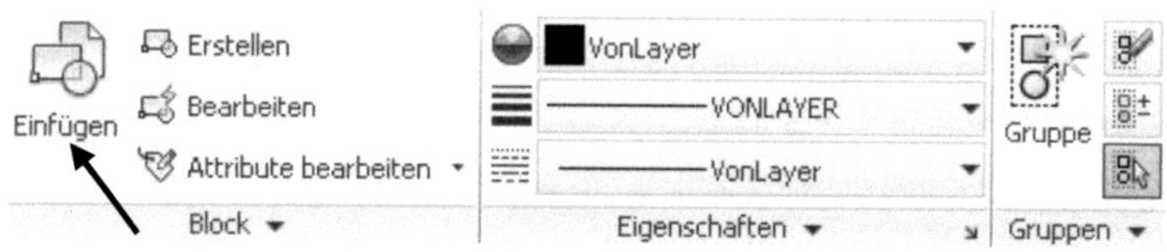

FUNKTION

- Fügt eine Zeichnung als Block in eine andere Zeichnung ein

OPTIONEN

- [Durchsuchen]: Sucht eine DWG- oder DXF-Zeichnung und fügt diese als Block in die Zeichnung ein
- [Pfad]: Der Pfad zum Block kann eingegeben werden
- [Einfügepunkt]: Jeder Block besitzt einen Basispunkt, dessen Position hier festgelegt wird
- [Skalierung]: Block kann um drei verschiedene Werte (in X-, Y- oder Z-Richtung) oder einheitlich (um einen Faktor) skaliert werden
- [Drehung]: Der eingefügte Block wird gedreht
- [Ursprung]: Block-Basispunkt entspricht Zeichnungs-Nullpunkt (BKS)

4.2.4.2 Die gefüllte Palette als Block einfügen

In der folgenden Übung soll die Zeichnung ***Palette_Voll.dwg*** als Block in die aktuelle Zeichnung importiert werden. Der Block ist frei im Zeichenbereich nahe der bereits gezeichneten Maschine mit der linken Maustaste abzulegen. Die Palette kann anschließend gedreht und an die Zielposition verschoben werden.

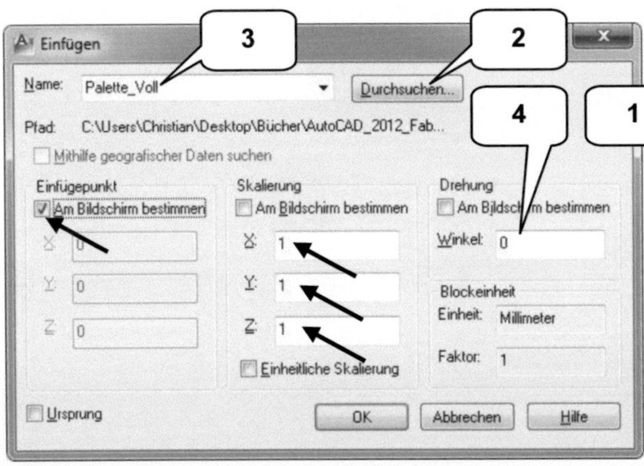

- **Einfügen** (1)
- 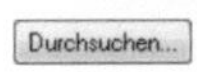 (2)
- Projektordner suchen
- Name: [Palette_Voll.dwg] (3)
- Winkel: [0] Grad (4)
- Restliche Optionen übernehmen wie dargestellt
- 

Der Block hängt jetzt am Mauszeiger und kann mit der linken Maustaste beliebig im Zeichenbereich abgelegt werden.

4.2.4.3 Befehlsgrundlagen: Verschieben (BG: ÄNDERN)

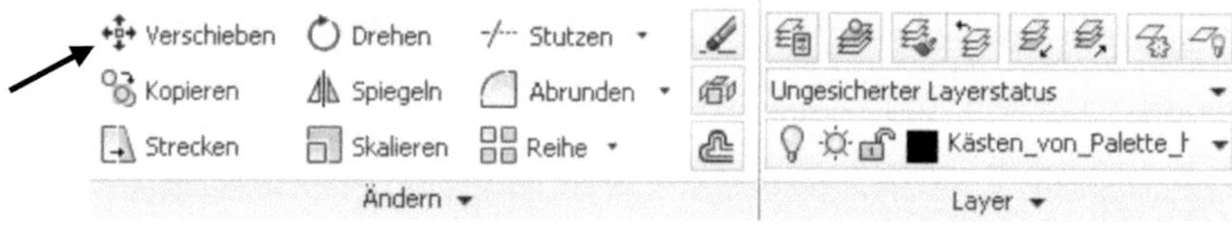

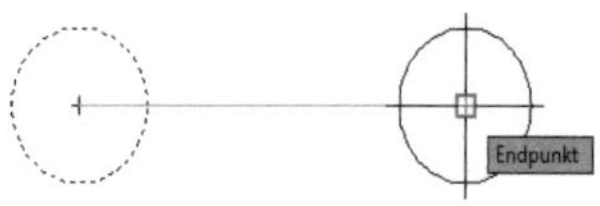

FUNKTION

- Verschiebt ein Objekt anhand eines Basispunktes an eine neue Position

4.2.4.4 Die Palette an die korrekte Ausgangsposition verschieben

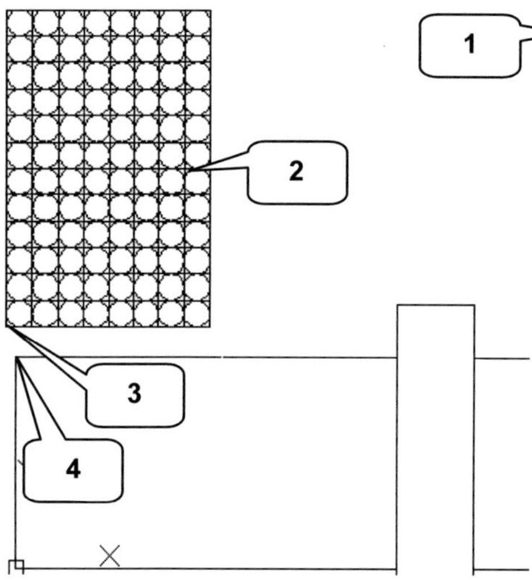

Die Palette kann jetzt auf die korrekte Position verschoben werden.

- ***Verschieben*** (1)
- Palette wählen (2)
- [Enter]
- Basispunkt wählen (3)
- Zielpunkt wählen (4)

4.2.4.5 Befehlsgrundlagen: Drehen (BG: ÄNDERN)

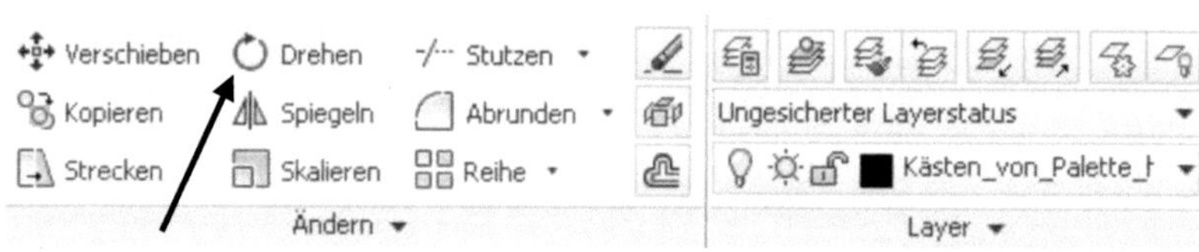

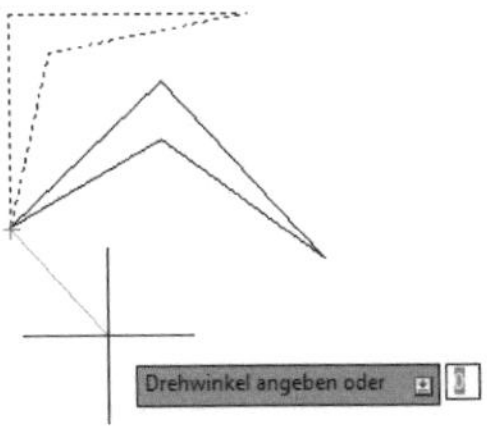

FUNKTION

- Dreht Objekte um einen Basispunkt

OPTIONEN

- [Kopie]: Dreht eine Kopie des Originals
- [Bezug]: Drehung bezieht sich auf einen neuen Basiswinkel (nicht auf das BKS)

4.2.4.6 Die Palette um 90° (UZS) drehen

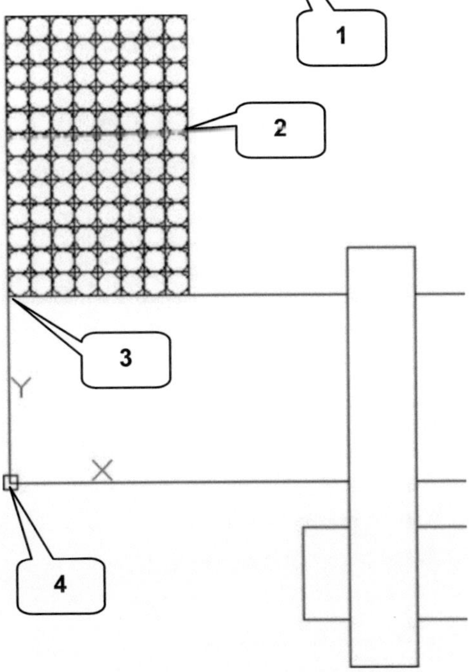

Die Palette wird jetzt 90° im UZS gedreht. Hierfür kann entweder ein Winkel über die Tastatureingabe festgelegt, oder dieser durch zwei Punkte definiert werden. Wir verwenden die Zwei-Punkte Methode.

- ***Drehen*** (1)
- Palette wählen (2)
- [Enter]
- Ersten Punkt wählen (3)
- Zweiten Punkt wählen (4)

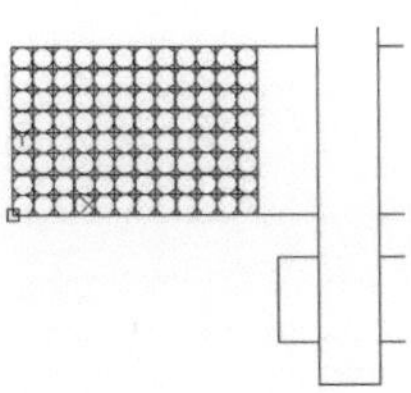

4.2.4.7 Die leere Palette als Block einfügen und drehen

Der Block ***Palette_Leer*** soll bereits beim Einfügen gedreht werden.

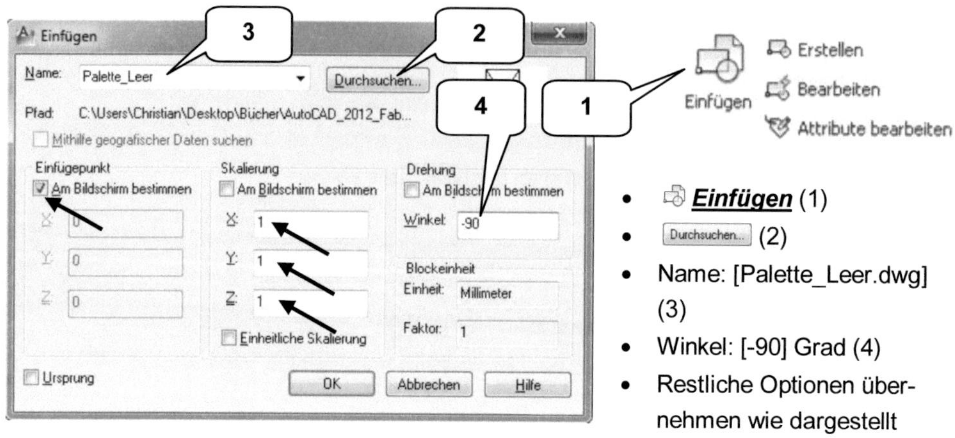

- ***Einfügen*** (1)
- Durchsuchen... (2)
- Name: [Palette_Leer.dwg] (3)
- Winkel: [-90] Grad (4)
- Restliche Optionen übernehmen wie dargestellt
- OK

Den eingefügten Block danach frei in der Nähe der bereits gezeichneten Maschine ablegen. Die genaue Ablageposition ist auch hier vorerst irrelevant.

4.2.4.8 Die Palette an ihre Endposition verschieben

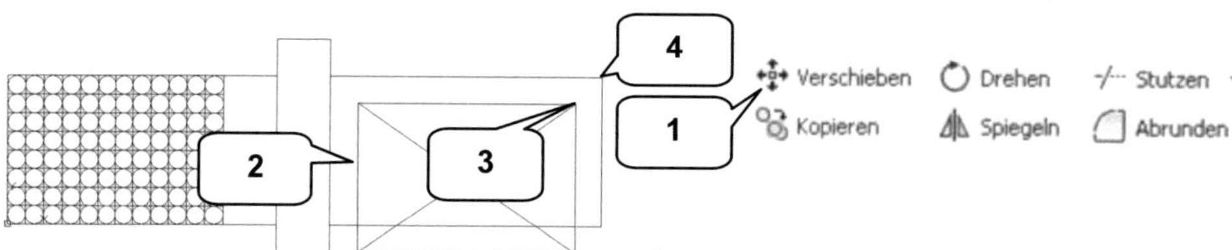

Verschieben Sie die Palette jetzt.

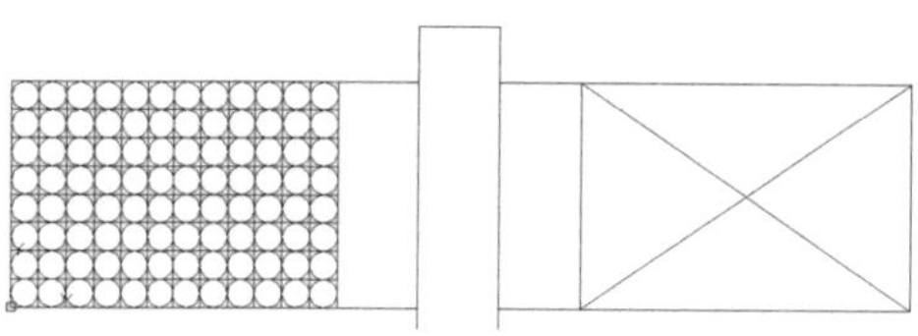

- ***Verschieben*** (1)
- Markiertes Objekt wählen (2)
- [Enter]
- Basispunkt wählen (3)
- Zielpunkt wählen (4)

4.2.4.9 Den vollen Kasten als Block einfügen und drehen

Die Maschine wird Kästen samt Flaschen von der Palette auf Transportbänder heben. Fügen Sie den Block ***Kasten_Voll*** in die Zeichnung ein und platzieren wie folgt:

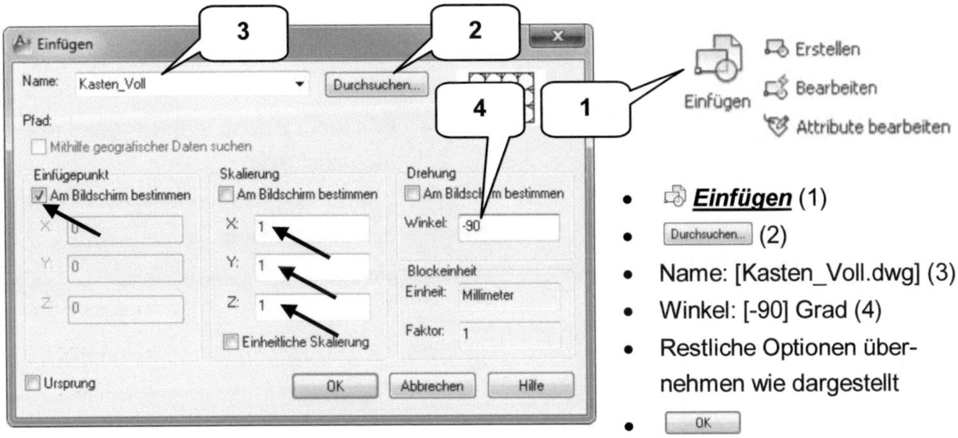

- ***Einfügen*** (1)
- Durchsuchen... (2)
- Name: [Kasten_Voll.dwg] (3)
- Winkel: [-90] Grad (4)
- Restliche Optionen übernehmen wie dargestellt
- OK

Den Block frei im Zeichenbereich ablegen.

4.2.4.10 Den Kasten an seine Endposition verschieben

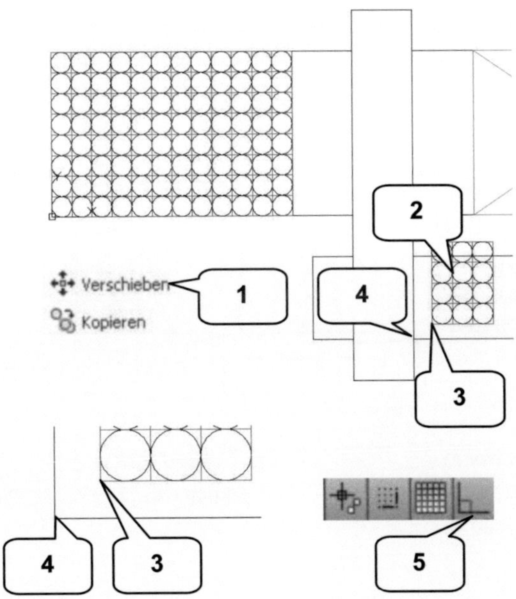

- ***Verschieben*** (1)
- Kasten wählen (2)
- [Enter]
- Basispunkt wählen (3)
- Zielpunkt wählen (4)

- ***Ortho-Modus*** aktivieren (5)

- ***Verschieben*** (1)
- Kasten wählen (2)
- [Enter]
- Basispunkt wählen (4)
- Maus waagerecht nach rechts ziehen
- Wert: [300] mm eingeben
- [Enter]

4.2.4.11 Befehlsgrundlagen: Kopieren (BG: Ändern)

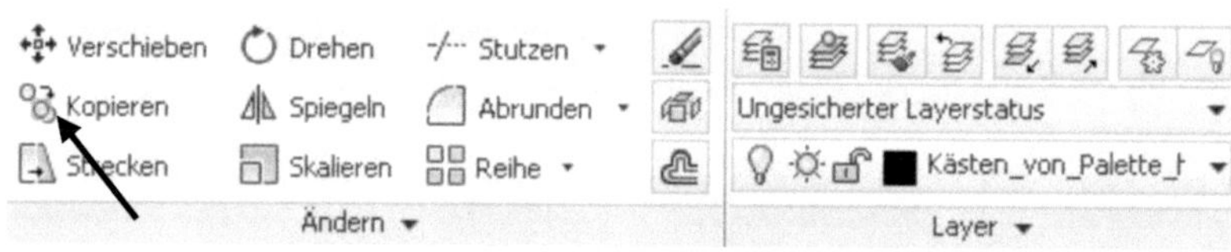

FUNKTION

- Kopiert Objekte mit Basispunkten

OPTIONEN

- [Verschiebung]: Abstand über Koordinateneingabe
- [Modus]: Befehl einfach oder mehrfach ausführen
- [Anordnung]: Erzeugt Kopien entlang einer Anordnung
- [Anpassen]: Neudefinition einer Anordnung

4.2.4.12 Kasten kopieren

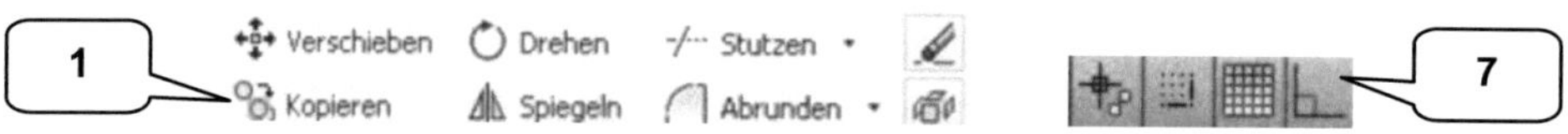

Der vorhandene Kasten soll drei weitere Male ***kopiert*** werden, wobei die einzelnen Kästen jeweils einen Abstand von 300 mm zueinander besitzen sollten. Der ***Ortho-Modus*** kann dabei weiterhin aktiviert bleiben.

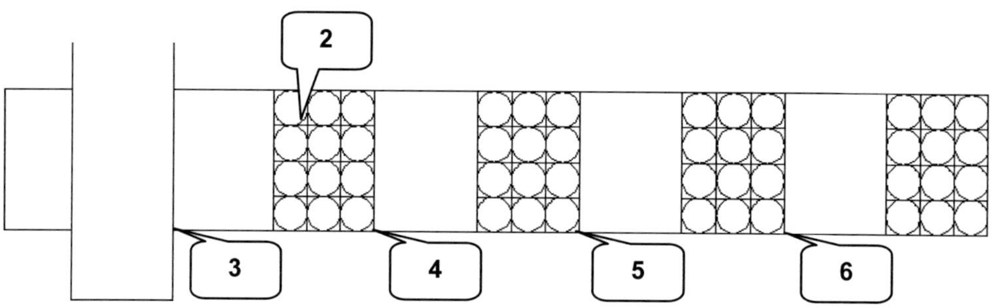

- ***Kopieren*** (1)
- Kasten markieren (2)
- [Enter]
- Punkt (3) wählen
- Punkt (4) wählen
- Punkt (5) wählen
- Punkt (6) wählen
- [Esc]
- ***Ortho-Modus*** deaktivieren (7)

4.2.4.13 Markieren der Transportband-Laufrichtung durch einen Richtungspfeil

Richtungspfeile sollen die Laufrichtung der Transportbänder symbolisieren. Importieren Sie den Block ***Pfeil*** aus dem Projektordner.

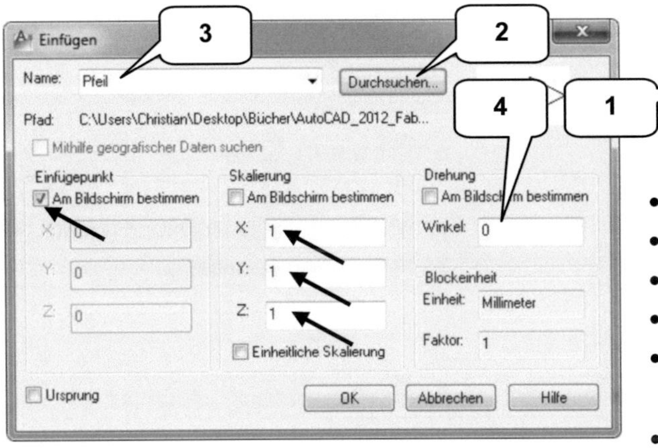

- ***Einfügen*** (1)
- Durchsuchen... (2)
- Name: [Pfeil.dwg] (3)
- Winkel: [0] Grad (4)
- Restliche Optionen übernehmen wie dargestellt
- OK

Der erste Pfeil ist in etwa auf die mit (6) gekennzeichneten Position zu legen. Verwenden Sie den Befehl ***Kopieren***, um diesen Pfeil zwei weitere Male einzufügen (7,8).

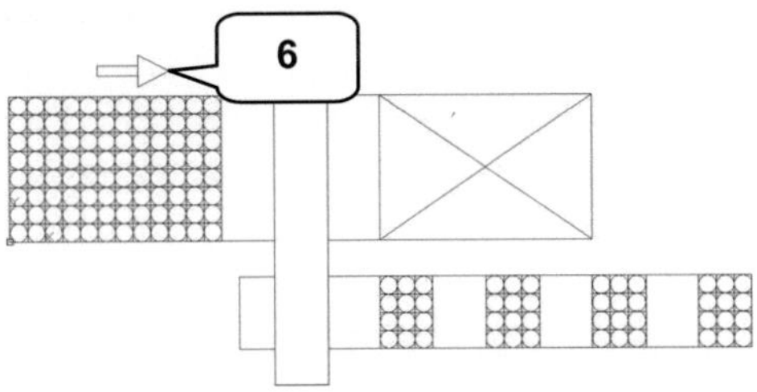

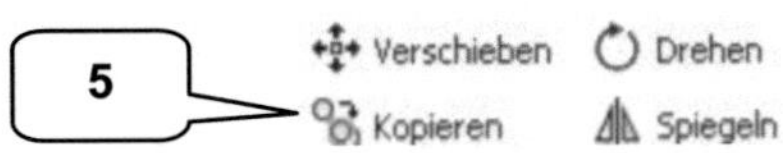

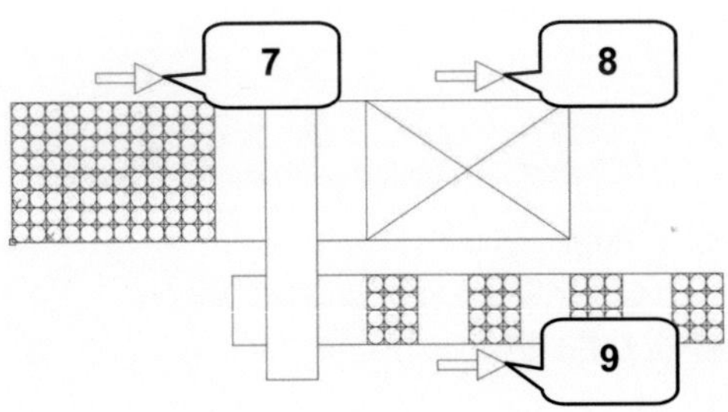

- ***Kopieren*** (5)
- Pfeil markieren (6)
- [Enter]
- Basispunkt wählen (7)
- 1. Zielpunkt wählen (8)
- 2. Zielpunkt wählen (9)
- [Esc]

4.2.5 Befehlsgruppe: BESCHRIFTUNG

4.2.5.1 Befehlsgrundlagen: Einzelne Zeile

FUNKTION

- Erstellt einen einzeiligen Text

OPTIONEN

- [Position]: Textausrichtung (Menü)
- [Stil]: Textstil wählen

4.2.5.2 Beschriften der Maschine

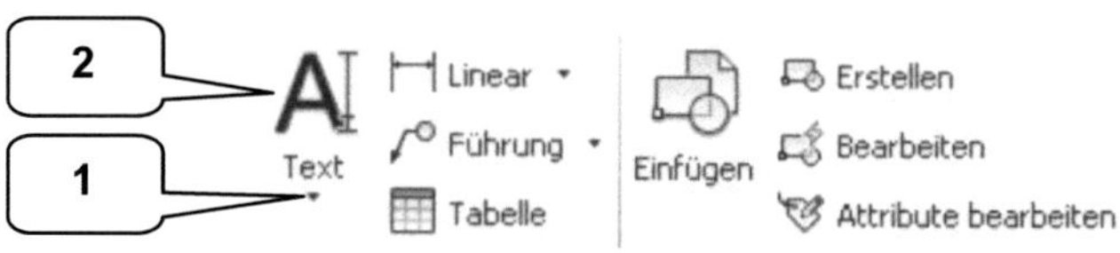

Um die Maschine zu beschriften, klappen Sie das Befehlsmenü ***Text*** (1) auf und starten hier den Befehl ***Einzelne Zeile*** (2). Erzeugen Sie den folgenden Text:

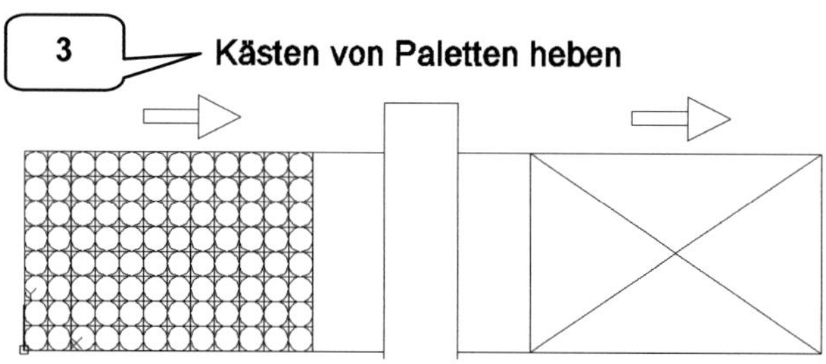

- Befehl ***Text*** aufklappen (1)
- ***<u>Einzelne Zeile</u>*** (2)
- Startpunkt setzen (3)
- Wert für Höhe eingeben: [100] mm
- [Enter]
- Wert für Drehwinkel eingeben: [0] Grad
- [Enter]
- Text: [Kästen von Paletten heben]
- 2 x [Enter]

Die Zeichnung kann jetzt ***gespeichert*** und geschlossen werden.

4.2.5.3 Neue Zeichnung für die Produktionslinie erzeugen

Die Produktionslinie soll in mehreren Schritten zusammengestellt werden. Erzeugen Sie eine neue Zeichnung und speichern Sie diese als ***01_00_Produktionslinie.dwg*** ab.

- ***Neu*** (1)
- Vorlage: acadiso.dwt
- Öffnen

- ***Speichern*** (2)
- Dateiname: [01_00_Produktionslinie]
- Dateityp: *.dwg

4.2.5.4 Maschinen der Produktionslinie importieren

In der folgenden Übung soll das Einfügen der Blöcke unter Verwendung des BKS erfolgen. Alle vorgefertigten Zeichnungen (außer die selbst gezeichnete Maschine) besitzen bereits auf das Gesamtsystem bezogene Positionen zum Koordinatenursprung. Somit wird das Einfügen der Blöcke vereinfacht, und jede Maschine, jedes Transportsystem und alle Fabrikhallenobjekte direkt auf die hierfür vorgesehene Position gesetzt. Hierfür muss die Option ***Einfügepunkt am Bildschirm bestimmen*** deaktiviert sein.

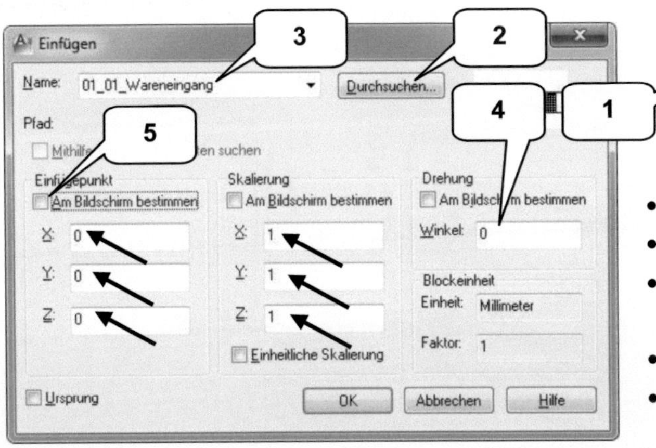

- ***Einfügen*** (1)
- Durchsuchen... (2)
- Name: [01_01_Wareneingang] (3)
- Winkel: [0] Grad (4)
- Deaktivieren: Einfügepunkt: Am Bildschirm bestimm. (5)
- Restliche Optionen übernehmen wie dargestellt
- OK

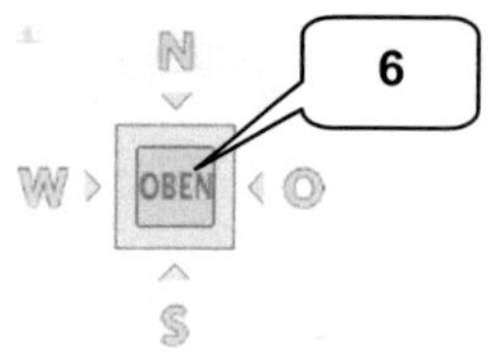

Um das neu eingefügte Objekt sichtbar zu machen, kann am ***ViewCube*** die Ansicht ***OBEN*** (6) gewählt werden. Nach der Platzierung des letzten Blocks sind weitere Blöcke zu importieren, welche alle mit deaktivierter Option ***Einfügepunkt: Am Bildschirm bestimmen*** und den Koordinaten X = 0, Y = 0, Z = 0 platziert werden müssen.

Fügen Sie nacheinander die folgenden Blöcke ein:

- 01_03_Palettenspeicher
- 01_04_Flaschen_aus_Kästen_heben
- 01_05_Kastenwaschmaschine
- 01_06_Kastenspeicher
- 01_07_Flaschenspeicher_01
- 01_08_Flaschenkontrolle_01
- 01_09_Flaschenwaschmaschine
- 01_10_Flaschenkontrolle_02
- 01_11_Flaschenspeicher_02
- 01_12_Füllen_Schließen_Etikettieren
- 01_13_Flaschen_in_Kästen_heben
- 01_14_Kästen_auf_Paletten_heben
- 01_15_Warenausgang
- 01_16_Flaschentransportsystem

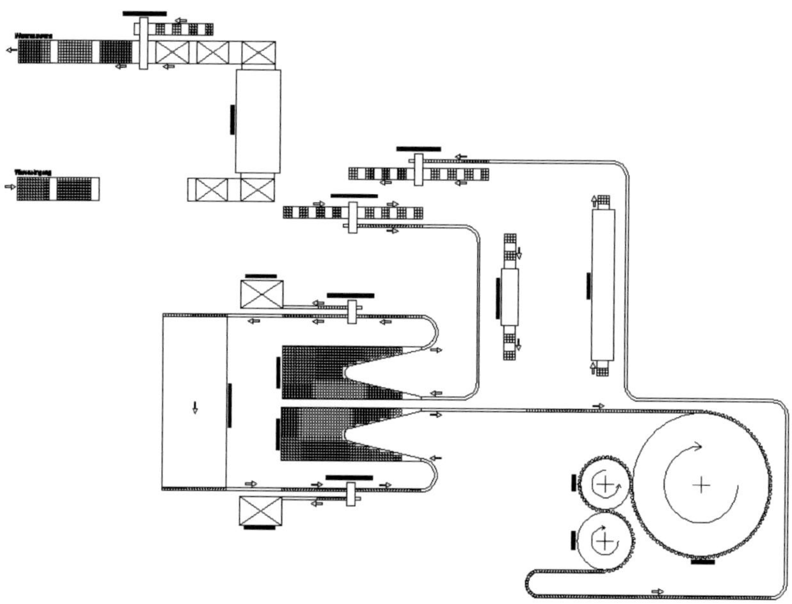

Das Resultat sollte die in der oberen Abbildung dargestellte Anlage sein. Jetzt kann die Maschine ***Kästen von Paletten heben*** als Block in die Zeichnung eingefügt werden, wobei die Option ***Einfügepunkt: Am Bildschirm bestimmen*** wieder zu aktivieren ist.

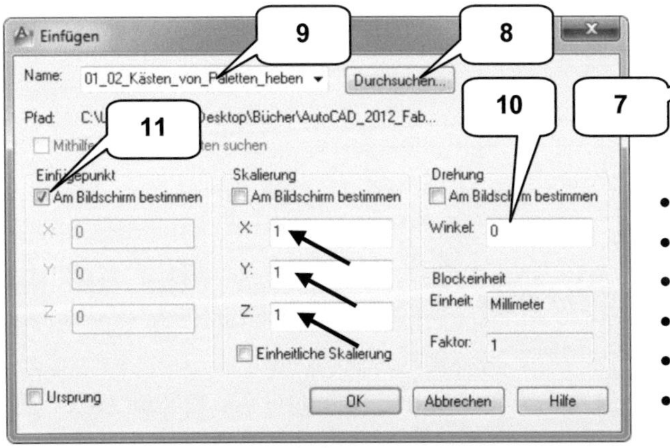

- **Einfügen** (7)
- Durchsuchen... (8)
- Name: [01_02_Kästen_von_
- Paletten_heben.dwg] (9)
- Winkel: [0] Grad (10)
- Aktivieren: Einfügepunkt: Am Bildschirm bestimm. (11)
- Restliche Optionen übernehmen wie dargestellt
- OK

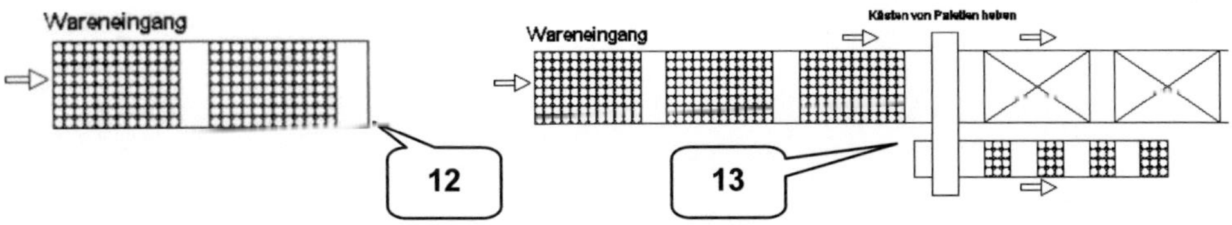

Nach der Auswahl des Blocks sollte dieser noch am Mauspfeil hängen. Wurde beim Zeichnen der Maschine auf die richtige Position des Koordinatenursprungs geachtet, kann der Block auf der markierten Ecke des Wareneingangs (12) abgelegt werden.

Die Maschine liegt jetzt passgenau zwischen Wareneingang und Transportband des Palettenspeichers. Sollte das bei Ihnen nicht der Fall sein, verwenden Sie den Befehl ***Verschieben*** um zu korrigieren.

4.2.5.5 Layer: Transportsysteme

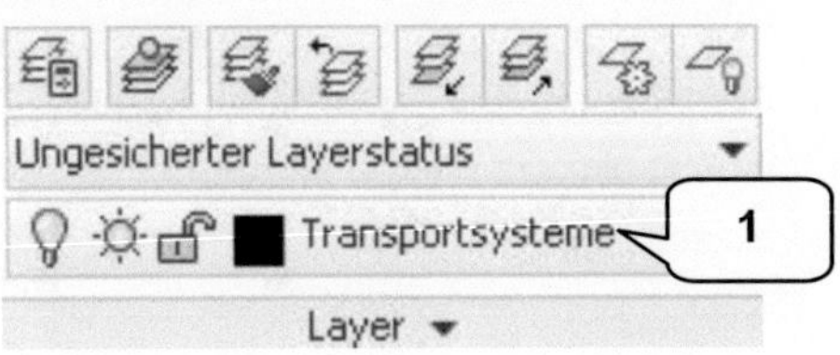

Um mit der Komplettierung der Transportsysteme starten zu können, muss der Layer ***Transportsysteme*** aktiviert werden (1).

4.2.5.6 Zeichnen des Kastentransportsystems mittels Rechteck und Polylinie

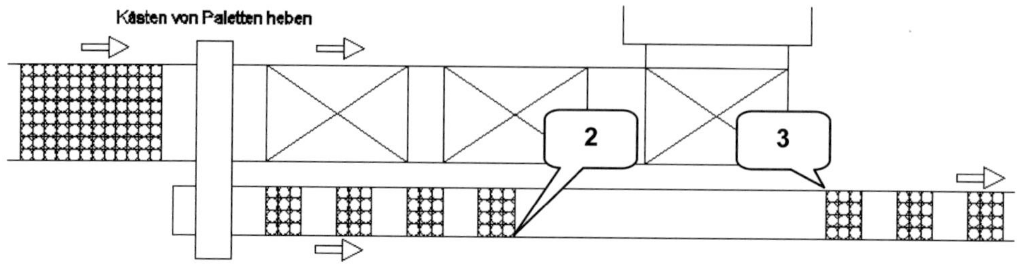

Zwischen den Maschinen ***Kästen von Palette heben*** und ***Flaschen aus Kästen heben*** soll das fehlende Kastentransportband durch ein ***Rechteck*** dargestellt werden.

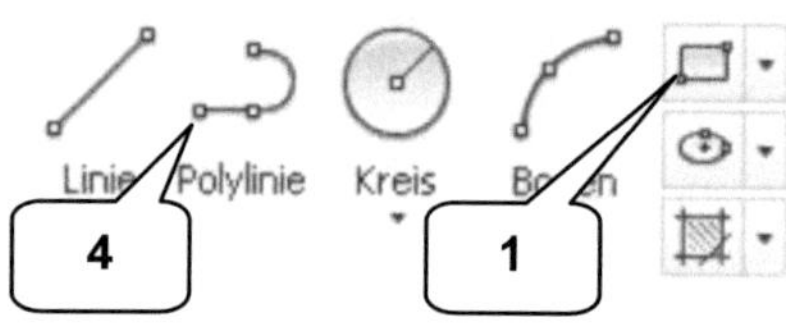

- ***Rechteck*** (1)
- Eckpunkt (2) wählen
- Eckpunkt (3) wählen

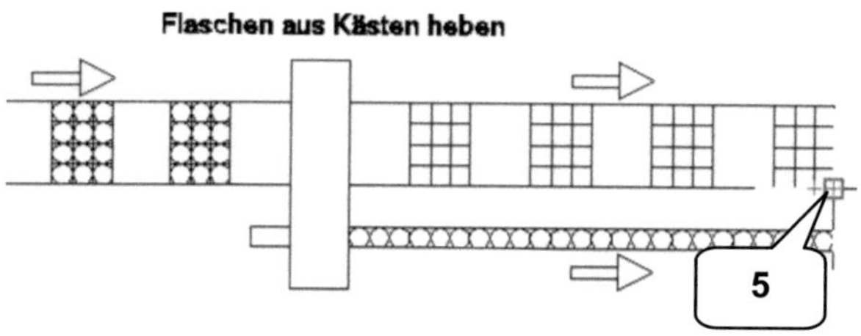

Hinter der Maschine ***Flaschen aus Kästen heben*** wird das Transportband mit einer ***Polylinie*** ausgebaut.

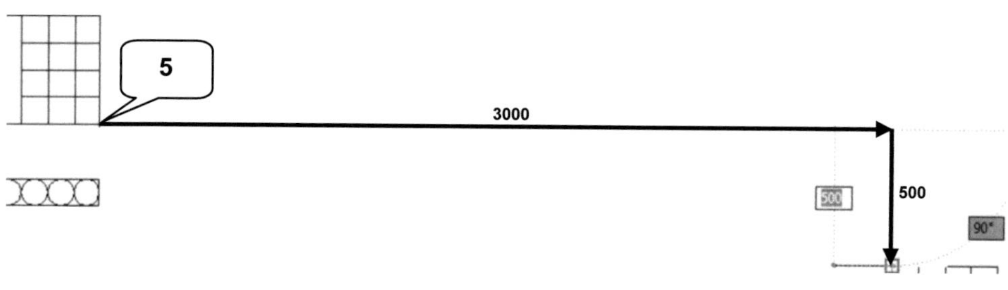

- ***Polylinie*** (4)
- Startpunkt wählen (5)
- Maus waagerecht nach rechts ziehen
- Tastatureingabe: [3000]
- [Enter]
- Maus senkrecht nach unten ziehen
- Tastatureingabe: [500]
- [Enter]
- [Esc]

4.2.5.7 Befehlsgrundlagen: Abrunden (BG: ÄNDERN)

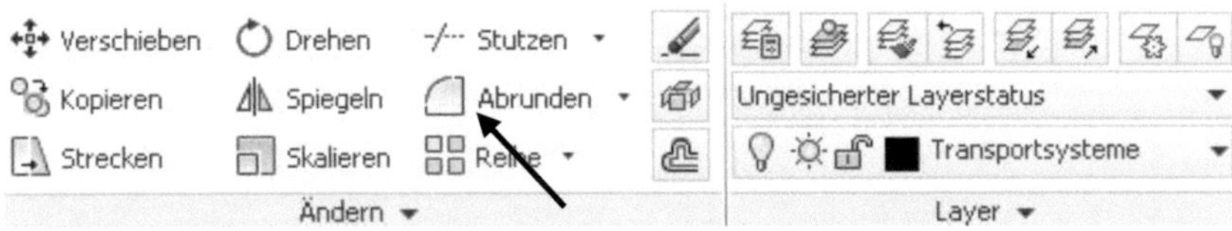

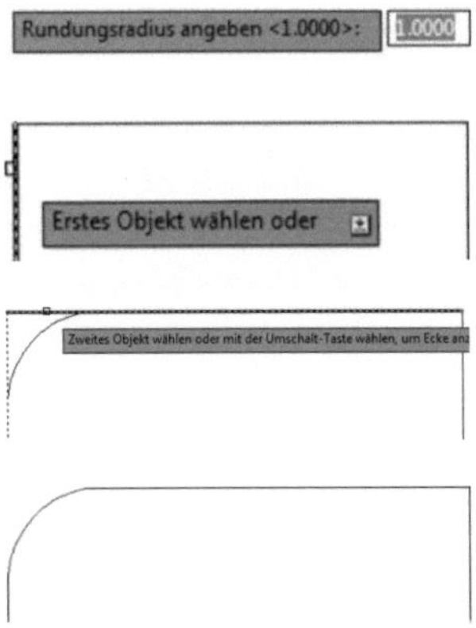

FUNKTION

- Ermöglicht das Abrunden einer Ecke

OPTIONEN

- [Rückgängig]: Löscht die letzte Eingabe
- [Polylinie]: Rundet eine komplette Polylinie
- [Radius]: Definiert den Rundungsradius
- [Stutzen]: Auswahl [Ja]: Entfernt die Linienecke nach dem Runden; Auswahl [Nein]: Fügt nur den Bogen tangential ein

4.2.5.8 Abrunden der Polylinie

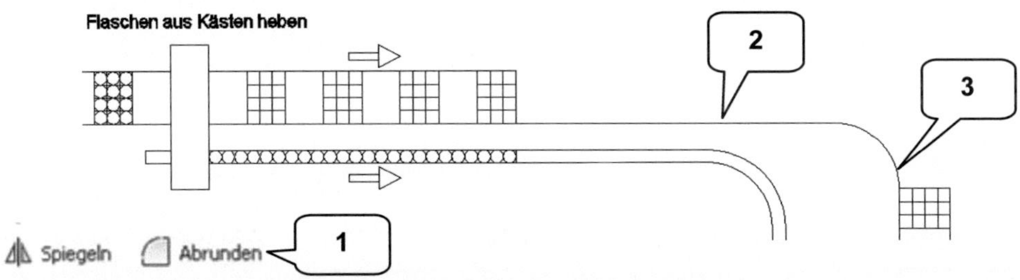

Die zuletzt gezeichnete Polylinie soll im Eckpunkt 500 mm abgerundet werden. Starten Sie den Befehl ***Abrunden*** und folgen Sie der Befehlskette.

- ***Abrunden*** (1)
- Option: [Radius]
- [Enter]
- Werteingabe: [500] mm
- [Enter]
- Erste Linie wählen (2)
- Zweite Linie wählen (3)

4.2.5.9 Befehlsgrundlagen: Versetzen (BG: ÄNDERN)

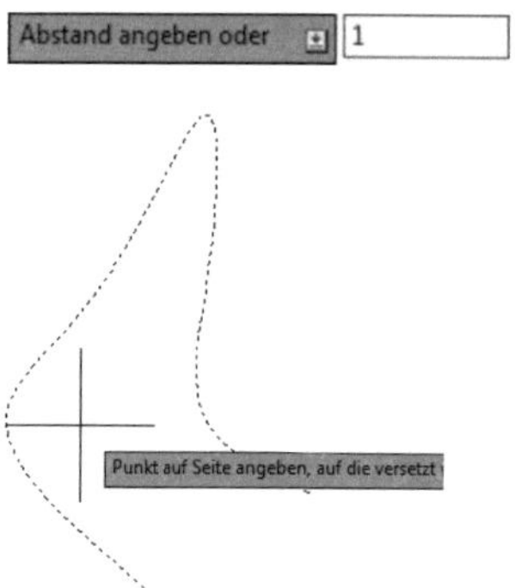

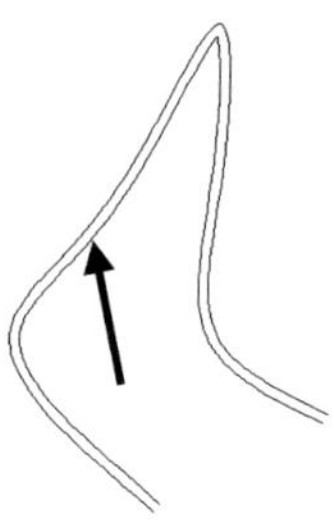

FUNKTION

- Erzeugt die versetzte Kopie eines Objektes mit konstantem Abstand zum Original

OPTIONEN

- [Durch Punkt]: Parallelversetzung der Geometrie durch gewählten Punkt
- [Löschen]: Löscht das Original anschließend
- [Layer]: Legt fest, ob versetzte Objekte auf dem aktuellen Layer oder auf dem Layer des Quellobjekts erstellt werden
- [Mehrfach]: Geometrie kann mehrfach versetzt werden
- [Rückgängig]: Einen Schritt in der Befehlskette zurück
- [Beenden]: Befehl abbrechen

4.2.5.10 Versetzen der Polylinie

Die obere Abgrenzung des Transportbandes soll mit dem Befehl ***Versetzen*** erstellt werden. Er ermöglicht es, vorhandene geometrische Objekte zu kopieren und zeitgleich zu versetzen. Dabei werden geometrische Besonderheiten übernommen und auf das zu versetzende Objekt angewandt.

Die Vorgehensweise ist hierbei relativ einfach. Starten Sie den Befehl, geben Sie den Abstandswert zum Original ein und bestätigen Sie diesen mit [Enter]. Nachdem das zu versetzende Objekt gewählt und anschließend auf einen beliebigen Punkt auf der Seite, nach der das Objekt versetzt werden soll geklickt wurde, erscheint die gewünschte Geometrie.

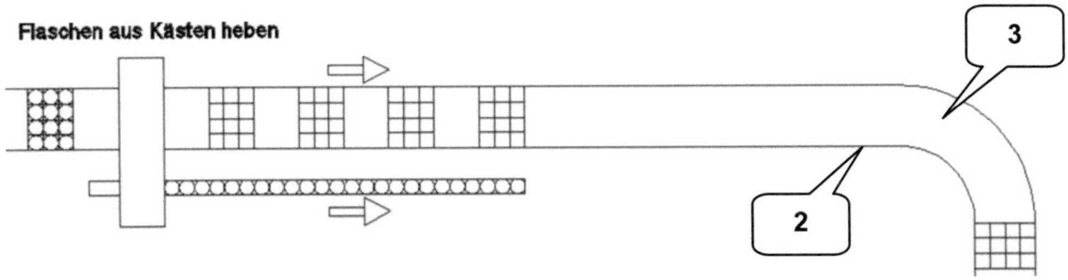

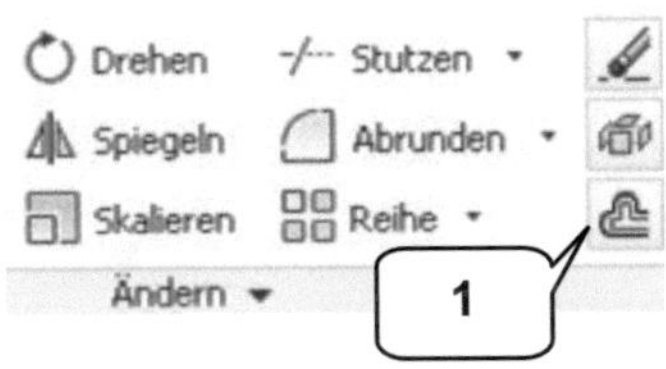

- ***Versetzen*** (1)
- Abstand: [400] eingeben
- [Enter]
- Polylinie wählen (2)
- Auf einen beliebigen Punkt im Bereich (3) klicken
- [Esc]

HINWEIS: Die genaue Position des Punktes (3) ist nicht relevant, entscheidend ist nur die Richtung (vom Original aus gesehen).

4.2.5.11 Kastenwaschmaschine mit Kastenspeicher verbinden

Kastenwaschmaschine und ***Kastenspeicher*** sind ebenfalls durch ein Transportband miteinander zu verbinden. Wiederholen Sie die Befehle ***Polylinie***, ***Abrunden*** und ***Versetzen***.

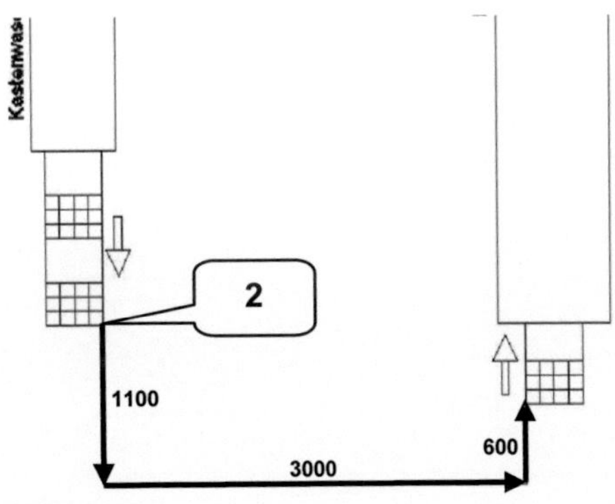

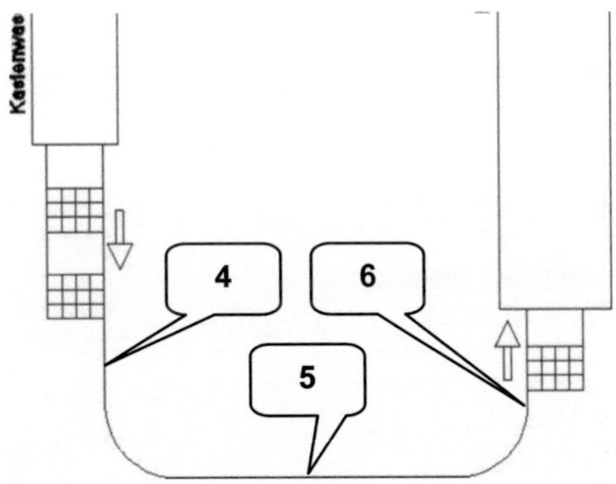

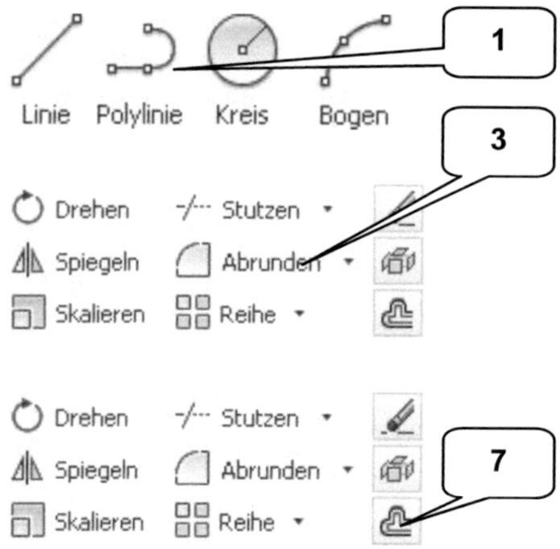

- ***Polylinie*** (1)
- Startpunkt (2) wählen
- Linie [1100] mm nach unten zeichnen
- Linie [3000] mm nach rechts zeichnen
- Linie [600] mm nach oben zeichnen
- [Esc]

- ***Abrunden*** (3)
- Radius: [500] mm
- Erste Linie wählen (4)
- Zweite Linie wählen (5)

- ***Abrunden*** (3)
- Radius: [500] mm
- Zweite Linie wählen (5)
- Dritte Linie wählen (6)

- ***Versetzen*** (7)
- Abstand: [400] eingeben
- [Enter]
- Polylinie wählen (8)
- Auf beliebigen Punkt im Bereich (9) klicken > [Esc]

4.2.5.12 Kastenspeicher mit Flaschenheber verbinden

Kastenspeicher und ***Flaschenheber*** sollen ebenfalls durch ein Transportband miteinander verbunden werden.

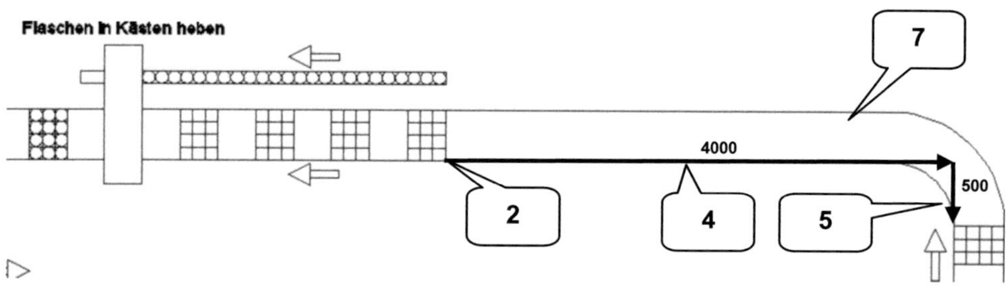

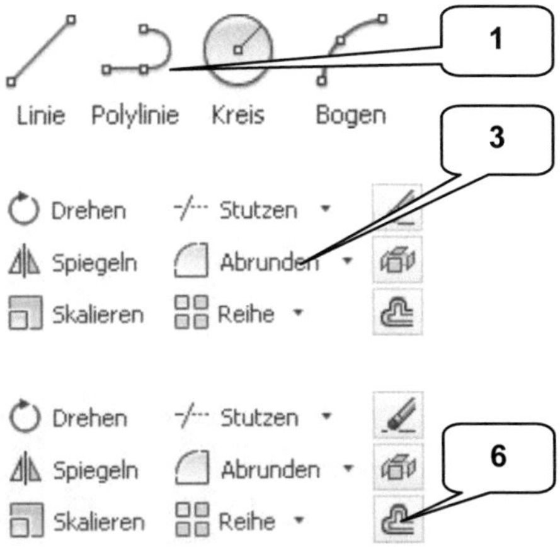

- **_Polylinie_** (1)
- Startpunkt (2) wählen
- Linie [4000] mm nach rechts zeichnen
- Linie [500] mm nach unten zeichnen
- [Esc]

- **_Abrunden_** (3)
- Radius: [500] mm
- Erste Linie wählen (4)
- Zweite Linie wählen (5)

- **_Versetzen_** (6)
- Abstand: [400] eingeben
- [Enter]
- Polylinie wählen (4)
- Auf beliebigen Punkt im Bereich (7) klicken
- [Esc]

4.2.5.13 Flaschenheber mit Kastenheber verbinden

Kasten- und ***Flaschenheber*** sind jetzt zu verbinden.

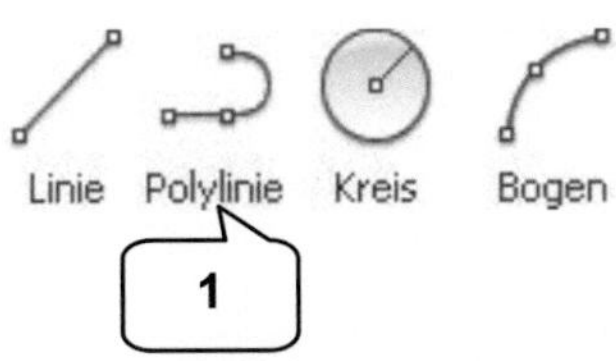

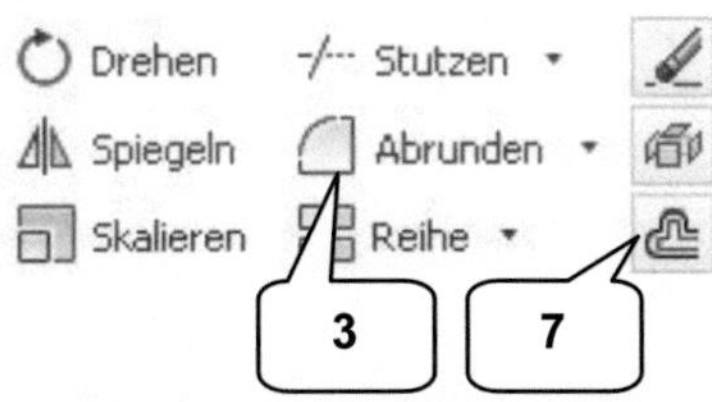

- **_Polylinie_** (1)
- Startpunkt (2) wählen
- Linie [3000] mm nach rechts zeichnen
- Linie [5000] mm nach unten zeichnen
- Linie [2050] mm nach rechts zeichnen
- [Esc]

- **_Abrunden_** (3)
- [Radius]
- [Enter]
- [500] mm
- [Enter]
- Erste Linie wählen (4)
- Zweite Linie wählen (5)

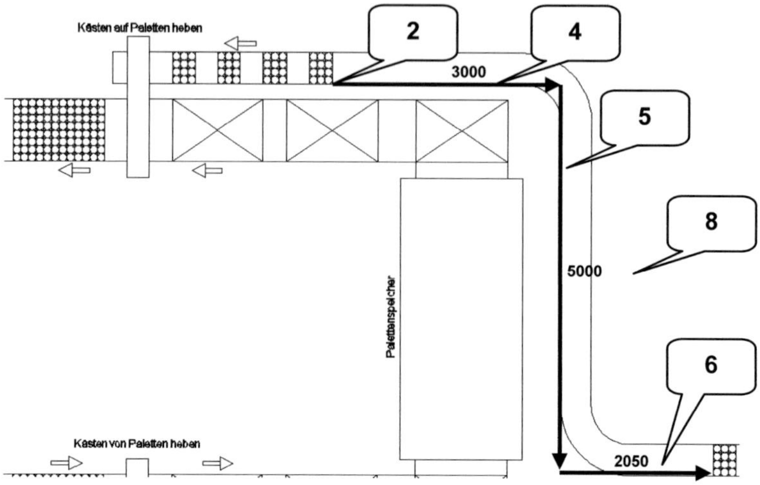

- ***Abrunden*** (3)
- [Radius]
- [Enter]
- [900] mm
- [Enter]
- Zweite Linie wählen (5)
- Dritte Linie wählen (6)

- ***Versetzen*** (7)
- Abstand: [400] eingeben
- [Enter]
- Polylinie wählen (5)
- Auf beliebigen Punkt im Bereich (8) klicken
- [Esc]

Der letzte offene Bereich des Kastentransportsystems wurde geschlossen und die Produktionslinie ist somit vollständig. Die Zeichnung muss allerdings noch geöffnet bleiben.

4.2.6 Befehlsgruppe: DIENSTPROGRAMME

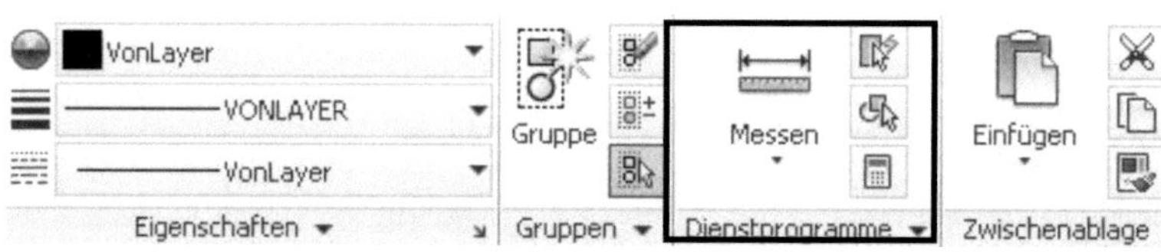

Die Befehlsgruppe ***Dienstprogramme*** dient zur schnellen Berechnung von Abständen, Winkeln, Flächen oder Flächeninhalten.

4.2.6.1 Befehlsgrundlagen: Abstand messen

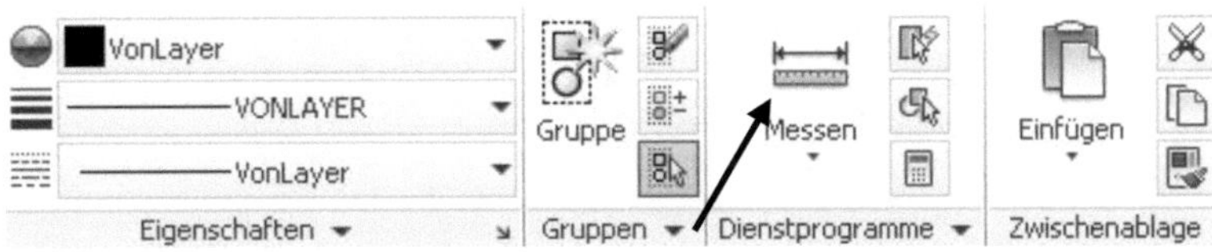

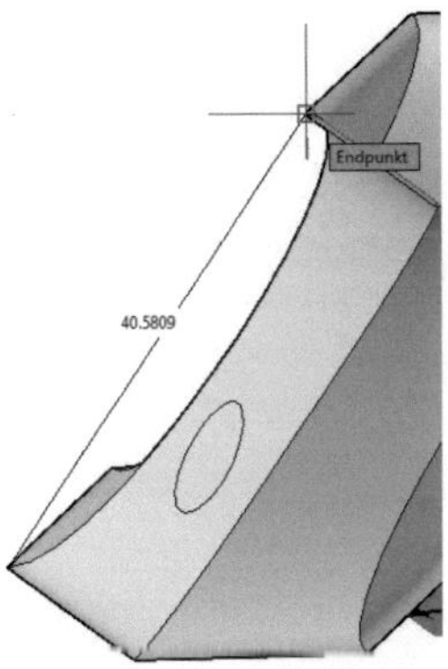

FUNKTION

- Misst den direkten Abstand zweier Messpunkte

OPTIONEN

- [Abstand]: Startet den Befehl [Abstand messen]
- [Radius]: Wechselt zum Befehl [Radius messen]
- [Winkel]: Wechselt zum Befehl [Winkel messen]
- [Fläche]: Wechselt zum Befehl [Fläche messen]
- [Volumen]: Wechselt zum Befehl [Volumen messen]

4.2.6.2 Ermitteln der benötigten Basisfläche der Produktionslinie

Um genügend Platz für die Produktionsfläche innerhalb der Fabrikhalle einplanen zu können, müssen vorher deren Abmessungen ermittelt werden. Verwenden Sie hierfür den Befehl ***Messen***.

- ***Messen*** (1)
- Punkt (2) wählen
- Punkt (3) wählen

Länge (4) und Breite (5) können jetzt bereits abgelesen werden. Im Ergebnis ist zu erkennen, dass eine Basisfläche von ca. 29 x 20m benötigt wird. Ein zusätzlicher umlaufender Sicherheitsbereich von jeweils 1 m ergibt eine notwendige Gesamtfläche von 31 x 22 m für die eigentliche Produktionsfläche.

Beenden Sie den Messbefehl mit [Esc], ***speichern*** und schließen Sie die Zeichnung.

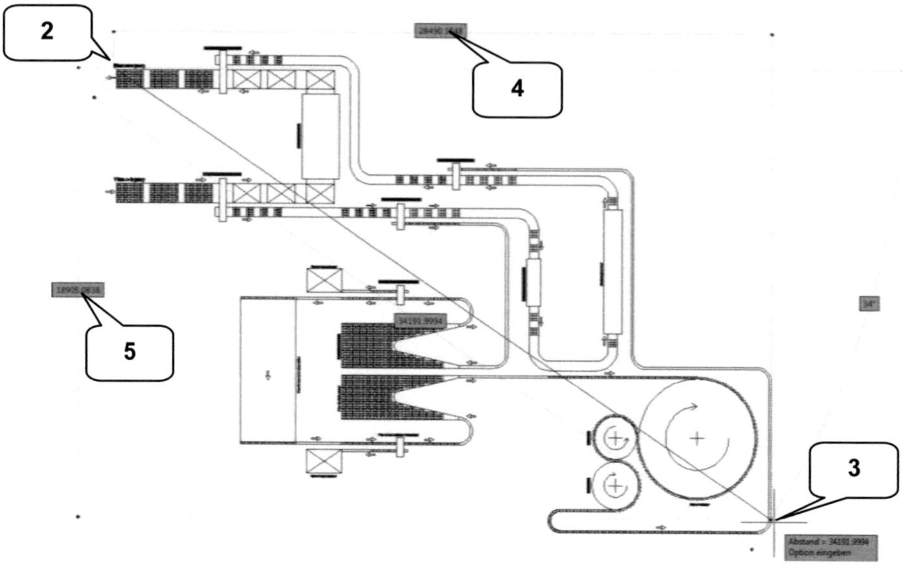

4.2.6.3 Neue Zeichnung für Fabrikhalle und Außenbereich erzeugen

Im folgenden Schritt sollen ***Grundstück*** und ***Fabrikhalle*** gezeichnet werden. Erzeugen Sie eine neue Datei und speichern Sie diese als ***02_00_Fabrikhalle_mit_Außenbereich.dwg***.

- ***Neu*** (1)
- Vorlage: acadiso.dwt
- Öffnen

- ***Speichern*** (2)
- Dateiname: [02_00_Fabrikhalle_mit_Außenbereich]
- Dateityp: *.dwg

4.2.6.4 Layer: Fabrikhalle

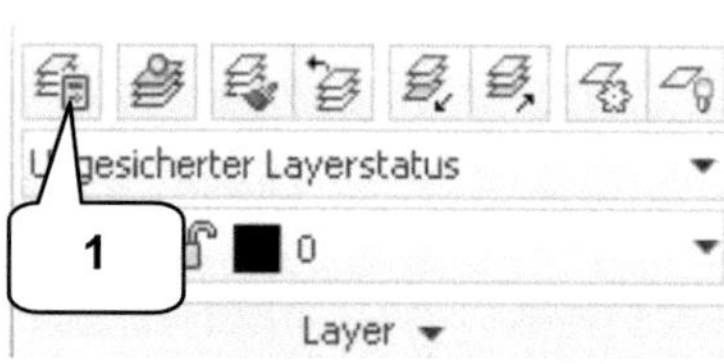

Starten Sie den ***Layereigenschaften-Manager*** und erstellen Sie einen neuen Layer ***Fabrikhalle*** mit den folgenden Eigenschaften:

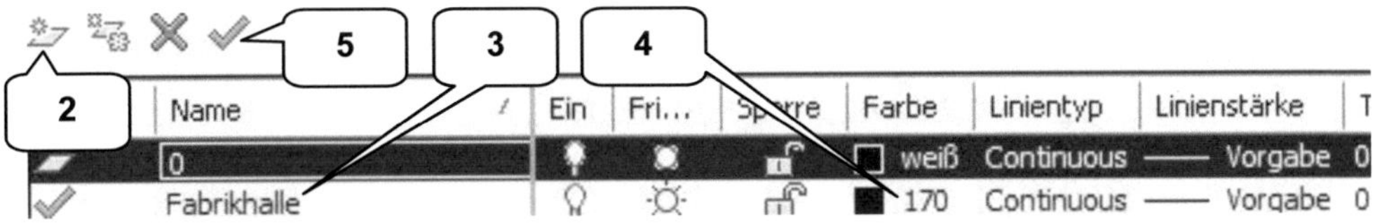

- **_Layereigenschaften-Manager_** (1)
- Neuer Layer (2)
- Name: [Fabrikhalle] (3)
- Farbe: [170] (4)
- Layer aktivieren (5)
- Layereigenschaften schließen

4.2.6.5 Basisbereich für Produktionslinie mittels Rechteck darstellen

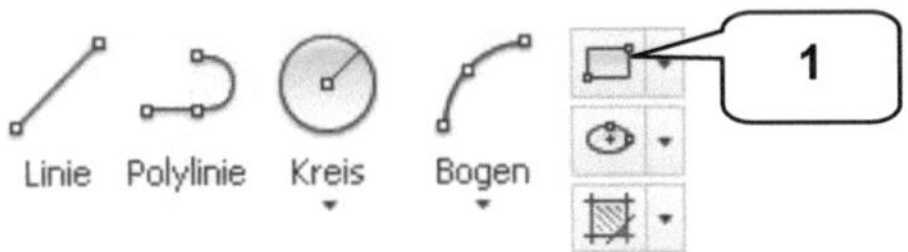

Produktions- und Sicherheitsbereich soll durch ein ***Rechteck*** symbolisch dargestellt werden.

- **_Rechteck_** (1)
- Erster Punkt: [0] > [Tab] > [0]
- [Enter]
- Zweiter Punkt:
- [31000] > [Tab] > [22000]
- [Enter]

4.2.6.6 Basisbereich um Logistikbereich erweitern

Um diesen Bereich herum soll ein weiterer Bereich für logistische Zwecke symbolisiert werden. Verwenden Sie hierfür den Befehl ***Versetzen***.

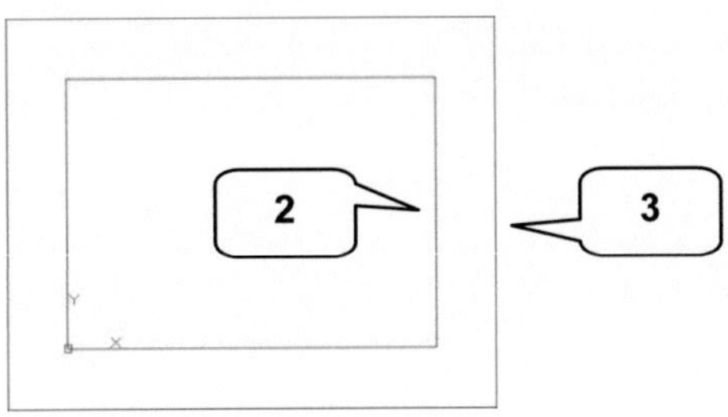

- **_Versetzen_** (1)
- Abstand: [5000] eingeben
- [Enter]
- Zu versetzendes Rechteck wählen (2)
- Auf einen beliebigen Punkt im Bereich (3) klicken
- [Esc]

4.2.6.7 Lagerbereich und Sozialtrakt

Rechts und links neben Produktions- und Logistikbereich sind zwei weitere Bereiche für Warenein- und Warenausgang, sowie Sozialtrakt darzustellen. Zeichnen Sie zwei ***Rechtecke*** mit den folgenden Koordinaten:

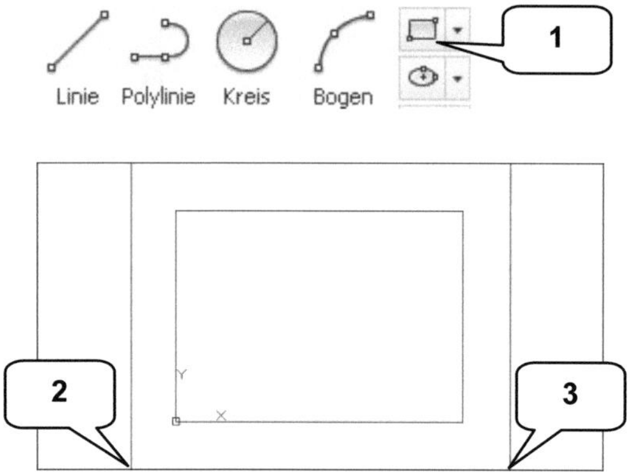

- ***Rechteck*** (1)
- Startpunkt: Punkt (2)
- Endpunkt: [-10000] > [Tab] > [32000]
- [Enter]

- ***Rechteck*** (1)
- Startpunkt: Punkt (3)
- Endpunkt: [10000] > [Tab] > [32000]
- [Enter]

4.2.6.8 Hallenpfeiler zeichnen und rechteckig anordnen

Zeichnen Sie für die Träger der Wand- und Deckenkonstruktion (Hallenpfeiler) ein kleines **Rechteck** (200 x 200 mm) in der markierten Ecke. Vervielfältigen Sie das Rechteck danach als ***Rechteckige Anordnung***.

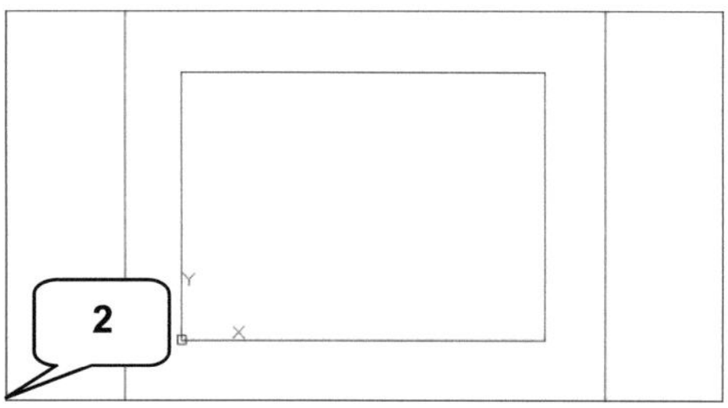

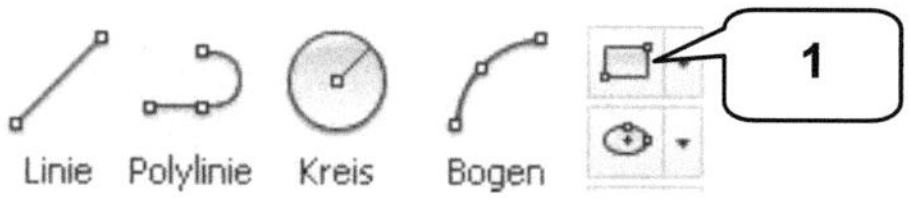

- ***Rechteck*** (1)
- Erster Punkt: Eckpunkt (2)
- Endpunkt: [200] > [Tab] > [200]
- [Enter]

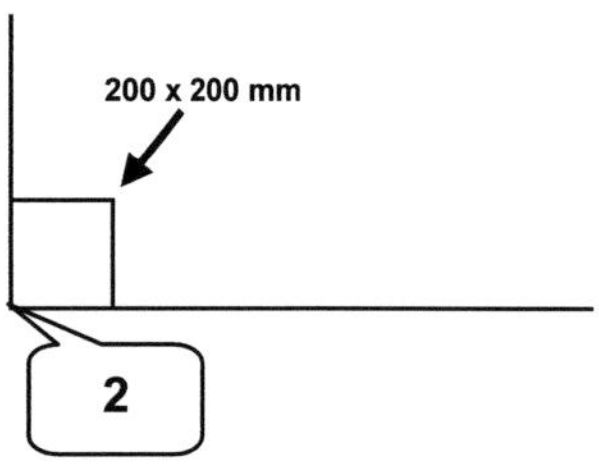

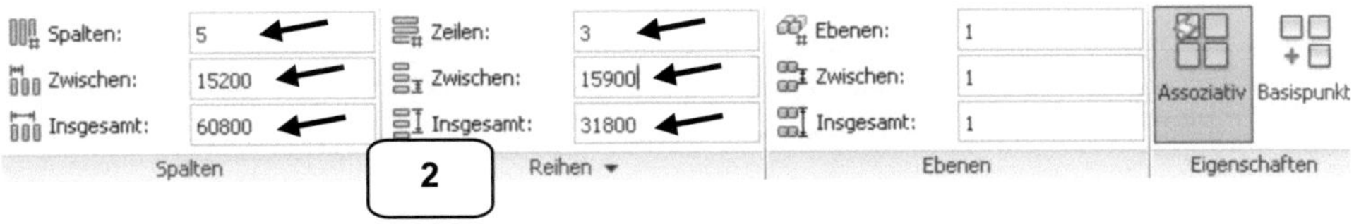

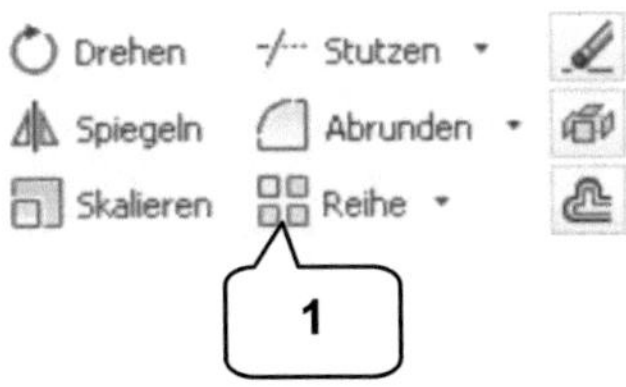

- **_Rechteckige Anordnung_ (Reihe)** (1)
- Rechteck (200 x 200) markieren
- [Enter]
- Werte (2) übernehmen
- Anordnung schließen

4.2.7 Befehlsgruppe: EIGENSCHAFTEN

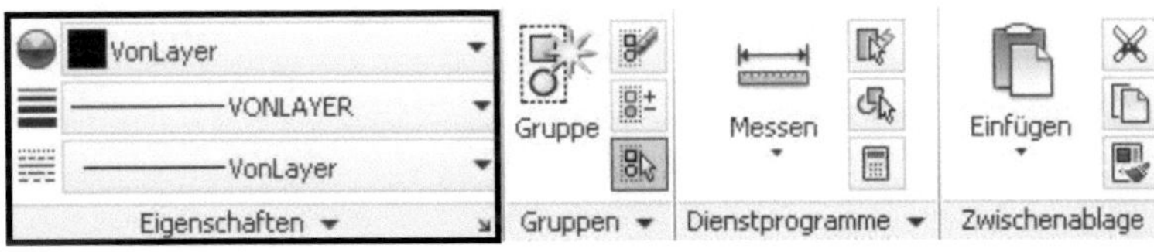

Eigenschaften wie Farbe, Linientyp oder Linienstärke eines Zeichenobjektes können entweder über einen Layer bestimmt werden, oder separat über die Befehlsgruppe ***Eigenschaften***.

4.2.7.1 Anordnung der Hallenpfeiler durch Hilfslinien kennzeichnen

In der folgenden Übung werden die beiden markierten Hallenpfeiler (200 x 200 mm Rechtecke auf der linken Seite) durch eine Linie miteinander verbunden.

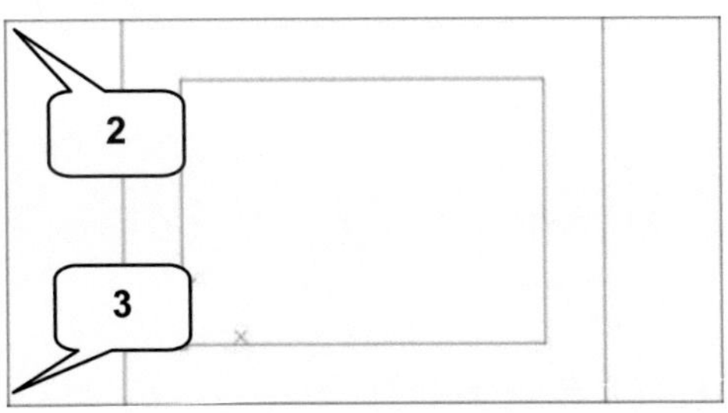

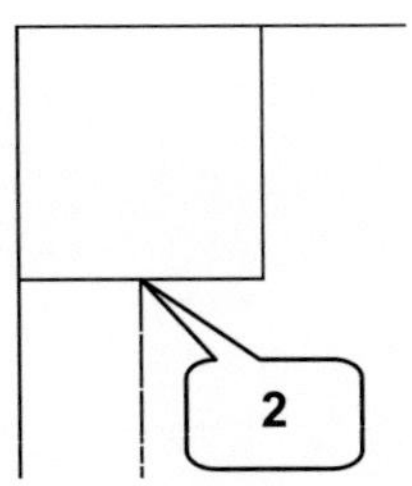

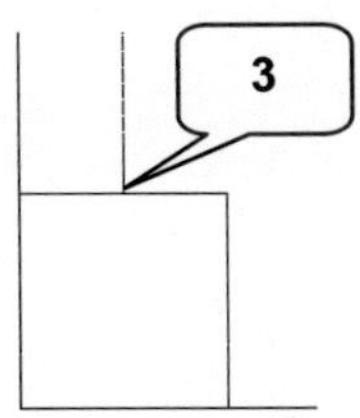

- ZEICHNEN UND BESCHRIFTUNG > Register: START-

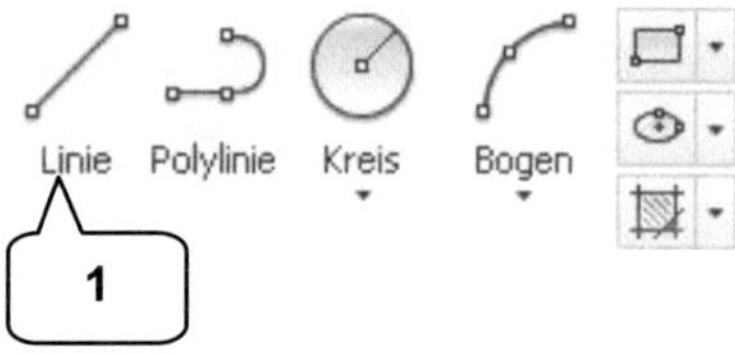

- *__Linie__* (1)
- Linienmittelpunkt (2) wählen
- Linienmittelpunkt (3) wählen
- [Esc]

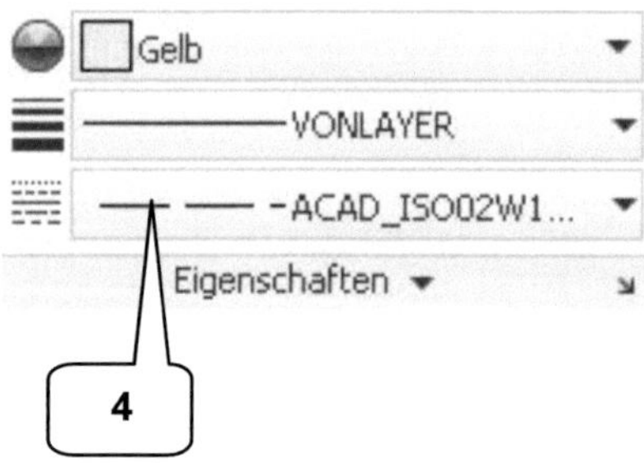

Ändern Sie die Eigenschaften der letzten Linie wie folgt:

- Linie markieren
- *__Linientyp__* (4)
- Option: Sonstige
- Laden... Laden
- ISO Strichlinie __ __ __ __ __ __ __ __
- OK
- ISO Strichlinie __ __ __ __ __ __ __ __
- OK

Erzeugen Sie weitere Linien zwischen allen Hallenpfeilerpaaren (in vertikaler und auch in horizontaler Richtung) mit denselben Eigenschaften.

4.2.7.2 Außen- und Innenwände durch Rechtecke darstellen

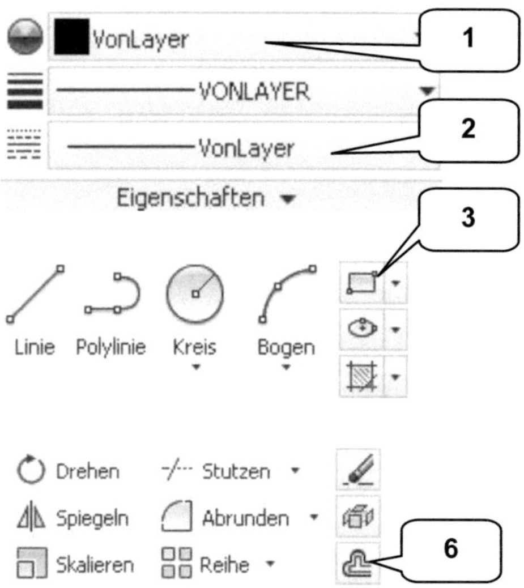

Zur Darstellung der Außenwand muss ein weiteres ***Rechteck*** gezeichnet werden, welches die äußeren Eckpunkte der Gesamtkonstruktion umschließt. Vorab sollte geprüft werden, ob die Eigenschaften ***Objektfarbe*** und ***Linientyp*** auf ***VONLAYER*** eingestellt sind.

- Objektfarbe: VonLayer (1)
- Linientyp: VonLayer (2)

- *__Rechteck__* (3)
- Startpunkt: Eckpunkt (4)
- Endpunkt: Eckpunkt (5)

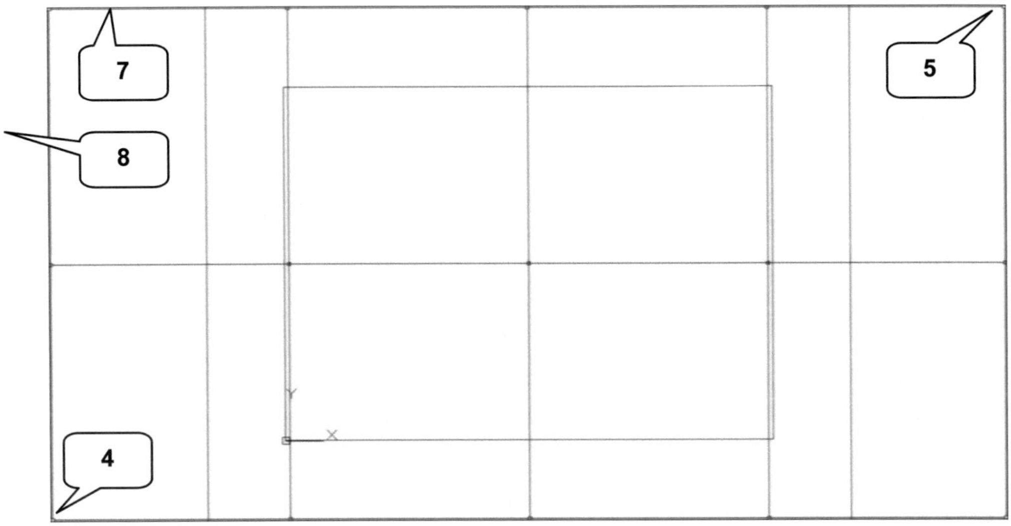

Versetzen Sie eine Kopie des neu gezeichneten Rechtecks um 100 mm nach außen.

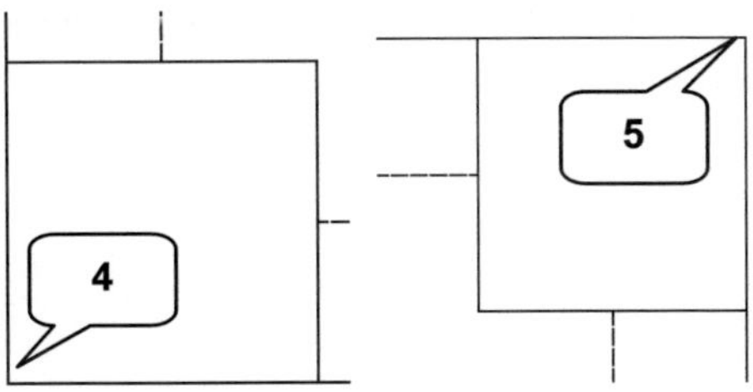

- ***Versetzen*** (6)
- Abstand: [100] eingeben
- [Enter]
- Neues Rechteck wählen (7)
- Auf beliebigen Punkt außerhalb der gezeichneten Kontur klicken (8)
- [Esc]

Der Sozialtrakt wird im rechten Bereich der Halle seinen Platz finden und durch fünf einzelne ***Rechtecke*** symbolisiert.

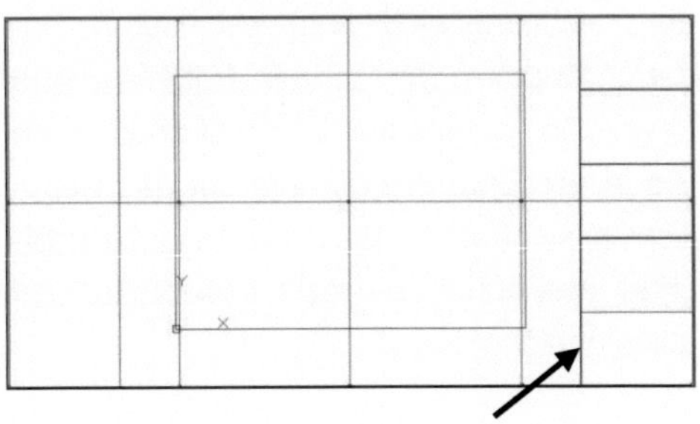

- ***Rechteck*** (3)
- Erster Punkt: [36000] > Tab > [-5000]
- [Enter]
- Zweiter Punkt: [50] > [Tab] > [32000]
- [Enter]

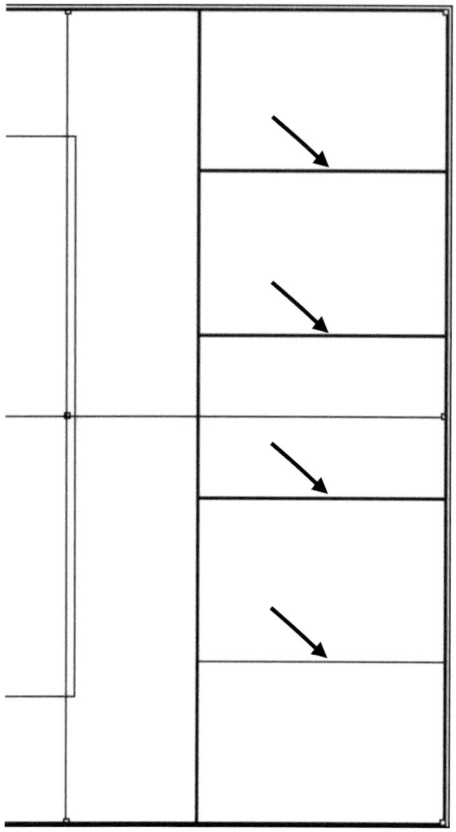

- **_Rechteck_** (3)
- Erster Punkt: [36050] > [Tab] > [1360]
- [Enter]
- Zweiter Punkt: [9950] > [Tab] > [50]
- [Enter]

- **_Rechteck_** (3)
- Erster Punkt: [36050] > [Tab] > [7770]
- [Enter]
- Zweiter Punkt: [9950] > [Tab] > [50]
- [Enter]

- **_Rechteck_** (3)
- Erster Punkt: [36050] > [Tab] > [14180]
- [Enter]
- Zweiter Punkt: [9950] > [Tab] > [50]
- [Enter]

- **_Rechteck_** (3)
- Erster Punkt: [36050] > [Tab] > [20590]
- [Enter]
- Zweiter Punkt: [9950] > [Tab] > [50]
- [Enter]

4.2.7.3 Layer sperren

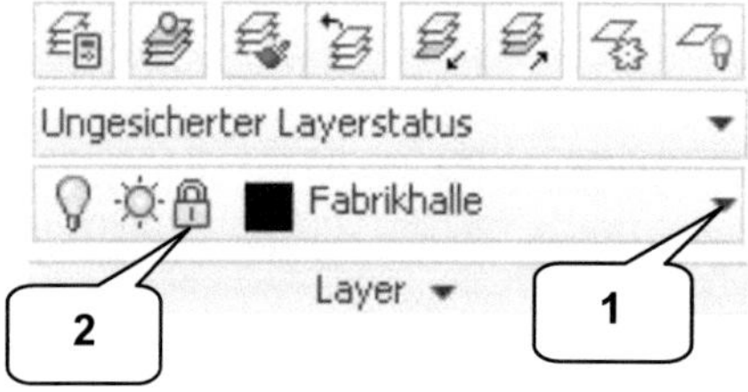

Der Layer ***Fabrikhalle*** soll geschützt werden, um ihn bei den restlichen Arbeiten an der Zeichnung nicht unbeabsichtigt zu ändern. Klappen Sie in der Befehlsgruppe Layer das Auswahlmenü (1) auf und klicken Sie in der Zeile ***Fabrikhalle*** auf das kleine Schlosssymbol (2). Der Layer ist jetzt gesichert, was durch das geschlossene Schloss gekennzeichnet wird.

4.2.7.4 Layer: Regalsysteme

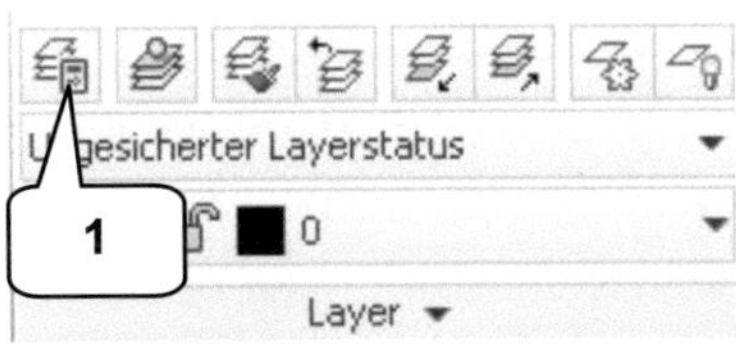

Starten Sie den **_Layereigenschaften-Manager_** und erstellen Sie einen neuen Layer **_Regalsysteme_** mit den folgenden Eigenschaften:

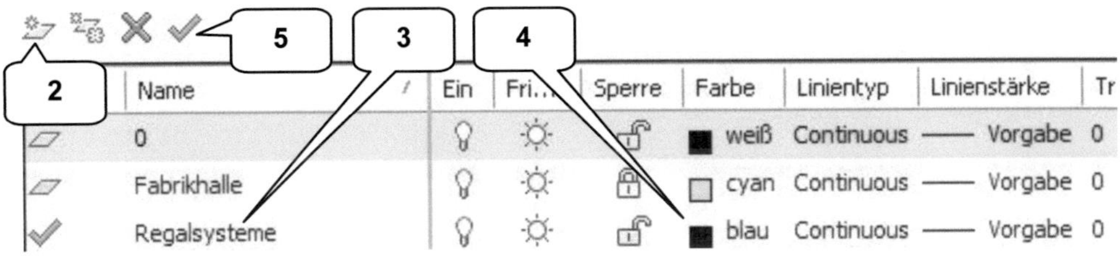

- **_Layereigenschaften-Manager_** (1)
- Neuer Layer (2)
- Name: [Regalsysteme] (3)
- Farbe: [blau] (4)
- Layer aktivieren (5)
- Layereigenschaften schließen

4.2.7.5 Regal zeichnen (Polylinie)

Das nächste Kapitel wird das Setzen parametrischer Abhängigkeiten behandeln. Vorbereitend hierfür ist eine schräge Kontur zu zeichnen. Verwenden Sie den Befehl **_Polylinie_**, um die folgende Kontur außerhalb der vorhandenen Halle zu zeichnen. Die genaue Position ist vorerst nicht relevant.

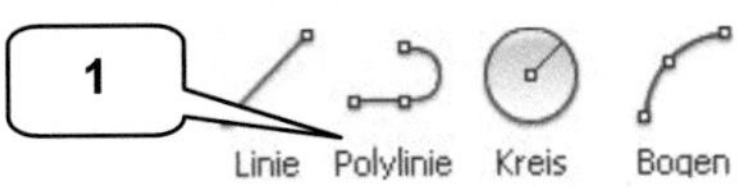

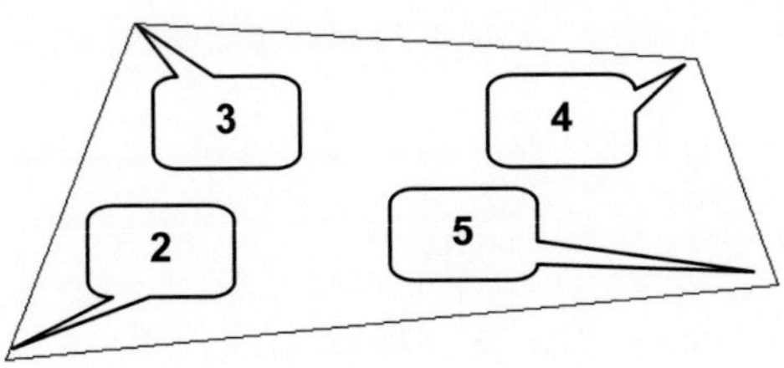

- **_Polylinie_** (1)
- Ersten Punkt frei ablegen (2)
- Zweiten Punkt frei ablegen (3)
- Dritten Punkt frei ablegen (4)
- Vierten Punkt frei ablegen (5)
- [S] > [Enter]

Wichtig ist, dass die Kontur mit der Tastatureingabe [S] geschlossen wird. Die Linien sind schräg zu zeichnen!

4.3 ZEICHNEN UND BESCHRIFTUNG > Register: PARAMETRISCH

4.3.1 Befehlsgruppe: GEOMETRISCH

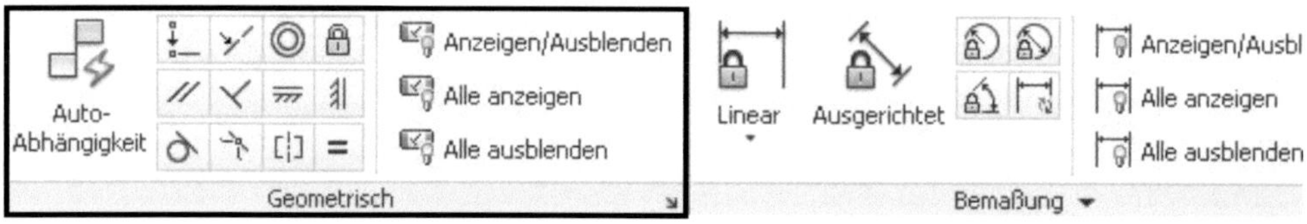

Die Befehlsgruppe ***Geometrisch*** finden Sie im Register ***Parametrisch***. Sie enthält diverse Befehle zum Erzeugen parametrischer Abhängigkeiten.

4.3.1.1 Befehlsgrundlagen: Zusammenfallend (Koinzident)

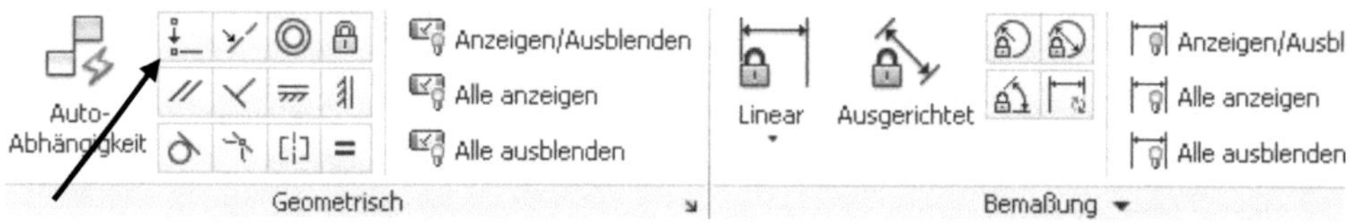

Verbindet zwei Punkte oder einen Punkt und eine Linie zweier Objekte miteinander.

4.3.1.2 Befehlsgrundlagen: Kollinear

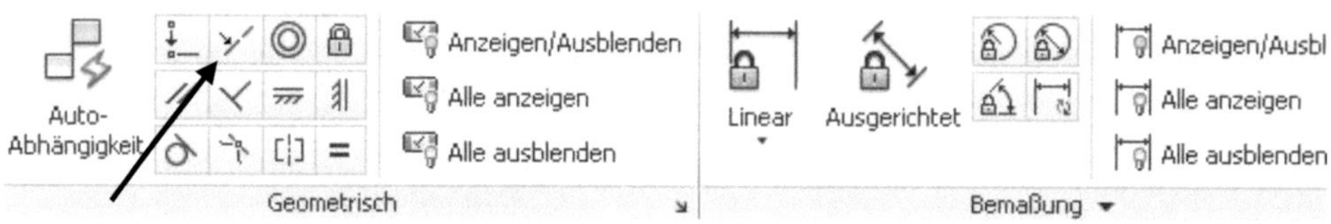

Legt zwei Linien auf einen gemeinsamen Strahl.

4.3.1.3 Befehlsgrundlagen: Konzentrisch

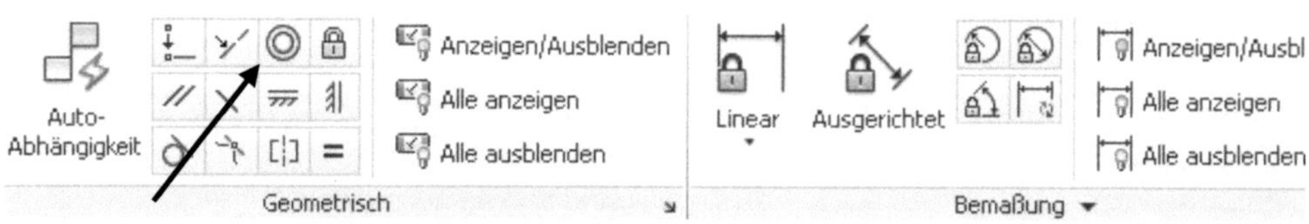

Legt die Mittelpunkte zweiter Kreise/ Bögen aufeinander.

4.3.1.4 Befehlsgrundlagen: Fest

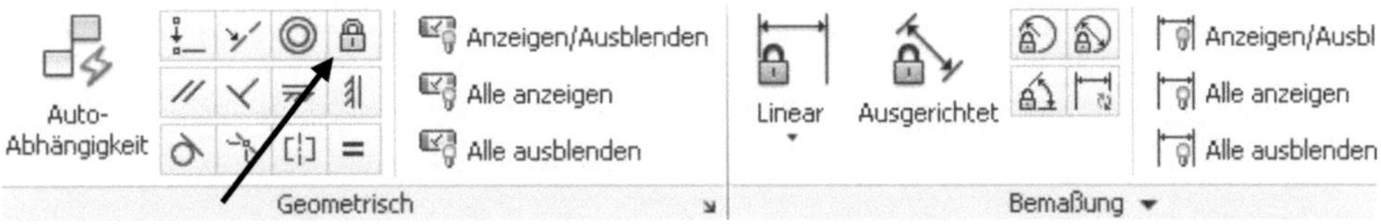

Setzt ein Objekt in seiner Position und Ausrichtung zum Koordinatenursprung (BKS) fest.

4.3.1.5 Befehlsgrundlagen: Parallel

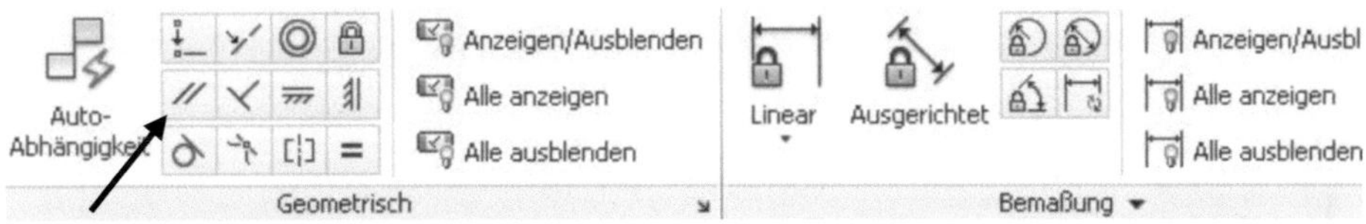

Setzt zwei Geraden parallel zueinander.

4.3.1.6 Befehlsgrundlagen: Lot

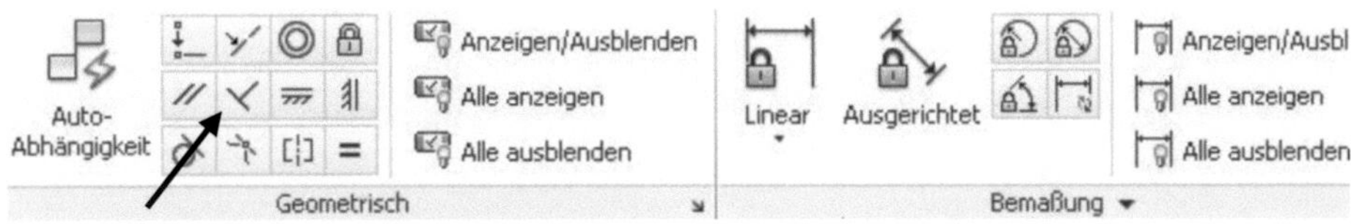

Setzt zwei Geraden lotrecht (90°) aneinander.

4.3.1.7 Befehlsgrundlagen: Horizontal

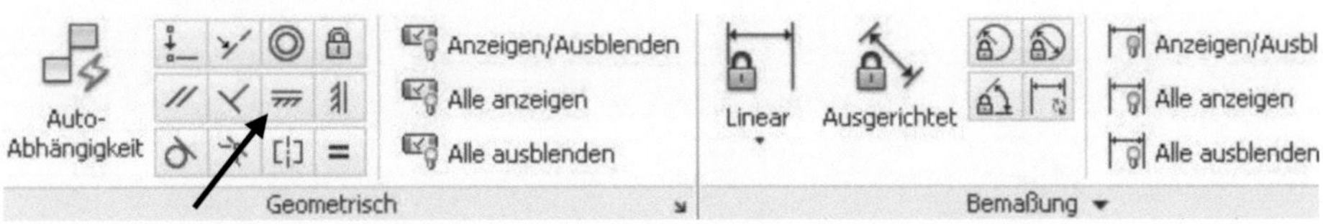

Setzt eine Gerade parallel zur X-Achse des Koordinatensystems (BKS).

4.3.1.8 Befehlsgrundlagen: Vertikal

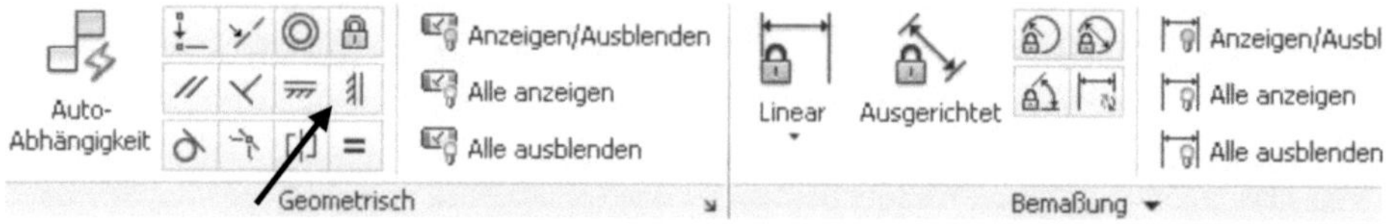

Setzt eine Gerade parallel zur Y-Achse des Koordinatensystems (BKS).

4.3.1.9 Befehlsgrundlagen: Tangential

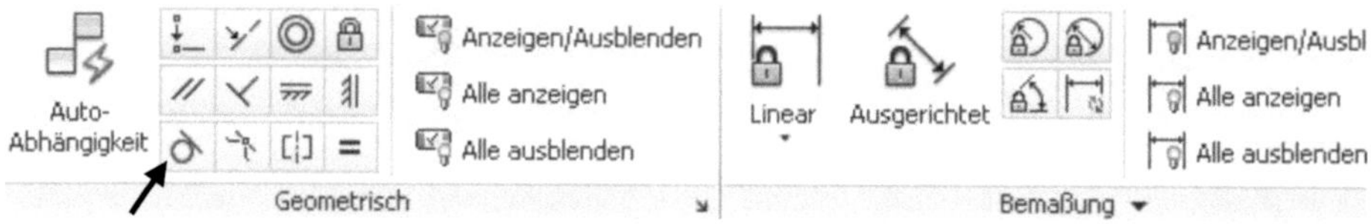

Legt zwei Objekte tangential aneinander.

4.3.1.10 Befehlsgrundlagen: Glatt

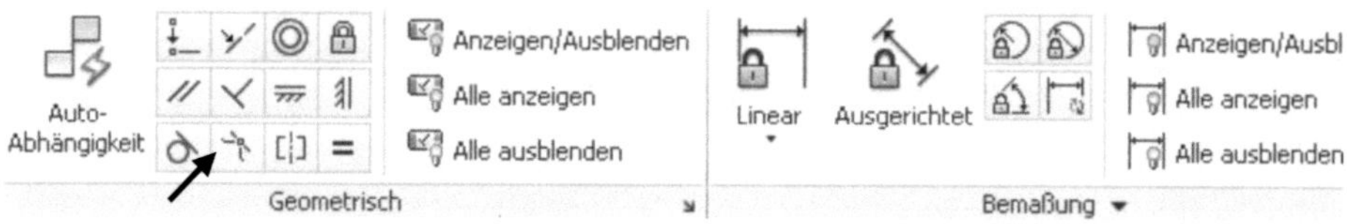

Verbindet das Ende eines Splines stetig (G2) mit einer zweiten Geometrie.

4.3.1.11 Befehlsgrundlagen: Symmetrisch

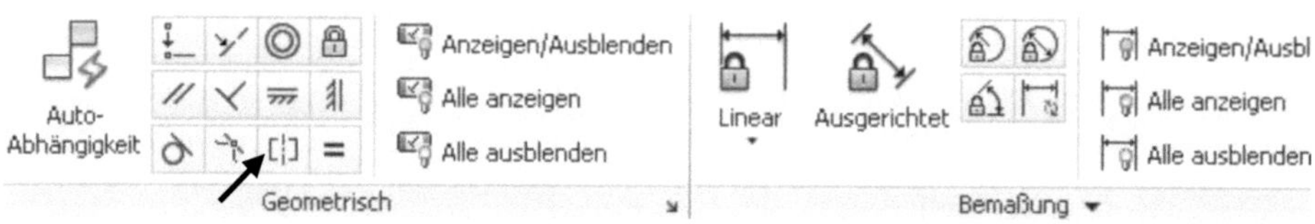

Richtet zwei Objekte symmetrisch zueinander an einer Symmetrielinie aus.

4.3.1.12 Befehlsgrundlagen: Gleich

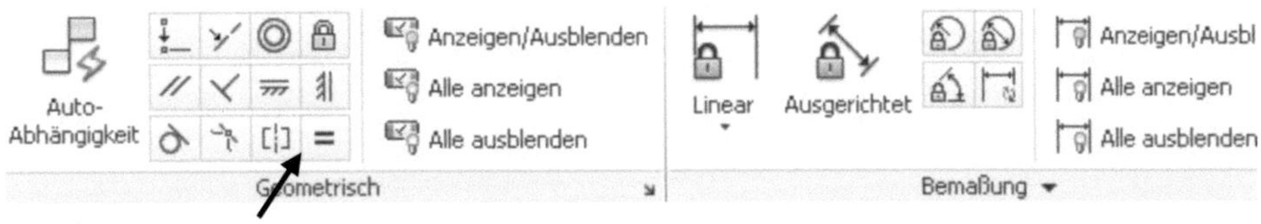

Weist einem Objekt die Eigenschaften (Länge/ Radius/ Bogenlänge) eines anderen Objektes zu.

4.3.1.13 Abhängigkeiten auf Polylinie anwenden

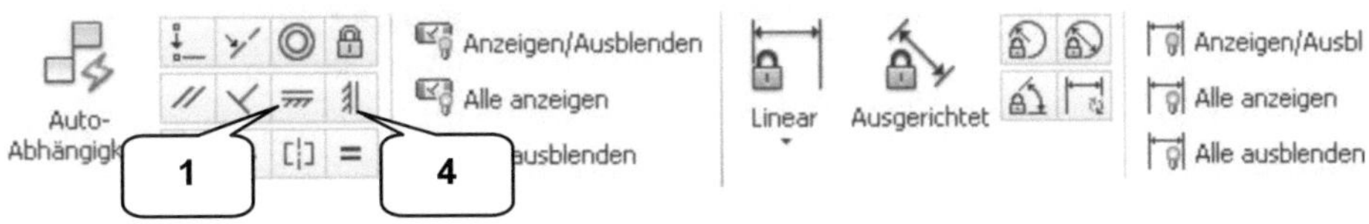

In der folgenden Übung sollen geometrische Abhängigkeiten verwendet werden, um die vier schrägen Liniensegmente der Polylinie in ein Rechteck zu wandeln.

Verwenden Sie die Abhängigkeit ***Horizontal***, um die beiden markierten Linien (2,3) parallel zur X-Achse anzuordnen. Die Abhängigkeit ***Vertikal*** ist zu verwenden, um die beiden markierten Linien (5,6) parallel zur Y-Achse anzuordnen.

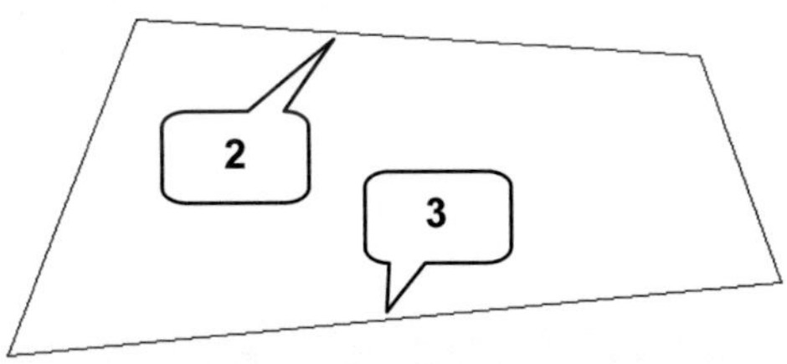

- ***Horizontal*** (1)
- Markierte Linie (2) wählen

- ***Horizontal*** (1)
- Markierte Linie (3) wählen

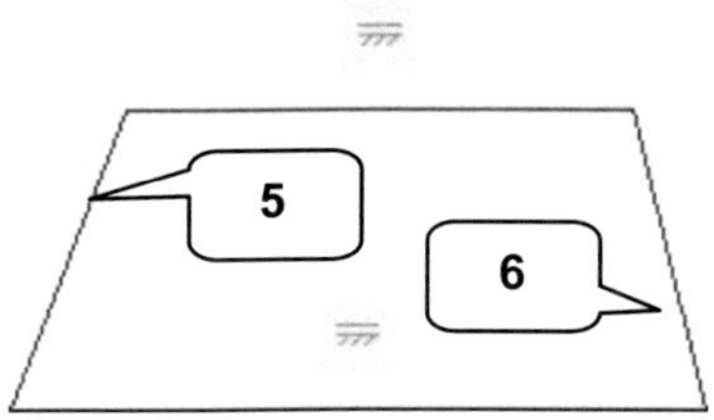

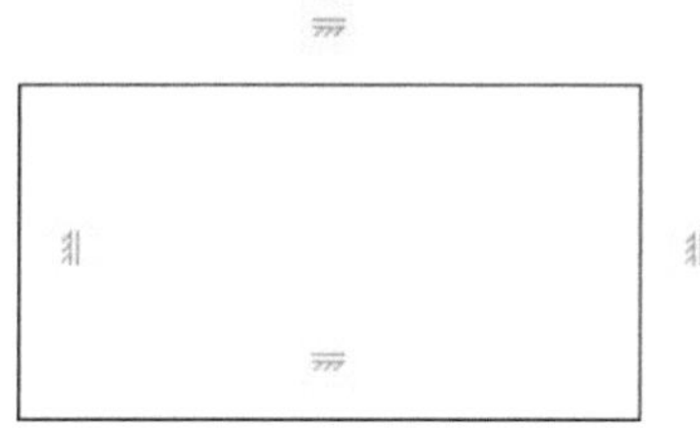

- *__Vertikal__* (4)
- Markierte Linie (5) wählen

- *__Vertikal__* (4)
- Markierte Linie (6) wählen

Das Ergebnis ist ein Rechteck mit veränderlicher Größe, aber horizontalen und vertikalen Abhängigkeiten, welche durch die entsprechenden Symbole dargestellt werden.

4.3.2 Befehlsgruppe: BEMASSUNG

Die Befehlsgruppe ***Bemaßungen*** enthält verschiedene parametrische Bemaßungsbefehle. Diese sind ähnlich aufgebaut wie die einfachen Bemaßungsbefehle. Objekte mit einfachen Bemaßungen können beliebig verändert werden, wobei sich das Maß der Objektänderung anpasst. Objekte mit parametrischen Bemaßungen können nur durch Bearbeitung des Bemaßungswertes geändert werden.

4.3.2.1 Befehlsgrundlagen: Linear

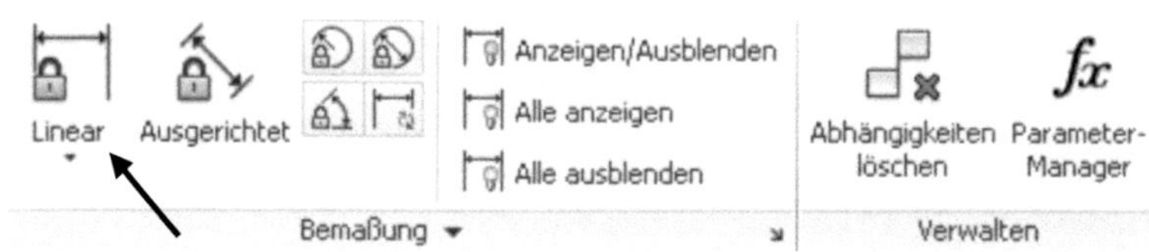

Erzeugt ein festes, lineares horizontales oder vertikales Maß zwischen zwei Punkten.

4.3.2.2 Befehlsgrundlagen: Horizontal

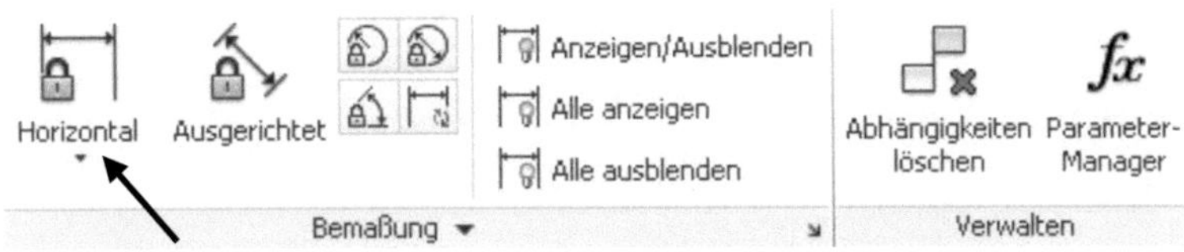

Erzeugt eine feste, horizontale Bemaßung zwischen zwei Punkten.

4.3.2.3 Befehlsgrundlagen: Vertikal

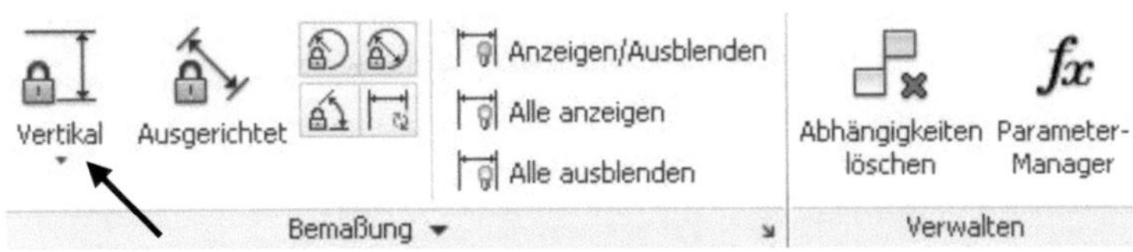

Erzeugt eine feste, vertikale Bemaßung zwischen zwei Punkten.

4.3.2.4 Befehlsgrundlagen: Ausgerichtet

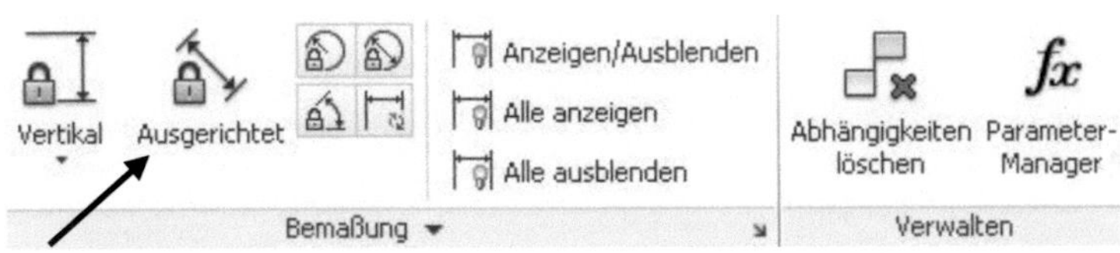

Erzeugt eine feste Bemaßung zwischen zwei Punkten, ausgerichtet am Bemaßungsobjekt.

4.3.2.5 Befehlsgrundlagen: Radius

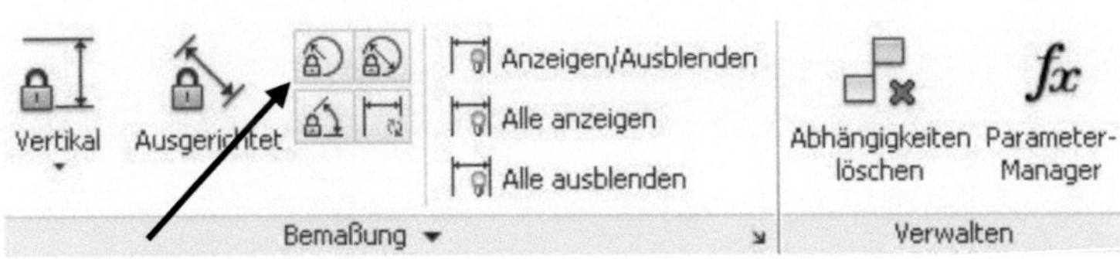

Erzeugt eine feste Radiusbemaßung an einem Kreis/ Bogen.

4.3.2.6 Befehlsgrundlagen: Durchmesser

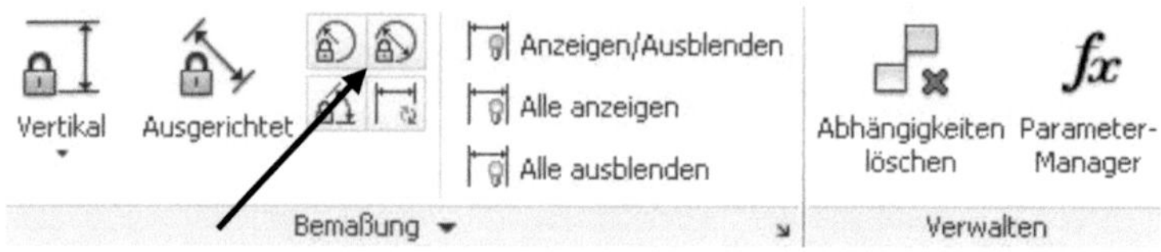

Erzeugt eine feste Durchmesserbemaßung an einem Kreis/ Bogen.

4.3.2.7 Befehlsgrundlagen: Winkel

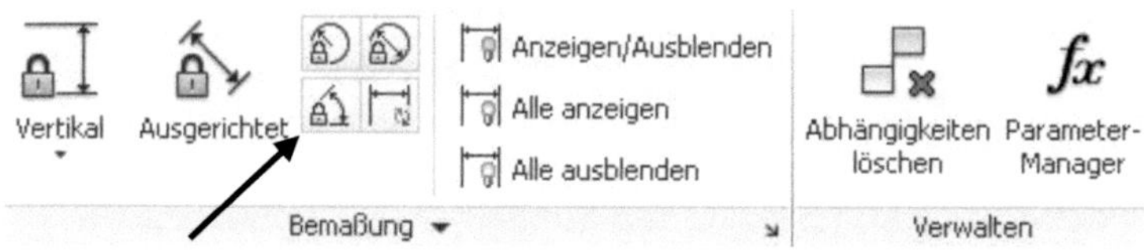

Erzeugt eine feste Winkelbemaßung zwischen zwei Linien/ drei Punkten.

4.3.2.8 Befehlsgrundlagen: Konvertieren

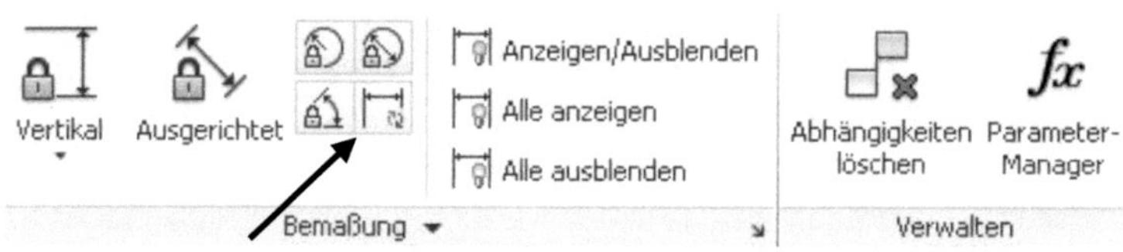

Konvertiert ein normales Maß in ein festes Maß (Bemaßungsabhängigkeit).

4.3.2.9 Befehlsgrundlagen: Dynamische Abhängigkeiten anzeigen/ ausblenden

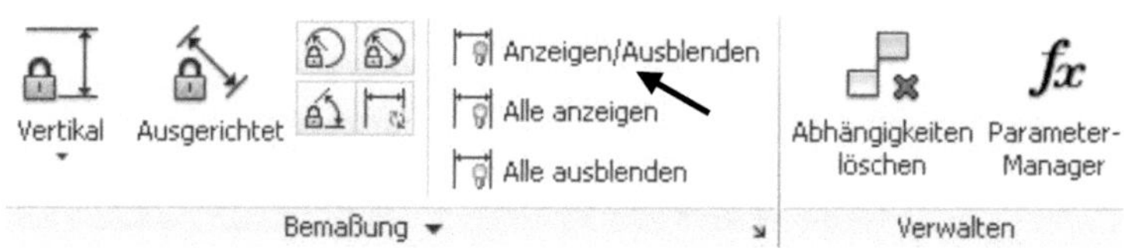

Ausgewählte feste Maße werden angezeigt/ ausgeblendet.

4.3.2.10 Befehlsgrundlagen: Alle dynamischen Abhängigkeiten anzeigen

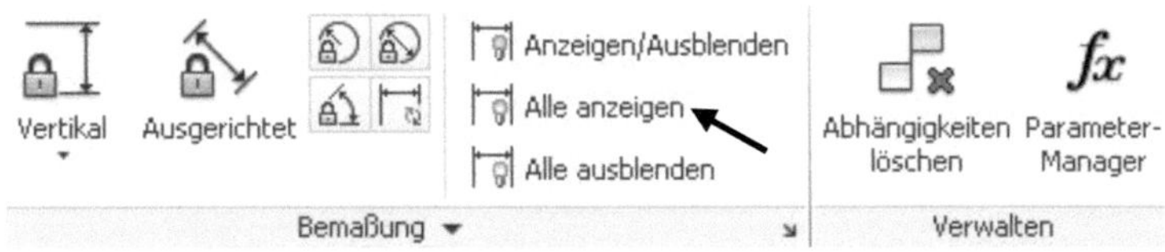

Alle festen Maße werden angezeigt.

4.3.2.11 Befehlsgrundlagen: Alle dynamischen Abhängigkeiten ausblenden

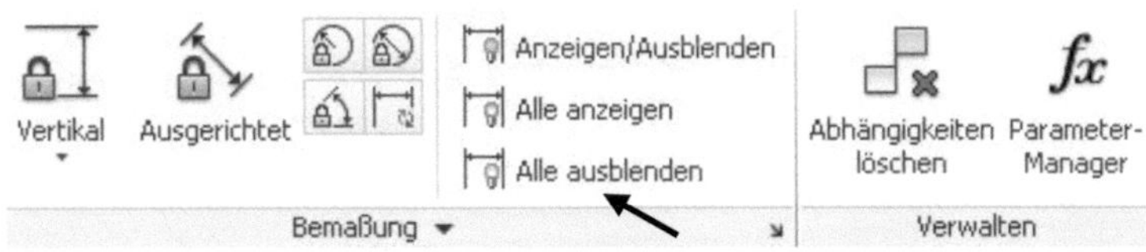

Alle festen Maße werden ausgeblendet.

4.3.2.12 Befehlsgrundlagen: Dynamischer Abhängigkeitsmodus

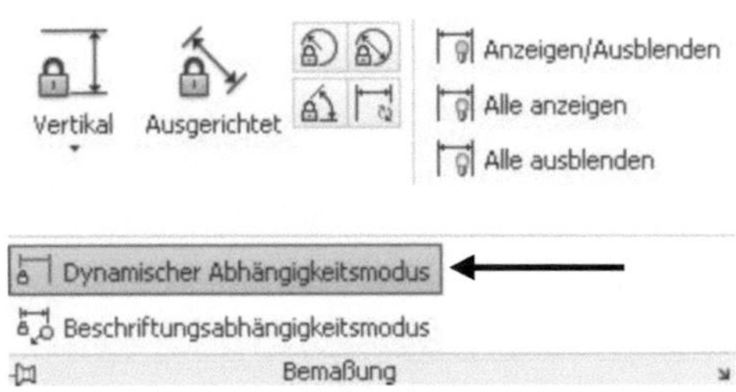

Wird dieser Modus aktiviert und anschließend ein festes Maß (Bemaßungsabhängigkeit) erzeugt, wird das Maß als dynamisches Maß erstellt. Das Maß passt sich beim Zoomen der Zeichnung automatisch in der Texthöhe an.

4.3.2.13 Befehlsgrundlagen: Beschriftungsabhängigkeitsmodus

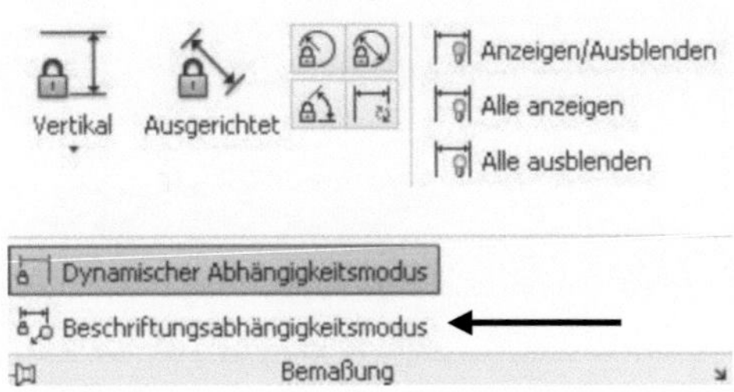

Wird dieser Modus aktiviert und anschließend ein festes Maß erzeugt, wird dieses Maß im Beschriftungsstil erstellt. Das Maß wird sich beim Zoomen der Zeichnung nicht automatisch in der Texthöhe anpassen, sondern nur in Verbindung mit einer Beschriftungs-Maßstabs-Änderung.

4.3.2.14 Rechteck mit parametrischen Bemaßungsabhängigkeiten versehen

Verwenden Sie die Befehle ***Horizontal*** und ***Vertikal***, um dem Rechteck zwei parametrische Bemaßungen zuzuweisen, deren genaue Werte allerdings noch nicht festzulegen sind.

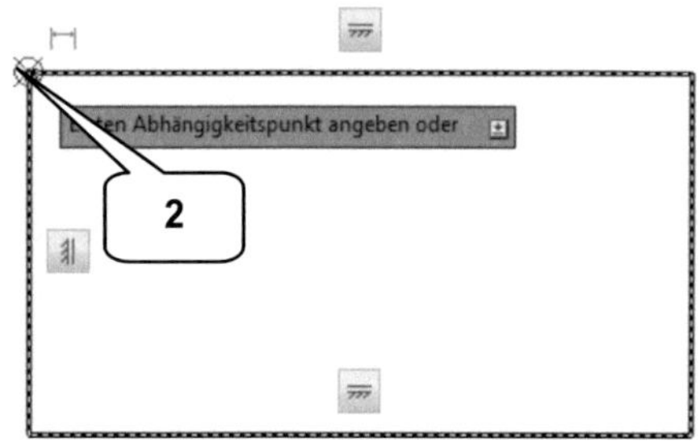

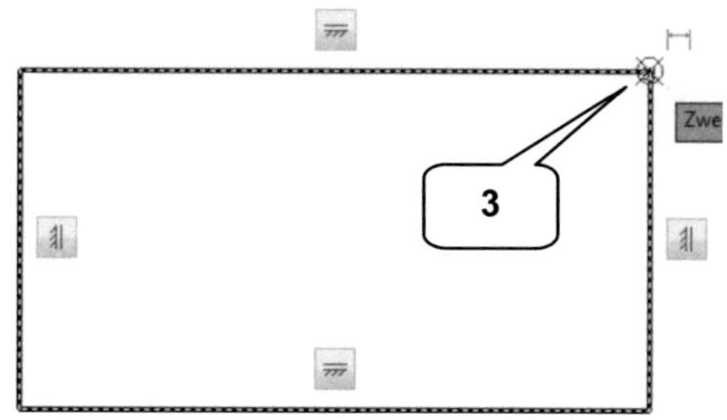

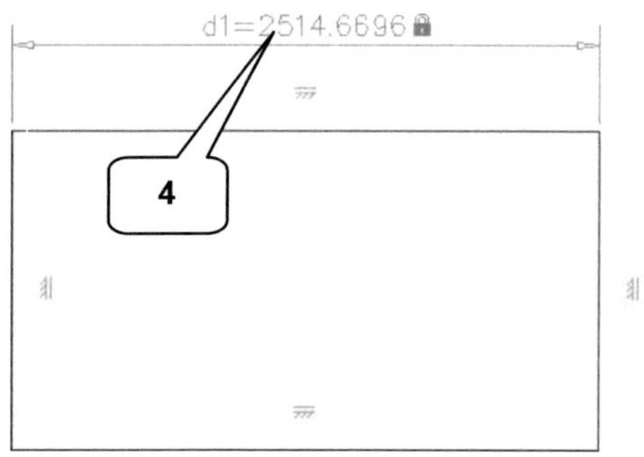

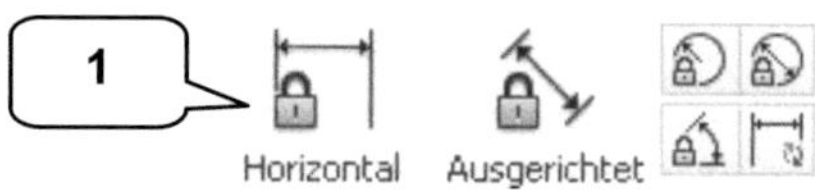

- ***Horizontal*** (1)
- Punkt (2) wählen
- Punkt (3) wählen
- Maß ablegen (4) ohne zu ändern
- [Enter]

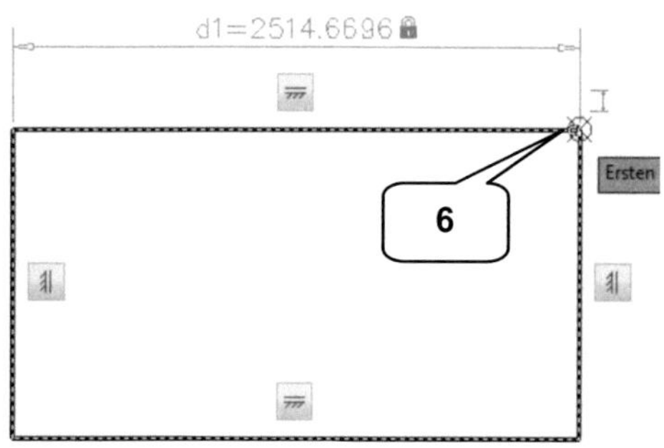

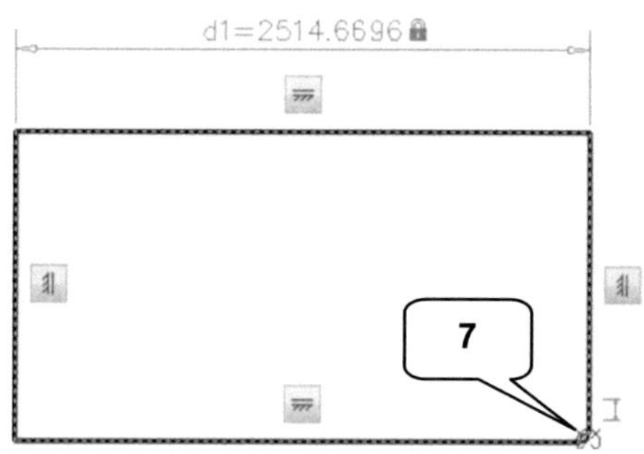

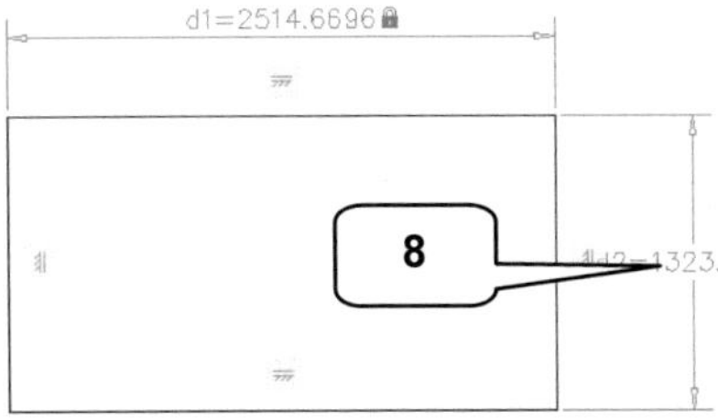

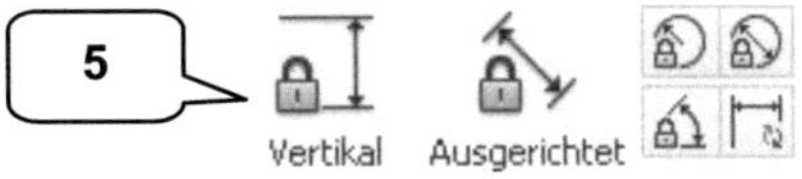

- ***Vertikal*** (5)
- Punkt (6) wählen
- Punkt (7) wählen
- Maß ablegen (8) ohne zu ändern
- [Enter]

4.3.2.15 Regal kopieren

Verwenden Sie den Befehl ***Kopieren*** (Register ***Start***), um das Rechteck einmal zu kopieren und die Kopie rechts neben dem Original abzulegen. Die genaue Position ist hierbei nicht relevant.

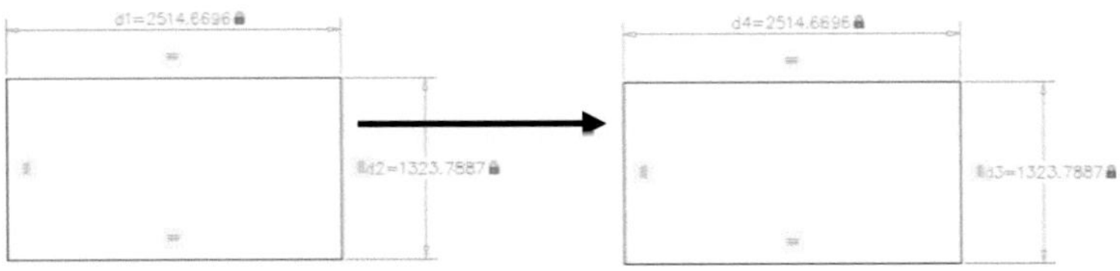

4.3.3 Befehlsgruppe: VERWALTEN

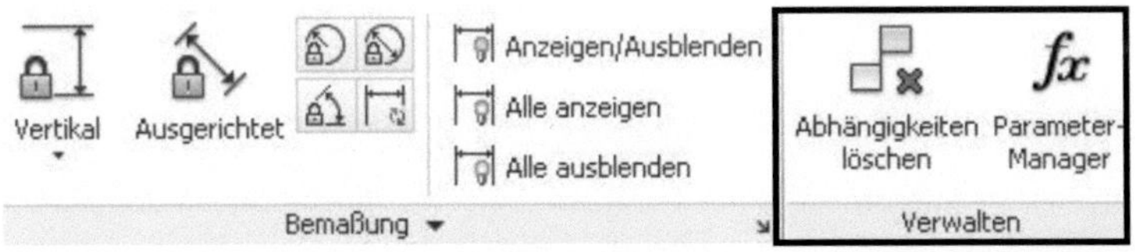

Die Befehlsgruppe ***Verwalten*** (Register ***Parametrisch***) enthält Befehle zum Löschen oder Bearbeiten von Bemaßungsabhängigkeiten.

4.3.3.1 Befehlsgrundlagen: Parameter-Manager

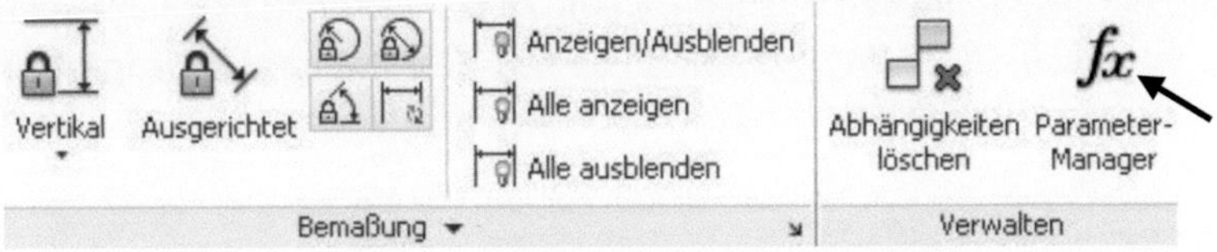

Der ***Parameter-Manager*** verwaltet alle parametrischen Maße einer Zeichnung. Jeder Parameter besitzt einen Namen, einen Ausdruck und einen Wert. Der Name eines Parameters kann beliebig geändert werden. Der Ausdruck entspricht im Ausgangszustand einem Zahlenwert, welcher durch eine Gleichung ersetzt werden kann. Parametrische Maße können voneinander abhängig gemacht werden und erhalten dadurch eine dynamische Eigenschaft. Ändert sich der Wert eines Parameters, ändern sich auch alle abhängigen Parameter.

4.3.3.2 Verwalten der parametrischen Werte (Parameter-Manager)

In der folgenden Übung sollen die parametrischen Bemaßungen der beiden Rechtecke voneinander abhängig gemacht und über Gleichungen miteinander verknüpft werden. Öffnen Sie den *fx* ***Parameter-Manager*** (1) und ändern Sie die vorhandenen Werte der Spalten ***Name*** und ***Ausdruck*** wie in der folgenden Abbildung dargestellt. Achten Sie darauf, zuerst die gesamte Spalte ***Name***, dann erst die Spalte ***Ausdruck*** zu ändern.

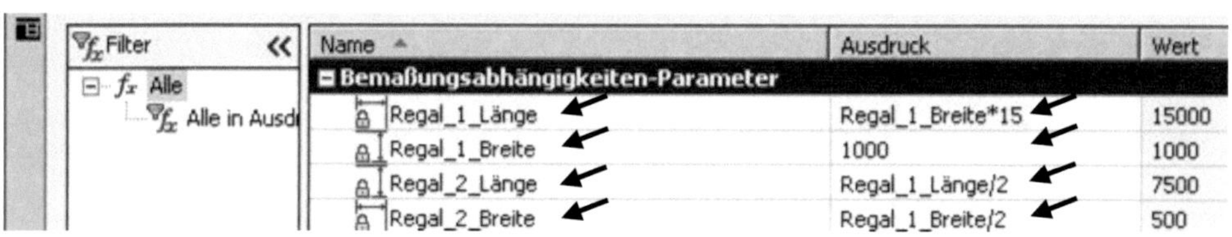

Zeile	Name	Ausdruck
1	[Regal_1_Länge]	[Regal_1_Breite * 15]
2	[Regal_1_Breite]	[1000]
3	[Regal_2_Länge]	[Regal_1_Länge / 2]
4	[Regal_2_Breite]	[Regal_1_Breite / 2]

Alle Werte sind jetzt vom Parameter ***Regal_1_Breite*** abhängig und können darüber gesteuert werden. ***Schließen*** Sie den Parameter-Manager und blenden Sie anschließend alle ***geometrischen Abhängigkeiten*** (2) sowie ***Bemaßungsabhängigkeiten*** (3) aus.

4.3.3.3 Positionieren der Regale

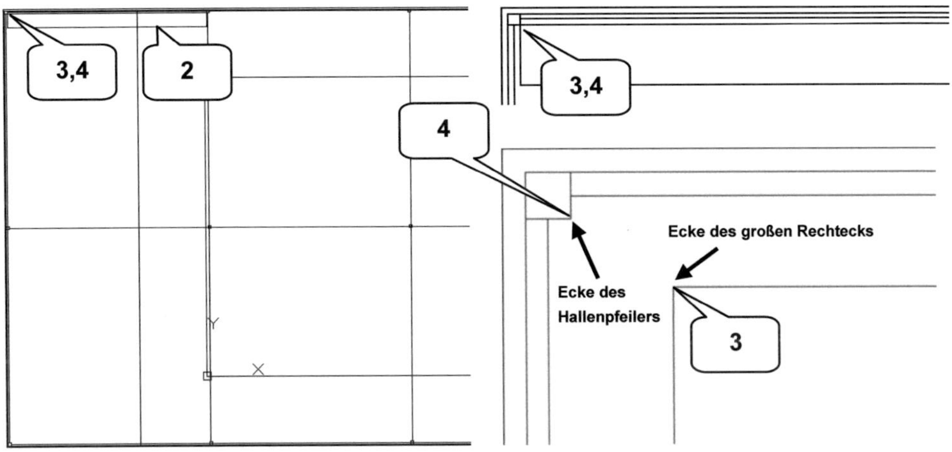

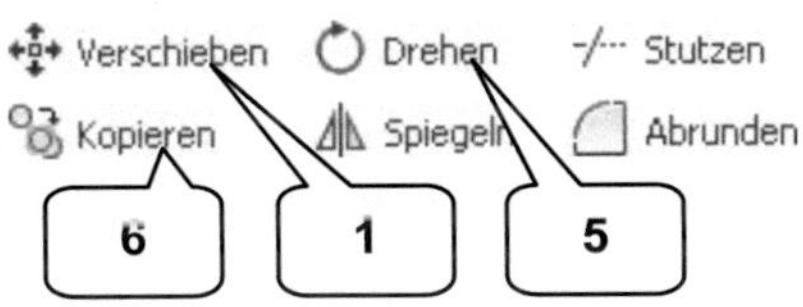

Verwenden Sie den Befehl ***Verschieben*** (1) (Register ***Start***), um das große Rechteck (2) wie dargestellt zu positionieren. Die obere, linke Ecke des Regals (3) soll auf die untere, rechte Ecke des markierten Hallenpfeilers (4) gesetzt werden.

Sollte das Rechteck anders als hier dargestellt liegen, muss es eventuell mittels ***Drehen*** (5) um 90° gedreht werden (Option: ***Abhängigkeit abschwächen***). Der Befehl ***Kopieren*** (6) soll rechts neben dem ersten Rechteck (2) zwei weitere Rechtecke erzeugen (7). Achten Sie darauf, dass zwischen den Regalen ein Abstand von jeweils 200 mm eingehalten wird.

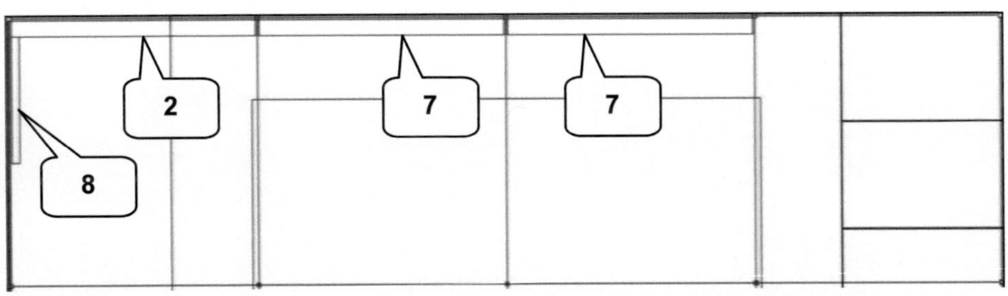

Das kleinere Regal (8) ist, wie in der oberen Abbildung dargestellt, an das erste große Regal (2) zu setzen und soll bündig daran anschließen.

4.3.3.4 Befehlsgrundlagen: Spiegeln

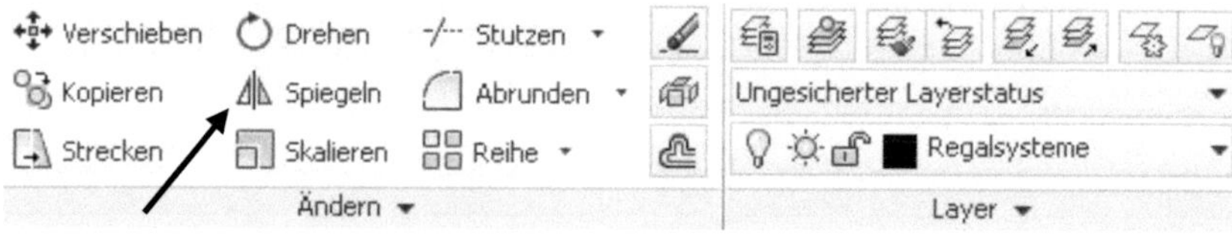

Spiegelt ein Objekt an einer gedachten Linie, welche durch zwei Punkte zu definieren ist. Das Original kann anschließend auf Wunsch entfernt werden.

4.3.3.5 Spiegeln der Regale

Starten Sie den Befehl ***Spiegeln*** (1) und wählen Sie die markierten vier Regale (2). Bestätigen Sie mit [Enter] und wählen Sie nacheinander die beiden markierten Punkt (3,4), um die Spiegelachse zu definieren. Beantworten Sie die Frage, ***ob das Quellobjekt gelöscht werden soll*** mit [N] und [Enter].

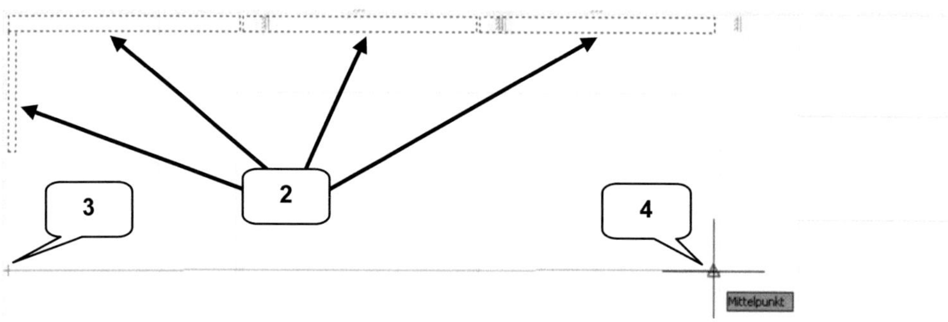

4.3.3.6 Layer: Außenbereich

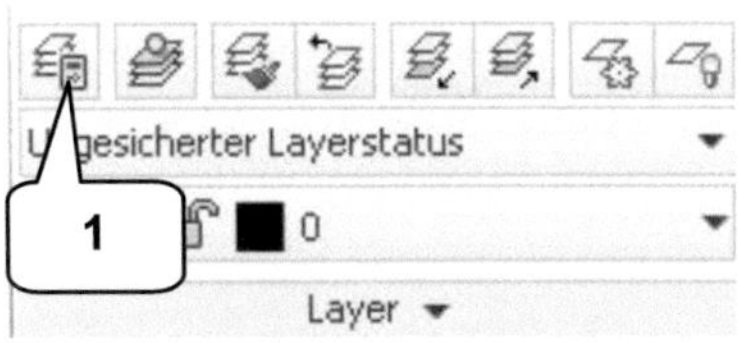

Starten Sie den ***Layereigenschaften-Manager*** (Register ***Start***) und erstellen Sie einen neuen Layer ***Außenbereich*** mit den folgenden Eigenschaften:

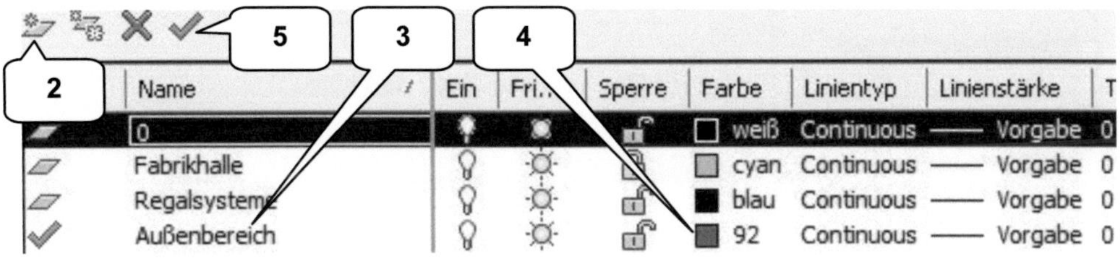

- ***Layereigenschaften-Manager*** (1)
- Neuer Layer (2)
- Name: [Außenbereich] (3)
- Farbe: [92] (4)
- Layer aktivieren (5)
- Layereigenschaften schließen

4.3.3.7 LKW-Anlieferbereich zeichnen

Zeichnen Sie eine ***Polylinie*** nach der folgenden Befehlskette:

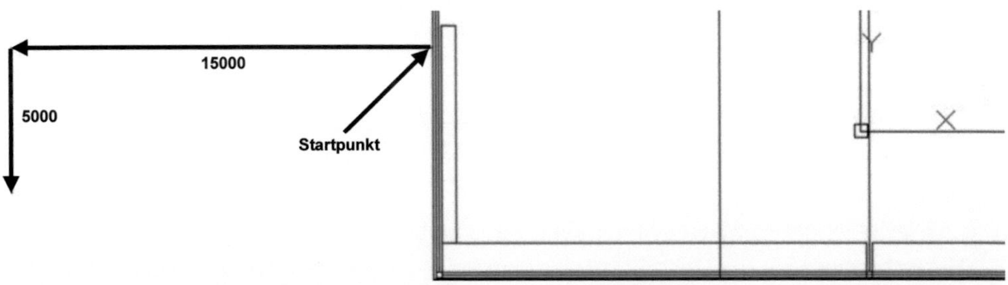

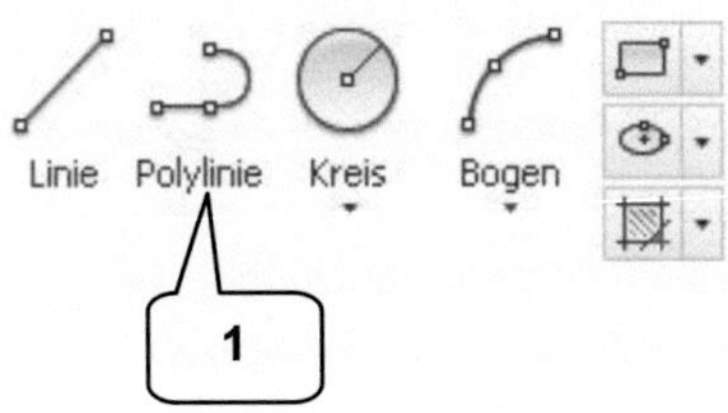

- ***Polylinie*** (1)
- Startpunkt: [-15100] > [Tab] > [2950]
- [Enter]
- Linie [15000] mm nach links zeichnen
- Linie [5000] mm nach unten zeichnen
- [Esc]

4.3.3.8 Befehlsgrundlagen: Fasen (BG: ÄNDERN)

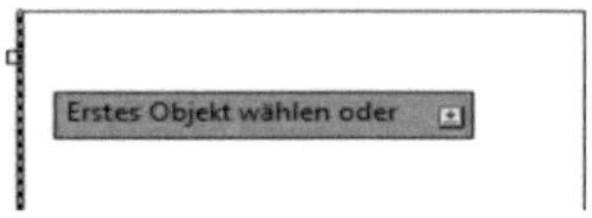

FUNKTION

- Fügt einer Ecke eine Fase hinzu

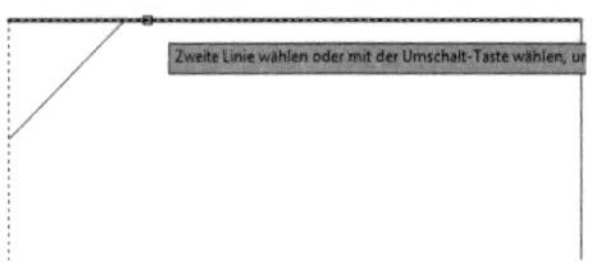

OPTIONEN

- [Rückgängig]: Löscht den letzten Befehl
- [Polylinie]: Kantet eine Polylinie komplett ab
- [Abstand]: Fasendefinition über Länge zum Schnittpunkt (gleichschenklig oder ungleichschenklig)
- [Winkel]: Fasendefinition über Länge und Winkel
- [Stutzen]: Entfernt die Linienecke nach den Fasen oder nicht
- [Methode]: Zeigt die aktuelle Fasendefinition an und ermöglicht einen Wechsel

4.3.3.9 Polylinie fasen (LKW-Anlieferbereich)

Die zuletzt erzeugte Polylinie soll mit einer Fase versehen werden. Starten Sie den Befehl ***Fasen***, wählen Sie die Option [Abstand], geben Sie nacheinander die beiden Abstandswerte ein und wählen Sie anschließend die beiden markierten Liniensegmente.

- ***Fasen*** (1)
- [Abstand]
- [Enter]
- Erster Abstand: [3000] eingeben
- [Enter]
- Zweiter Abstand: [3000] eingeben
- [Enter]
- Erstes Liniensegment wählen (2)
- Zweites Liniensegment wählen (3)

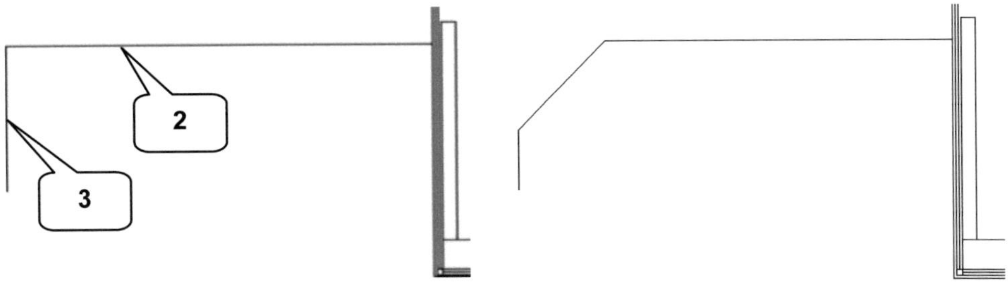

4.3.3.10 Polylinie abrunden und versetzen (LKW-Anlieferbereich)

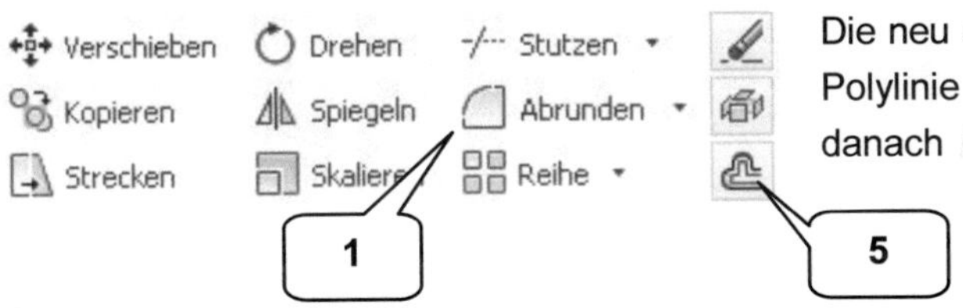

Die neu entstandenen beiden Ecken der Polylinie sollen **_abgerundet_** und danach **_versetzt_** werden.

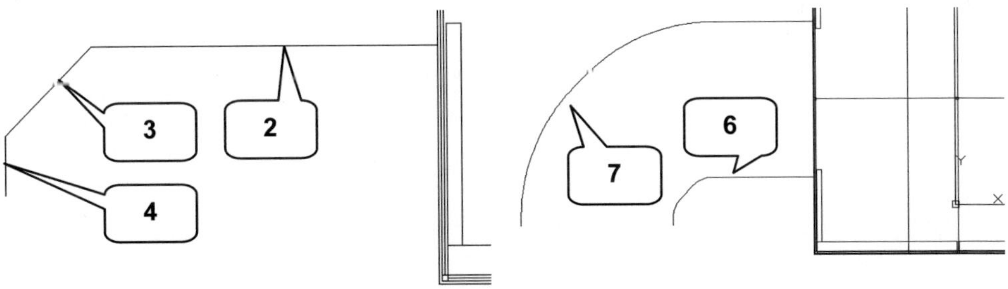

- **_Abrunden_** (1)
- [Radius] > [Enter]
- [2000] mm > [Enter]
- [Mehrere] > [Enter]
- Erstes Liniensegment wählen (2)
- Zweites Liniensegment wählen (3)
- Zweites Liniensegment wählen (3)
- Drittes Liniensegment wählen (4)
- [Esc]

- **_Versetzen_** (5)
- Abstand: [16100] mm
- [Enter]
- Zu versetzendes Objekt wählen (6)
- Auf beliebigen Punkt im Bereich (7) klicken
- [Esc]

4.3.3.11 PKW-Parkplätze

Personal und Kundschaft benötigen Parkplätze für die eigenen Pkws. Diese sollen rechts neben der Fabrikhalle erstellt werden. Zeichnen Sie ein ***Rechteck*** und ***kopieren*** Sie es anschließend 9 mal.

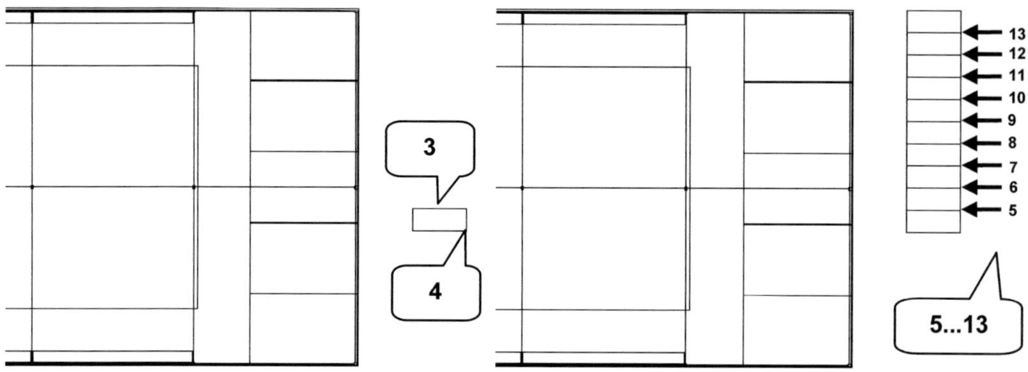

- ***Rechteck*** (1)
- Erster Punkt: [51100] > [Tab] > [7100]
- [Enter]
- Zweiter Punkt: [5000] > [Tab] > [2000]
- [Enter]

- ***Kopieren*** (2)
- Rechteck wählen (3)
- [Enter]
- Basispunkt wählen (4)
- Nacheinander die Einfügepunkte (5...13) anklicken
- [Esc]

Zwei ***Polylinien*** stellen die Abgrenzung des Parkbereiches dar. Zeichnen Sie die beiden Linien und runden Sie diese anschließend ab.

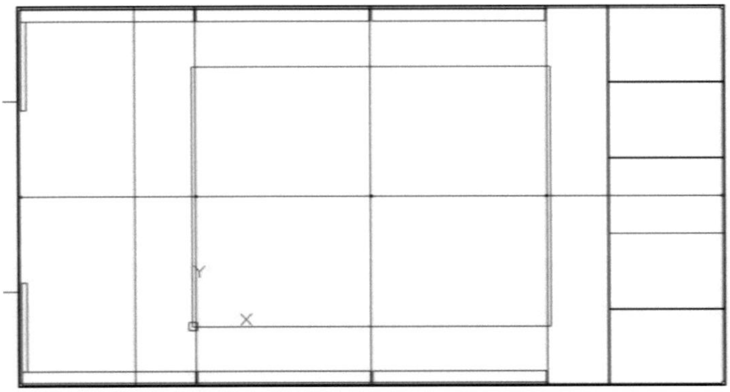

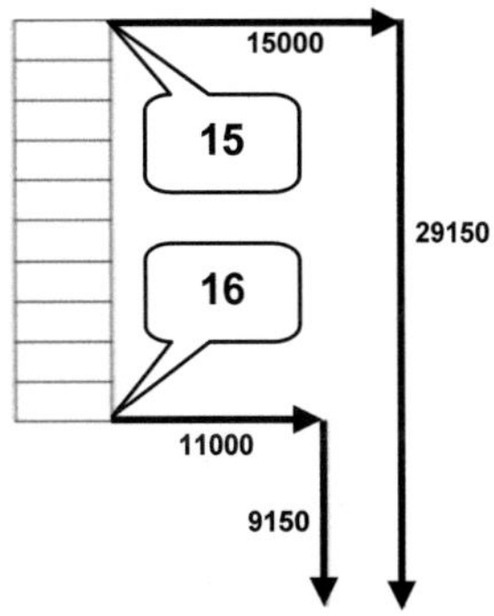

- **_Polylinie_** (14)
- Startpunkt: Punkt (15) wählen
- [Enter]
- Linie [15000] mm nach rechts zeichnen
- Linie [29150] mm nach unten zeichnen
- [Esc]

- **_Polylinie_** (14)
- Startpunkt: Punkt (16) wählen
- [Enter]
- Linie [11000] mm nach rechts zeichnen
- Linie [9150] mm nach unten zeichnen
- [Esc]

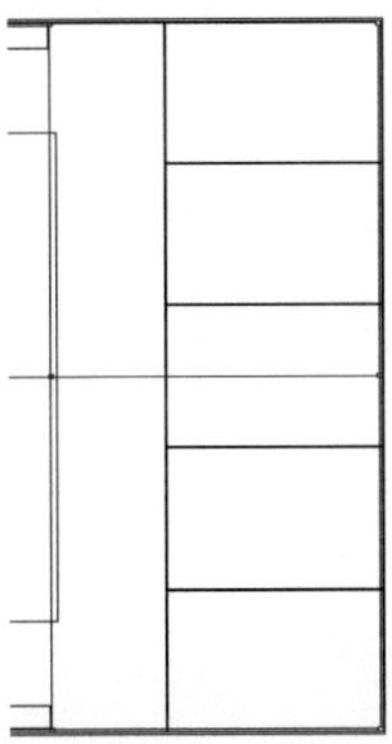

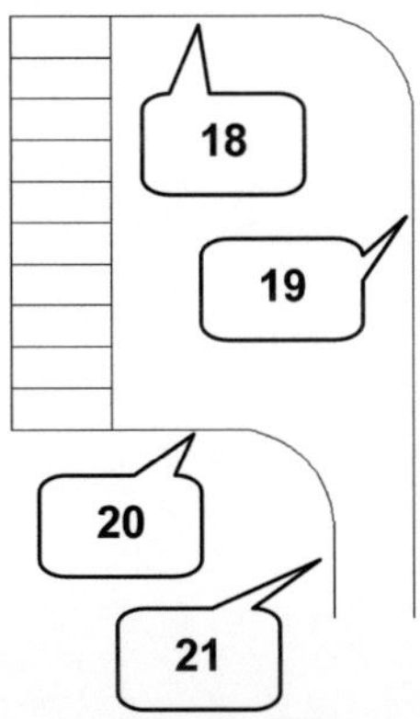

- **_Abrunden_** (17)
- [Radius] > [Enter]
- [5000] mm > [Enter]
- [Mehrere] > [Enter]
- Linie (18) wählen
- Linie (19) wählen
- Linie (20) wählen
- Linie (21) wählen
- [Esc]

4.3.3.12 Befehlsgrundlagen: Stutzen (BG: ÄNDERN)

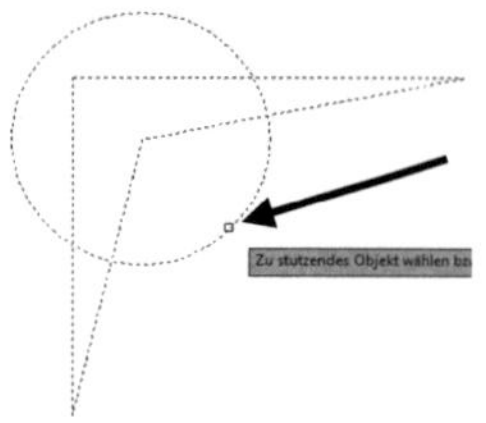

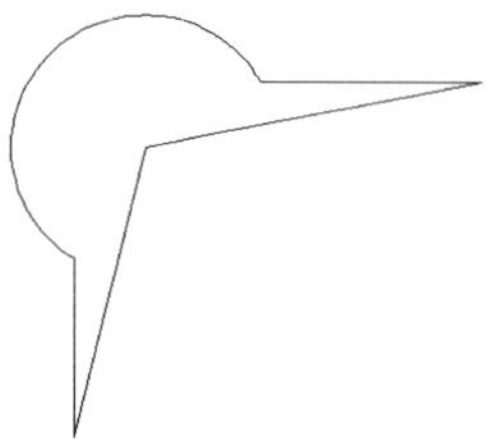

FUNKTION

- Entfernt bis zu einer bestimmten Schnittkante ausgewählte Geometrieenden

OPTIONEN

- [Zaun]: Entfernt alle Geometrien bis zum nächsten Schnittpunkt, die von einer zu definierenden virtuellen Geraden (ZAUN) geschnitten werden
- [Kreuzen]: Entfernt gewählte Geometrie bis zum nächsten Schnittpunkt
- [Projektion]: Mit der Befehlsaktivierung werden die aktuellen Grundeinstellungen angezeigt > Im 2D-Bereich das aktuelle BKS
- [Kante]: (Modus) > Nicht dehnen
- [Löschen]: Bietet das Löschen von ausgewählter Geometrie an
- [Zurück]: Letzter Befehl (Auswahl) wird zurückgenommen

4.3.3.13 Rechtecke (Parkplatz) stutzen

Im nächsten Schritt sollen einige Liniensegmente mittels -/-- ***Stutzen*** entfernt werden.

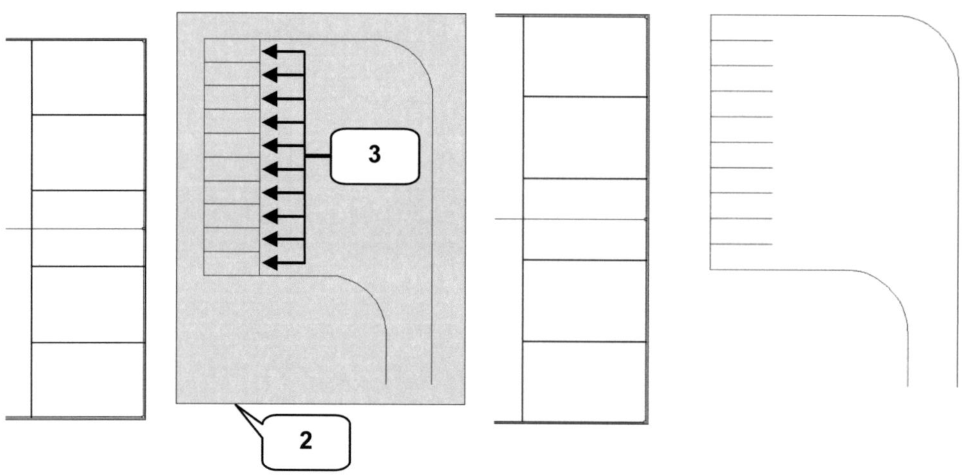

- -/-- ***Stutzen*** (1)
- Bei gedrückter linker Maustaste ein Fenster über den gesamten PKW-Parkbereich aufziehen (2)
- [Enter]
- Nacheinander alle 10 markierten Linien wählen (3)
- [Esc]

HINWEIS: Der Befehl -/-- ***Stutzen*** erfordert vor der Auswahl der zu stutzenden Linien eine Markierung aller am Schnitt beteiligten Linien. Hier kann jede Linie einzeln markiert, oder bei gedrückter linker Maustaste ein Fenster über den gesamten Bereich aufgezogen werden.

4.3.3.14 Hauptstraße zeichnen

Eine Straße soll innerhalb des Fabrikgeländes den LKW-Anlieferbereich und den Parkplatzbereich der Pkws miteinander verbinden. Zeichnen Sie in der folgenden Übung ein weiteres ***Rechteck***.

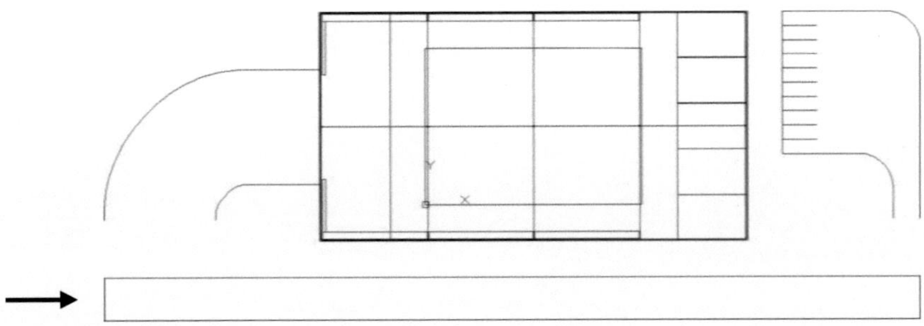

- ***Rechteck*** (1)
- Erster Punkt: [-46200] > [Tab] > [-16100]
- [Enter]
- Zweiter Punkt: [117300] > [Tab] > [6000]
- [Enter]

4.3.3.15 Befehlsgrundlagen: Dehnen (BG: ÄNDERN)

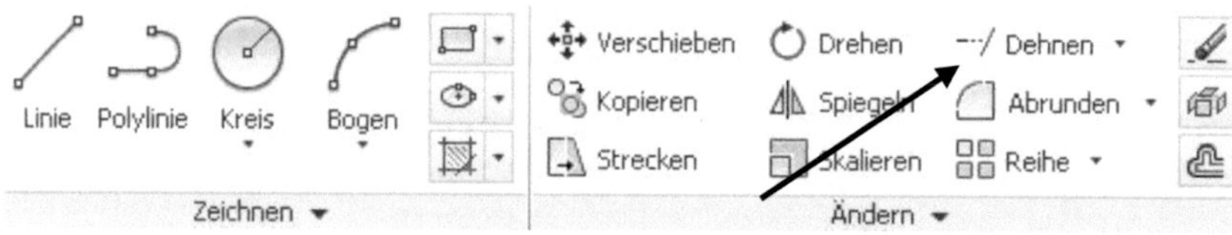

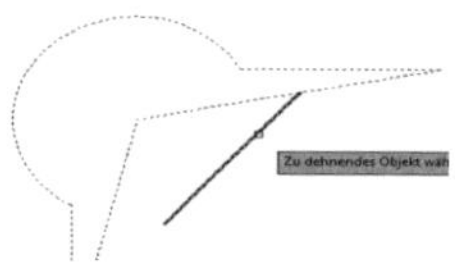

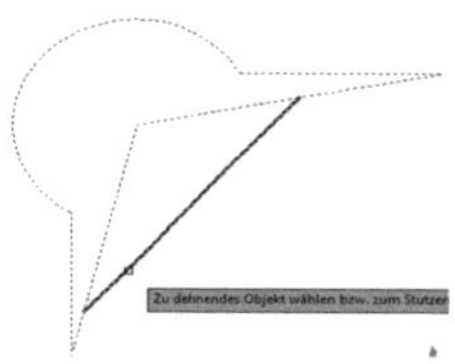

FUNKTION

- Verlängert ein Objekt bis zum nächsten geometrischen bzw. einem gewählten Schnittpunkt (Grenzkante)

OPTIONEN

- [Zaun]: Dehnt das Objekt, welches von einer zu definierenden virtuellen Geraden (Zaun) geschnitten wird
- [Kreuzen]: Dehnt das Objekt, das von einem Auswahlfenster erfasst wird
- [Projektion]: Mit der Befehlsaktivierung werden die aktuellen Grundeinstellungen angezeigt > Im 2D-Bereich das aktuelle BKS
- [Kante]: Für einen virtuellen Schnittpunkt [Dehnen] wählen (voreingestellt: nicht dehnen)
- [Zurück]: Letzter Befehl wird zurückgenommen

4.3.3.16 LKW- und PKW-Bereiche mit Hauptstraße verbinden

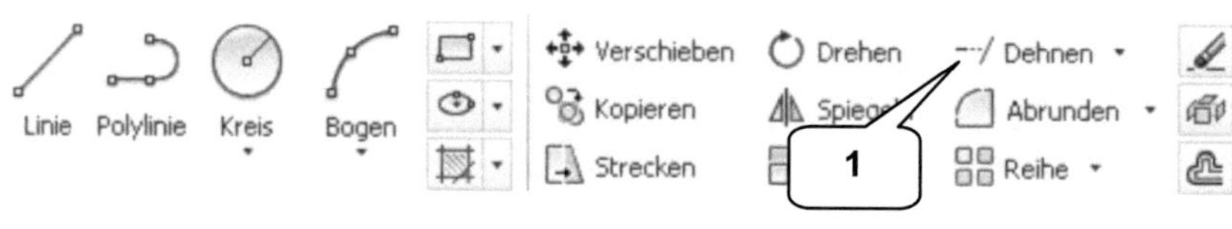

Starten Sie den Befehl --/ ***Dehnen*** und verlängern Sie nacheinander alle Liniensegmente des LKW-Anlieferbereiches und des PKW-Parkplatzes mit der zuletzt gezeichneten Straße. Anschließend müssen zwei Teilbereiche der Straße gestutzt werden.

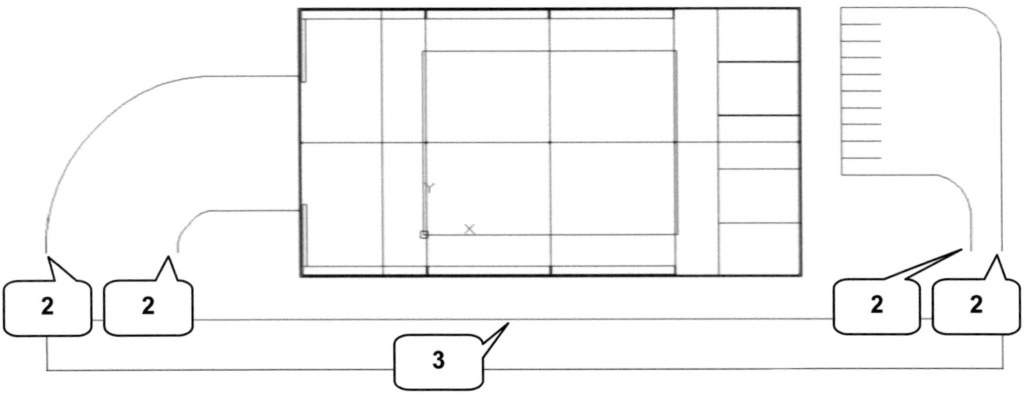

- --/ ***Dehnen*** (1)
- Vier Polylinien (2) und das Rechteck (3) markieren
- [Enter]
- Nacheinander die unteren Linienenden der vier Polylinien (2) wählen
- [Esc]

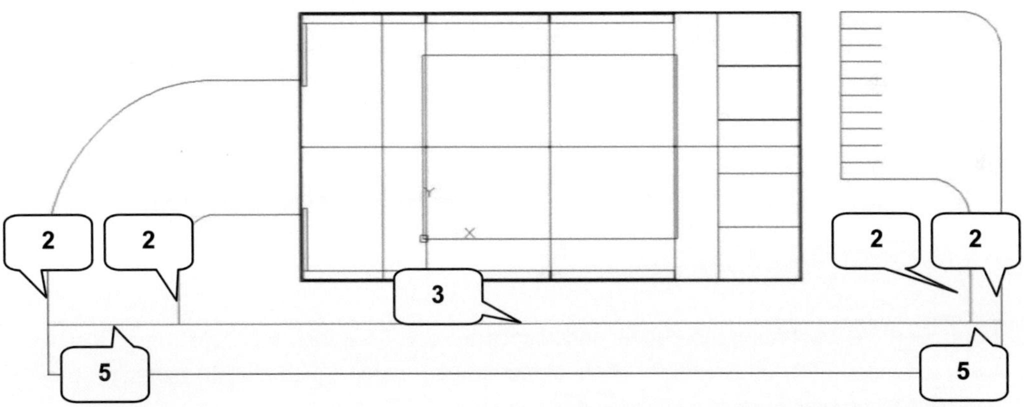

- -/-- ***Stutzen*** (4)
- Vier Polylinien (2) und das Rechteck (3) markieren
- [Enter]
- Nacheinander die beiden zu stutzenden Liniensegmente (5) wählen
- [Esc]

4.3.3.17 Wasserspeicher

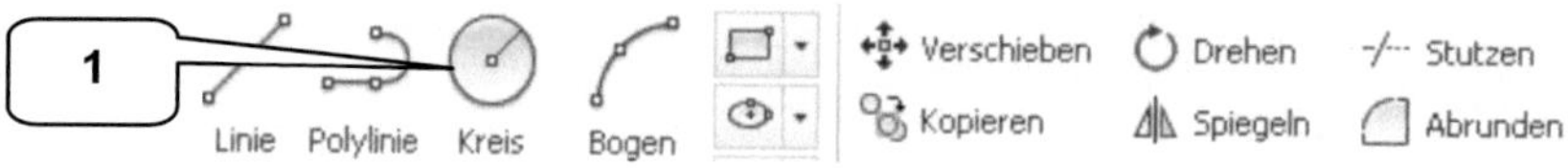

Die Produktionslinie benötigt zur Vorratsspeicherung des Quellwassers zwei Wassertanks, welche in der 2D-Draufsicht durch zwei ***Kreise*** dargestellt werden sollen.

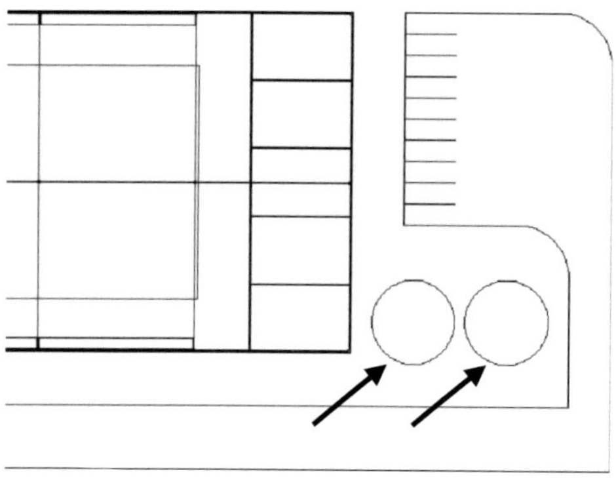

- ***Kreis (Mittelpunkt & Radius)*** (1)
- Mittelpunkt: [52100] > [Tab] > [-2100]
- [Enter]
- Radius: [4000] mm
- [Enter]

- ***Kreis (Mittelpunkt & Radius)*** (1)
- Mittelpunkt: [61100] > [Tab] > [-2100]
- [Enter]
- Radius: [4000] mm
- [Enter]

4.3.3.18 Befehlsgrundlagen: Doppelte Objekte löschen (BG: ÄNDERN)

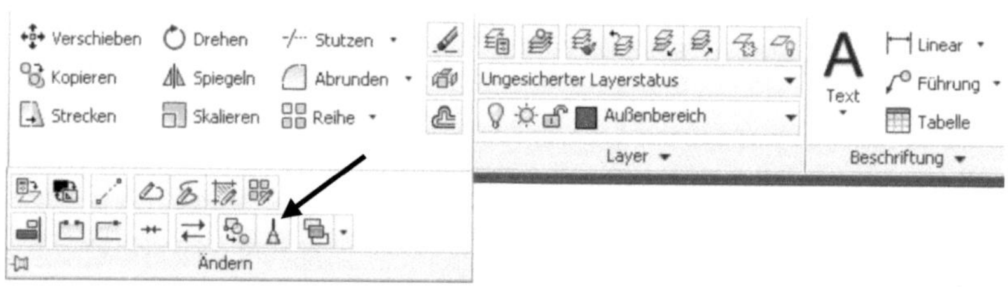

Kontrolliert die Zeichnung auf übereinanderliegende/ sich überlappende Objekte und löscht bzw. verbindet diese miteinander. Zeichnungen können damit (geometrisch) bereinigt werden (Befehlsgruppe ***Ändern*** muss erweitert werden).

4.3.3.19 Bereinigen der Zeichnung durch Löschen doppelter Objekte

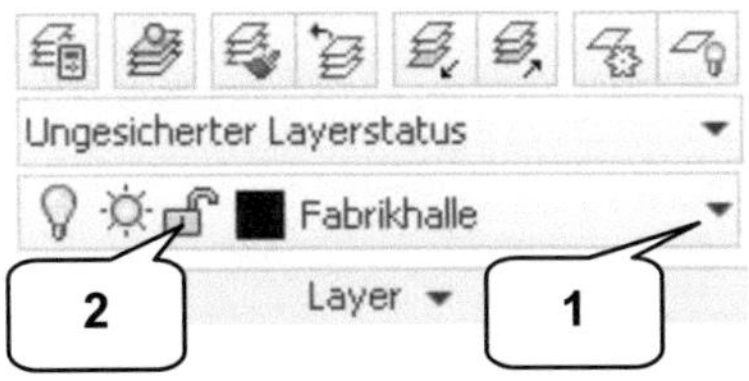

Klappen Sie in der Befehlsgruppe ***Layer*** das Auswahlmenü (1) auf und ***entsperren*** Sie den Layer ***Fabrikhalle*** (2). Starten Sie den Befehl ***Doppelte Objekte löschen*** (3). Markieren Sie alle Objekte der Zeichnung, indem Sie bei gedrückter linker Maustaste ein großes Fenster über alle Zeichenobjekte aufziehen und bestätigen Sie mit [Enter].

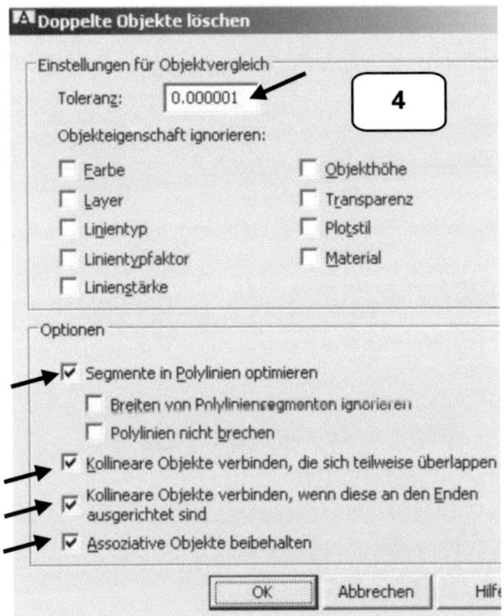

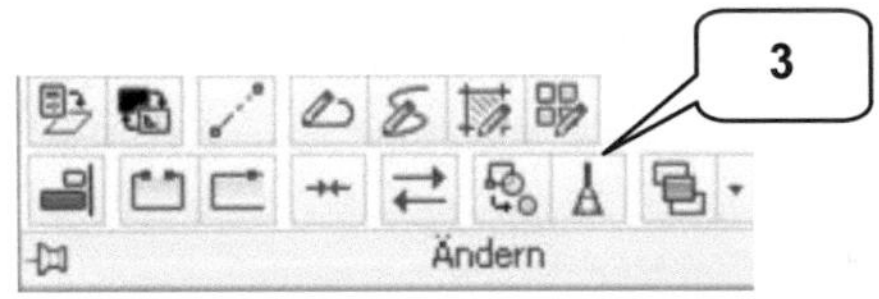

- Befehlsgruppe ***Layer*** erweitern (1)
- Layer ***Fabrikhalle*** ***entsperren*** (2)
- ***Doppelte Objekte löschen*** (3)
- Bei gedrückter linker Maustaste ein Fenster über alle Objekte der Zeichnung aufziehen, um alle Elemente der Zeichnung zu markieren > [Enter]
- Einstellungen übernehmen (4)
- OK

4.3.3.20 Befehlsgrundlagen: Bereinigen (Hauptmenü)

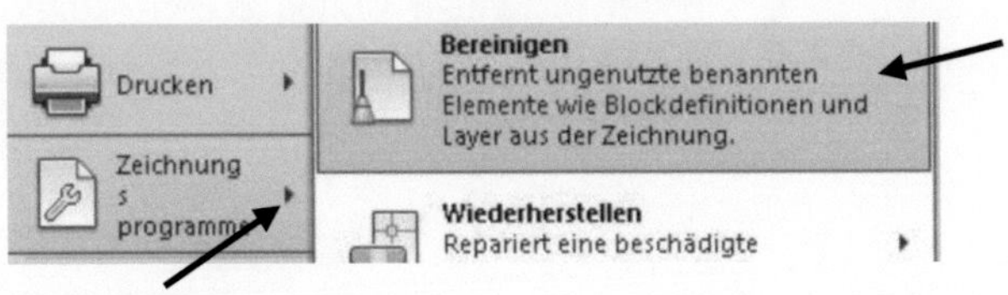

Bereinigt eine Zeichnung und löscht unbenutzte Blöcke, Layer, Gruppen und Stile.

4.3.3.21 Bereinigen der Zeichnung durch Löschen unbenutzter Elemente

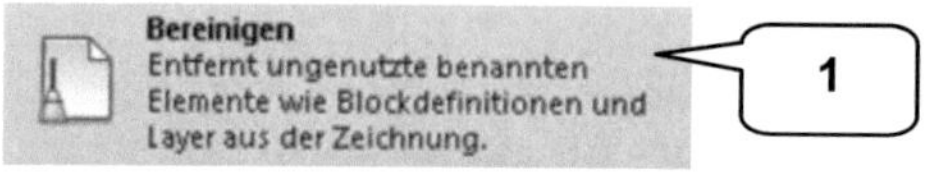

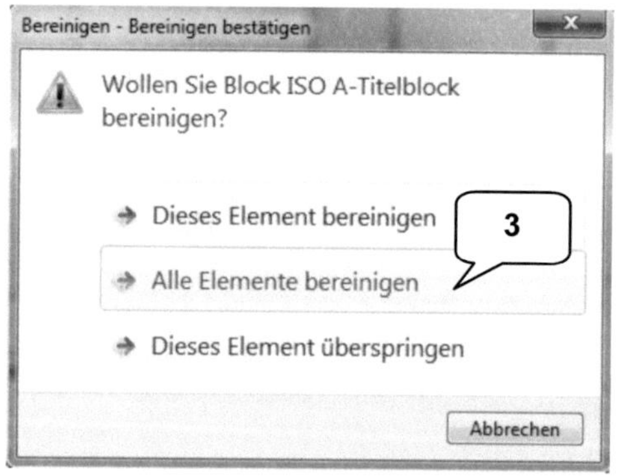

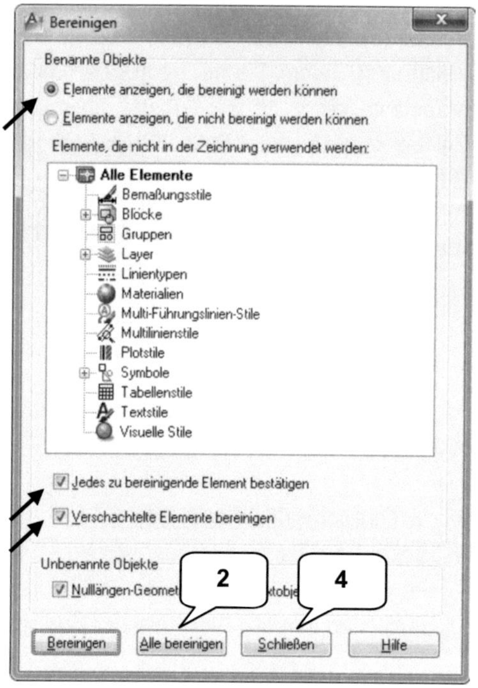

Befreien Sie Ihre Zeichnung von unbenutzten Blöcken, Layern, Gruppen und Stilen. Starten Sie den Befehl ***Bereinigen*** im Hauptmenü.

- > ***Zeichnungsprogramme*** >
- ***Bereinigen*** (1)
- Alle bereinigen (2)
- Alle Elemente (3)
- Schließen (4)

Speichern und schließen Sie die Datei.

4.3.3.22 Eine neue Zeichnung für die Gesamtdarstellung erzeugen

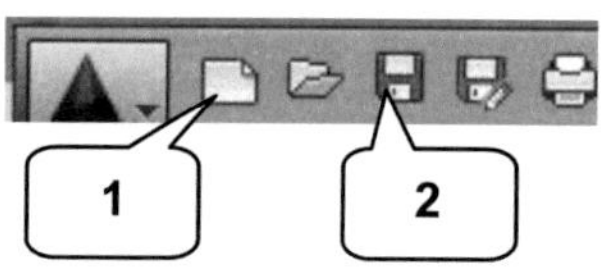

In der folgenden Übung sollen externe Zeichnungen als Referenzen eingefügt werden. Erzeugen Sie eine neue Datei und speichern Sie diese als ***00_00_Gesamt.dwg***.

- ***Neu*** (1)
- Vorlage: acadiso.dwt
- Öffnen

- ***Speichern*** (2)
- Dateiname: [00_00_Gesamt]
- Dateityp: *.dwg

4.4 ZEICHNEN UND BESCHRIFTUNG > Register: EINFÜGEN

4.4.1 Befehlsgruppe: REFERENZ

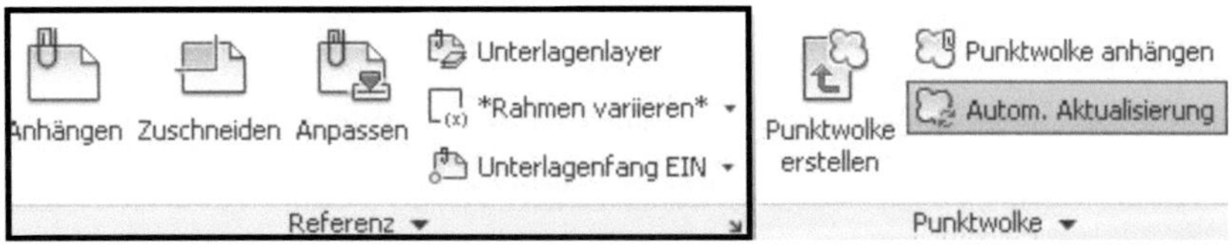

Neben der Möglichkeit, Zeichnungen oder Objekte als Blöcke in eine Zeichnung einzufügen, können diese auch als Referenzen importiert werden. Die Befehlsgruppe ***Referenz*** finden Sie im Register ***Einfügen***. Als Referenzen eingefügte Objekte haben den Vorteil, die Zeichnung nicht unnötig zu vergrößern (Speicherplatz), da diese nur als Vorschau in einer Zeichnung dargestellt werden. Die eigentliche (physische) Datei liegt extern. So kann die Speichergröße einer sehr komplexen Zeichnung gering gehalten werden. Das Arbeiten mit Referenzen kann mit dem Arbeiten von Bauteilen und Baugruppen in anderen Programmen verglichen werden.

4.4.1.1 Befehlsgrundlagen: Anhängen

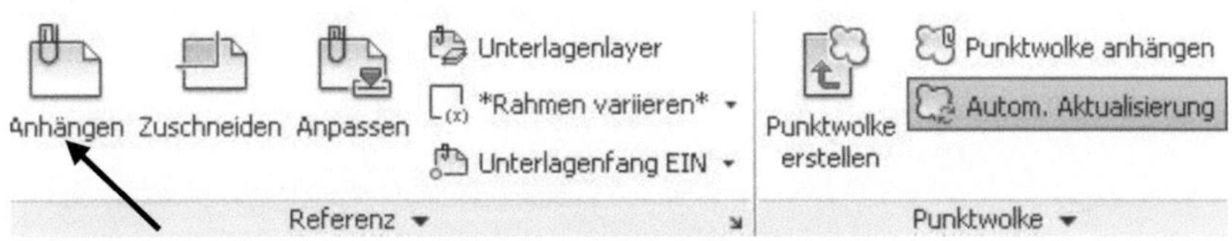

Fügt in die aktuelle Zeichnung eine Referenzdatei ein.

4.4.1.2 Zeichnung: Produktionslinie als Referenzen einfügen

In den folgenden Übungen werden schrittweise alle zur Gesamtdarstellung benötigten Zeichnungen als Referenzen eingefügt. Bei der Erstellung jeder einzelnen Zeichnung wurde stets darauf geachtet, sich auf den Koordinatenursprung zu beziehen, d.h. die Position jedes geometrischen Objektes in der Gesamtdarstellung wurde bereits vordefiniert. Der Einfügepunkt der Referenzen muss sich also ebenfalls auf den Koordinatenursprung beziehen.

Achten Sie also beim Einfügen der Referenzen darauf, sich im Bereich ***Einfügepunkt*** auf die Koordinaten ***X = 0***, ***Y = 0*** und ***Z = 0*** zu beziehen. Importieren Sie zuerst die Zeichnung ***01_00_Produktionslinie.dwg***.

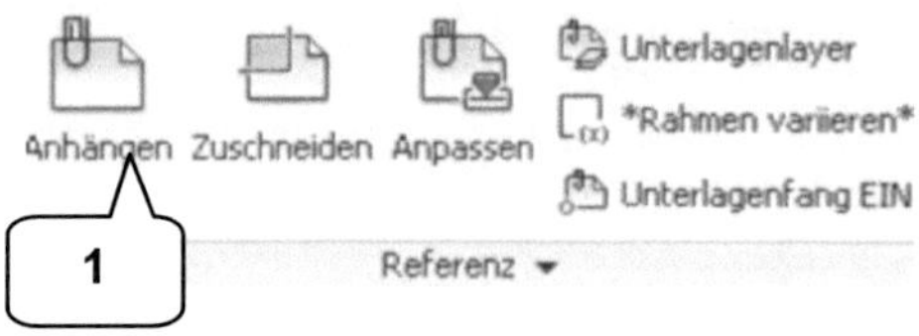

- ***Anhängen*** (1)
- Dateityp: Zeichnung (*.dwg) (2)
- Dateiname: [01_00_Produktionslinie] (3)
- Öffnen (4)
- Optionen übernehmen (5)
- OK (6)

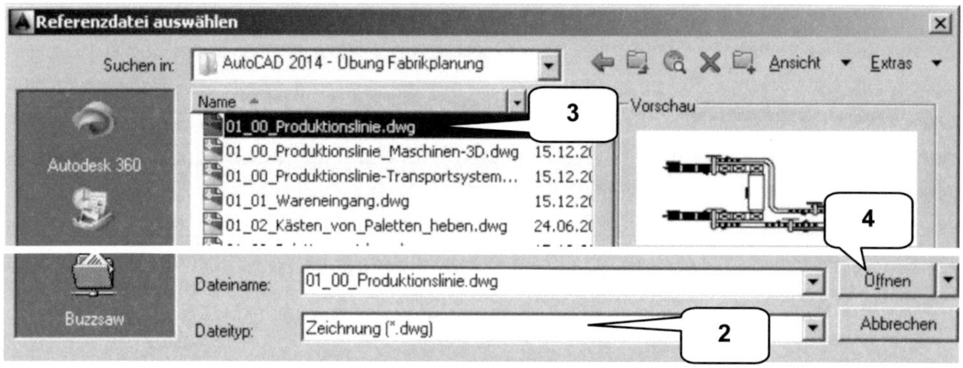

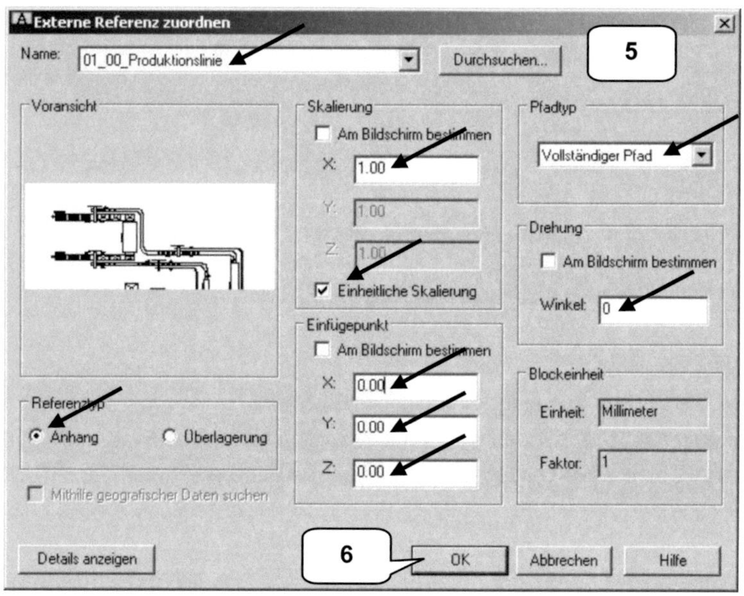

Aktivieren Sie am ***ViewCube*** die Ansicht ***OBEN*** (7), um die Zeichnung zu zoomen. Wiederholen Sie den Befehl und importieren Sie die folgende Zeichnung:

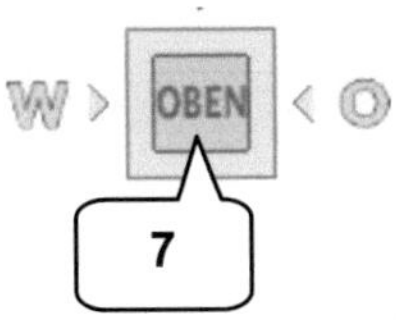

- ***Anhängen*** (1)
- Dateiname:
- [02_00_Fabrikhalle_mit_ Außenbereich]
- Öffnen (4)
- Optionen übernehmen (5)
- OK (6)

4.4.1.3 Befehlsgrundlagen: XRef-Fading

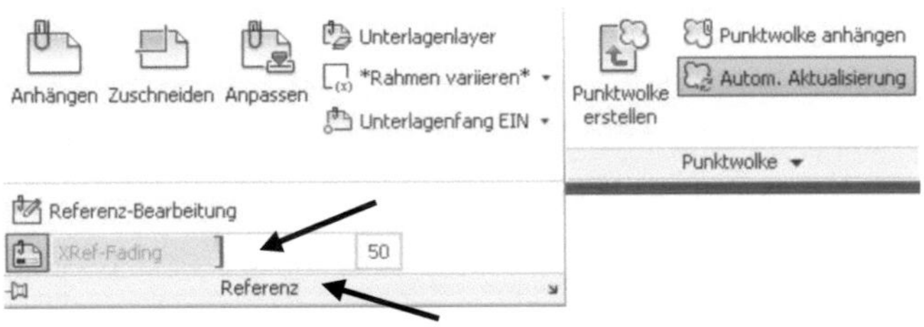

Der Befehl befindet sich in der erweiterten Befehlsgruppe ***Referenz***. Referenzen können mit einer anderen Intensität als direkt in einer Zeichnung vorhandene Objekte dargestellt werden. Der Schieberegler ändert diese Intensität. Das links stehende ***Symbol*** aktiviert/ deaktiviert die Option.

4.4.1.4 XRef-Fading ändern

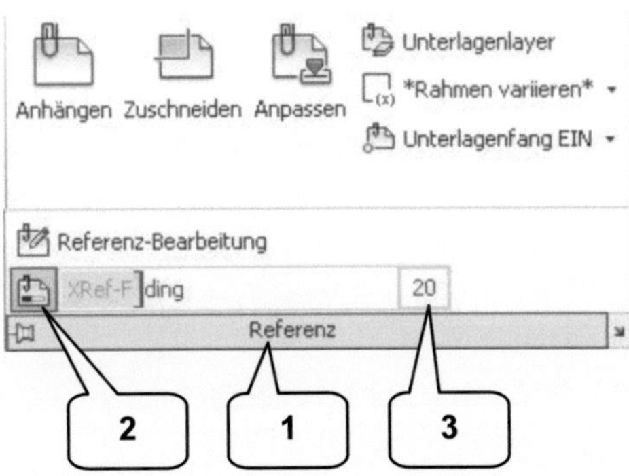

Referenzen werden grundlegend mit einer geringeren Intensität dargestellt, um diese von den in der Zeichnung selbst vorhandenen Objekten zu unterscheiden. Diese Einstellung soll in der folgenden Übung geändert werden.

- ***Referenzen*** erweitern (1)
- ***XRef-Fading*** (2) sollte aktiviert sein
- Wert der Intensität auf [20] ändern (3)

In der folgenden linken Abbildung ist die Ausgangssituation zu sehen (4), in der rechten Abbildung die Darstellung mit geänderter Intensität (5).

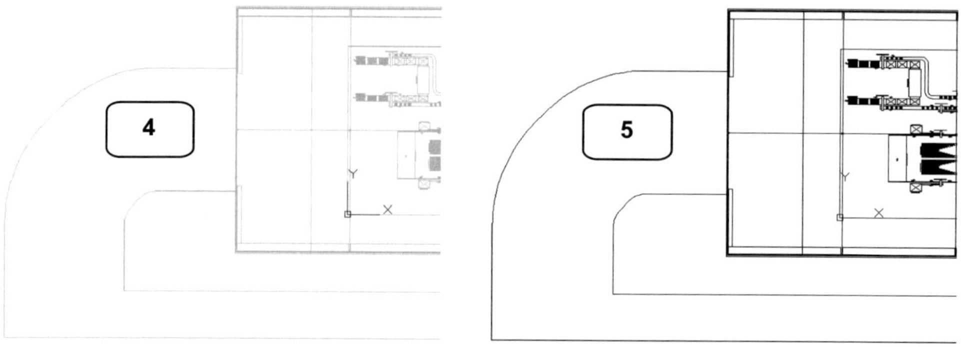

4.4.1.5 Befehlsgrundlagen: Referenz-Bearbeitung

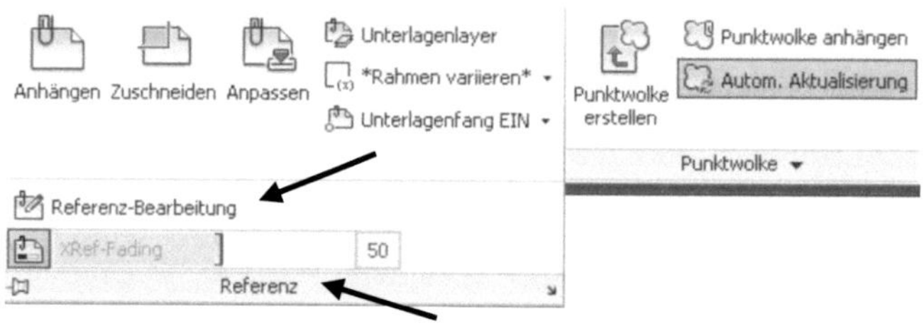

Bearbeitet eine externe Referenzdatei aus der aktuellen Zeichnung heraus, ohne diese separat öffnen zu müssen. Die restlichen, sich in der Zeichnung befindlichen Referenzen oder Objekte werden während der Bearbeitung optisch gedimmt.

4.4.1.6 Bearbeiten der der externen Referenz: Fabrikhalle

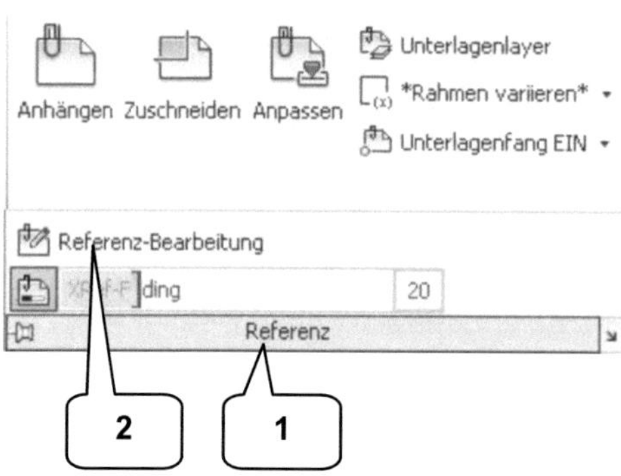

Die Zeichnung ***Fabrikhalle*** soll aus der Gesamtzeichnung heraus bearbeitet werden.

- ***Referenzen*** (1) erweitern
- ***Referenz-Bearbeitung*** (2)
- Markierte Linie (3) wählen
- [OK]
- Fenster ***Referenz bearbeiten*** öffnet sich
- Aktivieren: Alle eigebetteten Objekte automatisch wählen (4)
- [OK] > [OK]

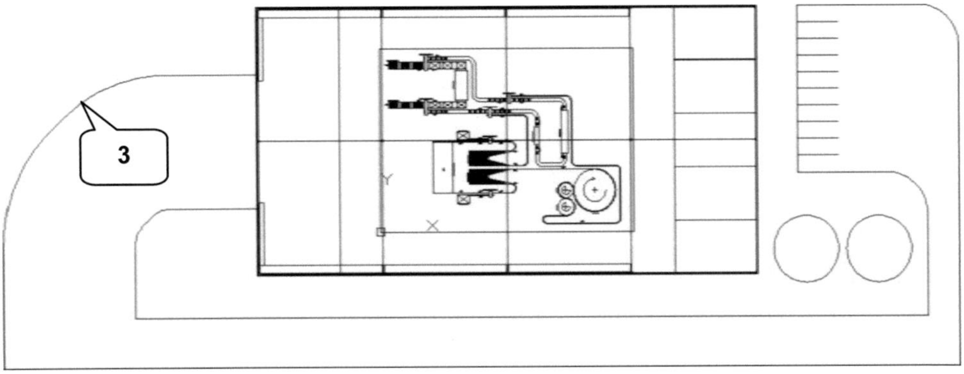

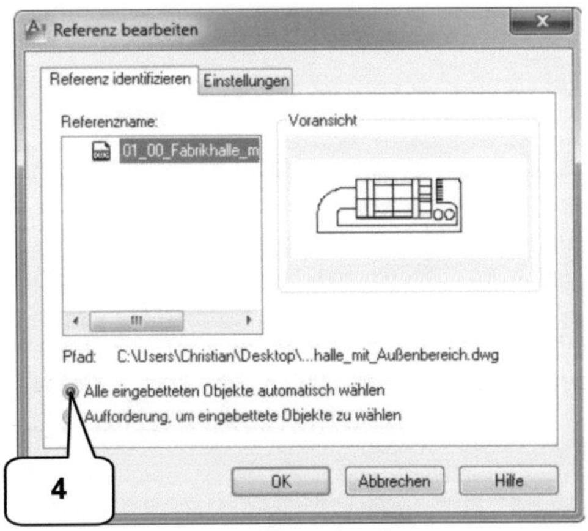

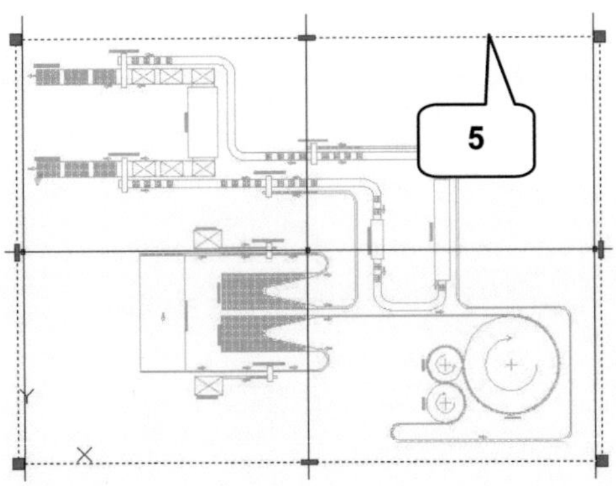

Alle Objekte (außer die zur Bearbeitung gewählte Referenzdatei) werden nun gedimmt dargestellt. Löschen Sie die Umrandung des Produktionsbereiches (markiertes Rechteck).

- Rechteck wählen (5)
- [Entf]

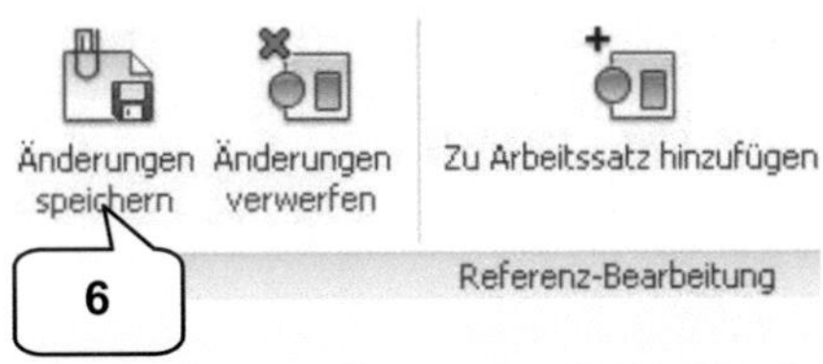

Verwenden Sie den Befehl ***Änderungen speichern***, um die Bearbeitung zu beenden und die Änderung in die originale Zeichnung zu übertragen.

- ***<u>Änderungen speichern</u>*** (6)
- OK

4.4.1.7 Befehlsgrundlagen: Externe Referenzen

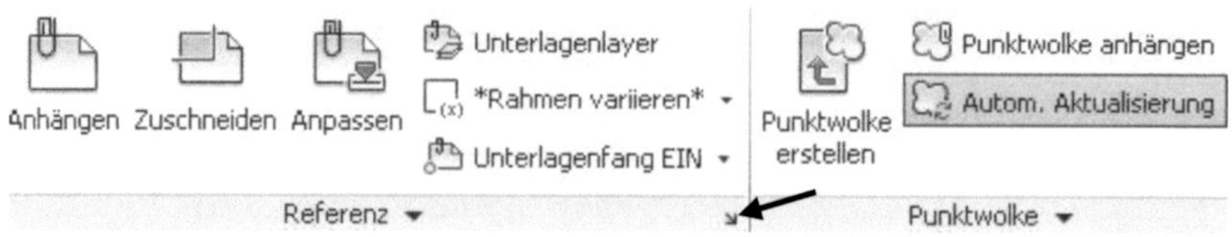

Der Befehl ***Externe Referenzen*** wird über den kleinen Pfeil in der unteren rechten Ecke der Befehlsgruppe ***Referenz*** gestartet. Er verwaltet vorhandene Referenzen, fügt neue hinzu oder zeigt Informationen darüber an.

4.4.1.8 Externe Referenzen in die Zeichnung einfügen

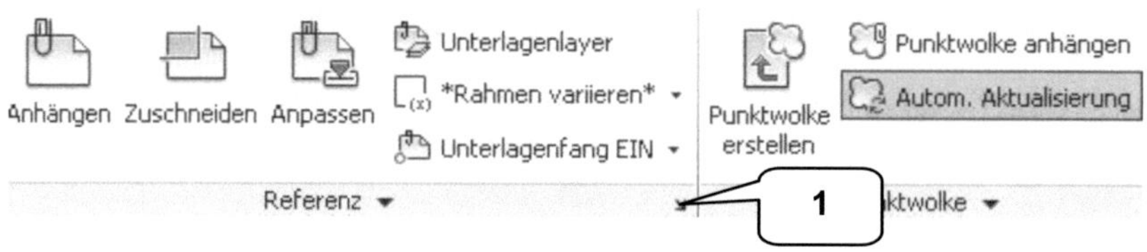

Starten Sie den Befehl ***Externe Referenzen***, öffnen Sie die Option ***DWG zuordnen*** und wählen Sie dann die Zeichnung ***03_00_Fuhrpark.dwg*** aus dem Projektordner. Orientieren Sie sich an den folgenden Abbildungen:

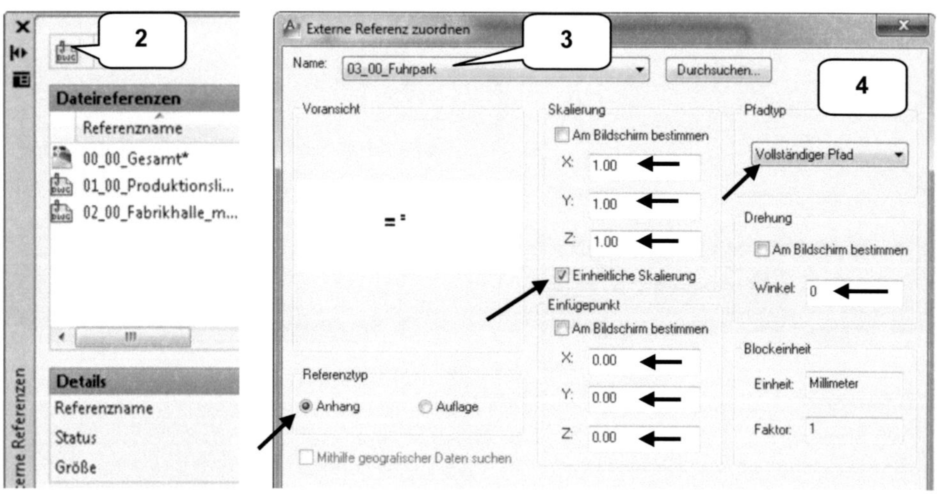

- ***Externe Referenzen*** (1)
- ***DWG-zuordnen*** (2)
- Dateiname: [03_00_Fuhrpark] (3)
- Öffnen
- Optionen übernehmen (4)
- OK

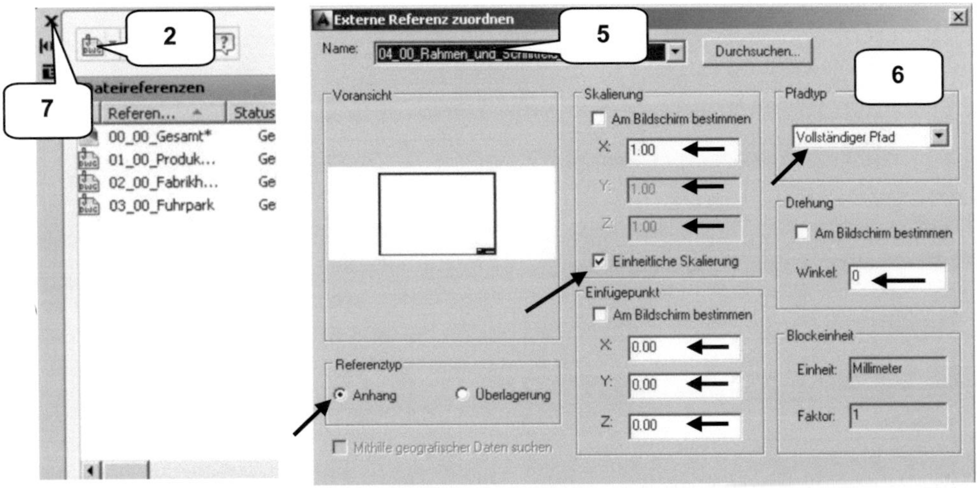

Wiederholen Sie das ***Zuordnen*** und importieren Sie die Referenz ***04_00_Rahmen_und_Schriftfeld_A0.dwg***. Die Zeichnung enthält jetzt alle notwendigen Referenzen, um im Papierbereich ein druckfertiges Layout erzeugen zu können.

- ***DWG-zuordnen*** (2)
- Dateiname: [04_00_Rahmen_und_Schriftfeld_A0] (5)
- Öffnen
- Optionen übernehmen (6)
- OK

Schließen (7) Sie die externen Referenzen, ***speichern*** Sie die Zeichnung (8) und wechseln Sie in den Papierbereich (***Layout 1***) (9).

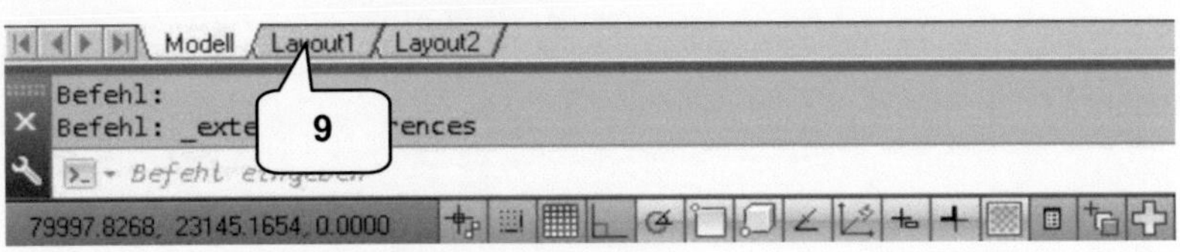

5 Zeichnung für einen Druck auf Papier aufbereiten

5.1 Allgemeine Grundeinstellungen

5.1.1 Layout umbenennen

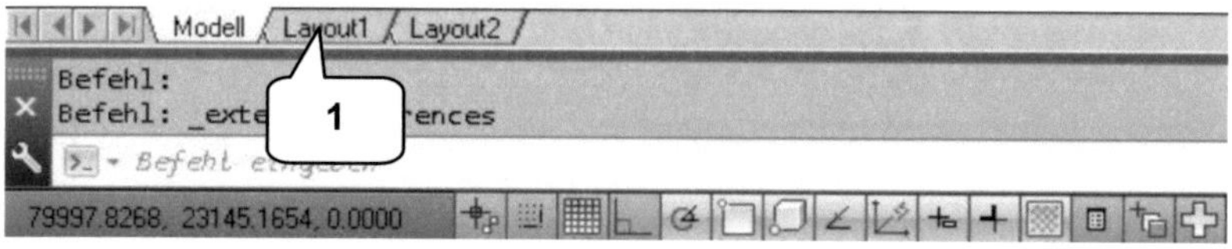

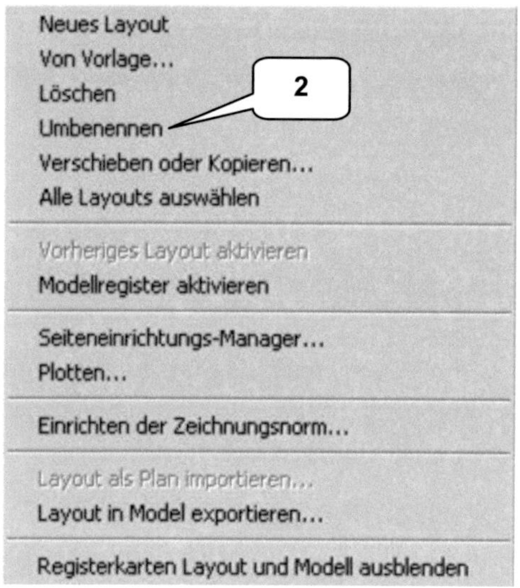

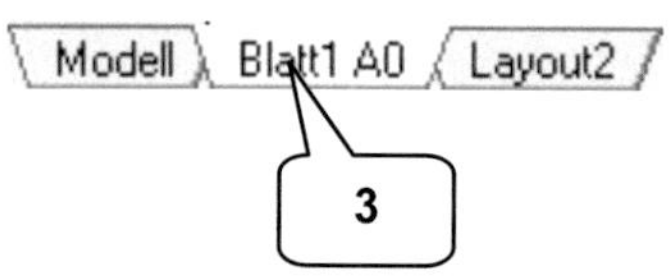

Zeichnungen besitzen einen Modell- und einen Papierbereich. Im Modellbereich wird gezeichnet und konstruiert, im Papierbereich (auch Layoutbereich) wird aus den Daten des Modellbereiches ein druckfertiges Format erzeugt.

Eine Zeichnung kann mehrere Layouts besitzen. Mittels ***rechter Maustaste*** auf ein Layout, können neue Layouts erzeugt, vorhandene gelöscht oder verschoben bzw. umbenannt werden. Die Größe eines Layouts richtet sich nach der Größe des zu bedruckenden Blattes Papier.

Klicken Sie mit der ***rechten Maustaste*** auf die Registerkarte ***Layout1*** und wählen Sie die Option ***Umbenennen***. Die neue Bezeichnung soll ***Blatt1 A0*** lauten.

- ***Rechte Maustaste*** auf ***Layout1*** (1)
- Option: Umbenennen (2)
- Neuer Name: [Blatt1 A0] (3)
- [Enter]

5.1.2 Der Seiteneinrichtungs-Manager

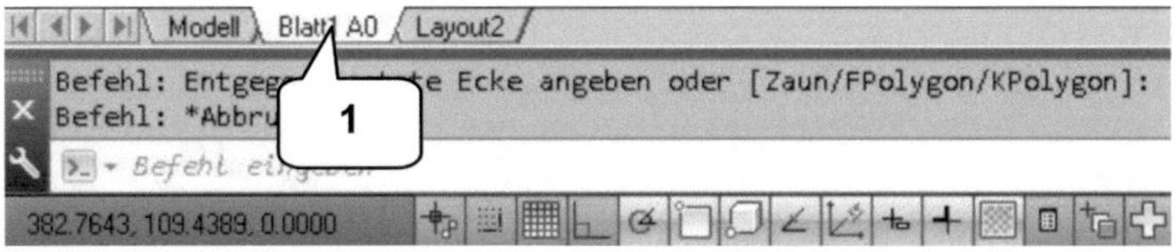

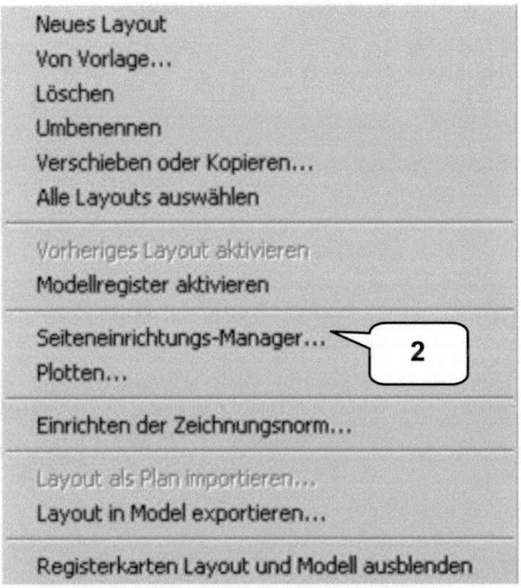

Der ***Seiteneinrichtungs-Manager*** verwaltet alle für den Druck relevanten Einstellungen eines Layouts. Übernehmen Sie die folgenden Änderungen:

- ***Rechte Maustaste*** auf ***Layout1*** (1)
- Option: Seiteneinrichtungs-Manager (2)
- Auswahl: Blatt1 A0 (3)
- Ändern (4)
- Optionen übernehmen (5)
- OK

- Fenster: Seiteneinrichtungs-Manager
- Schließen

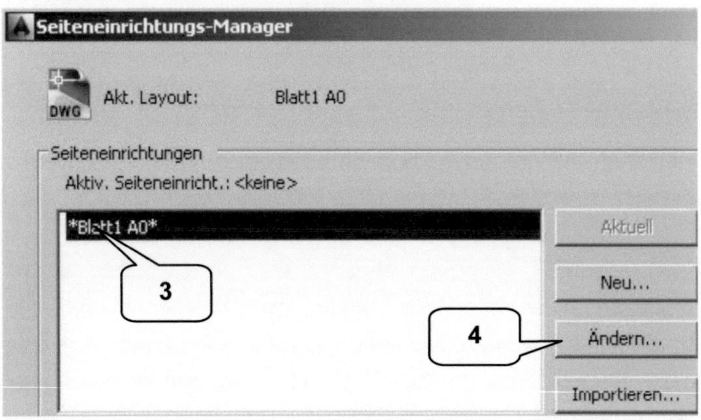

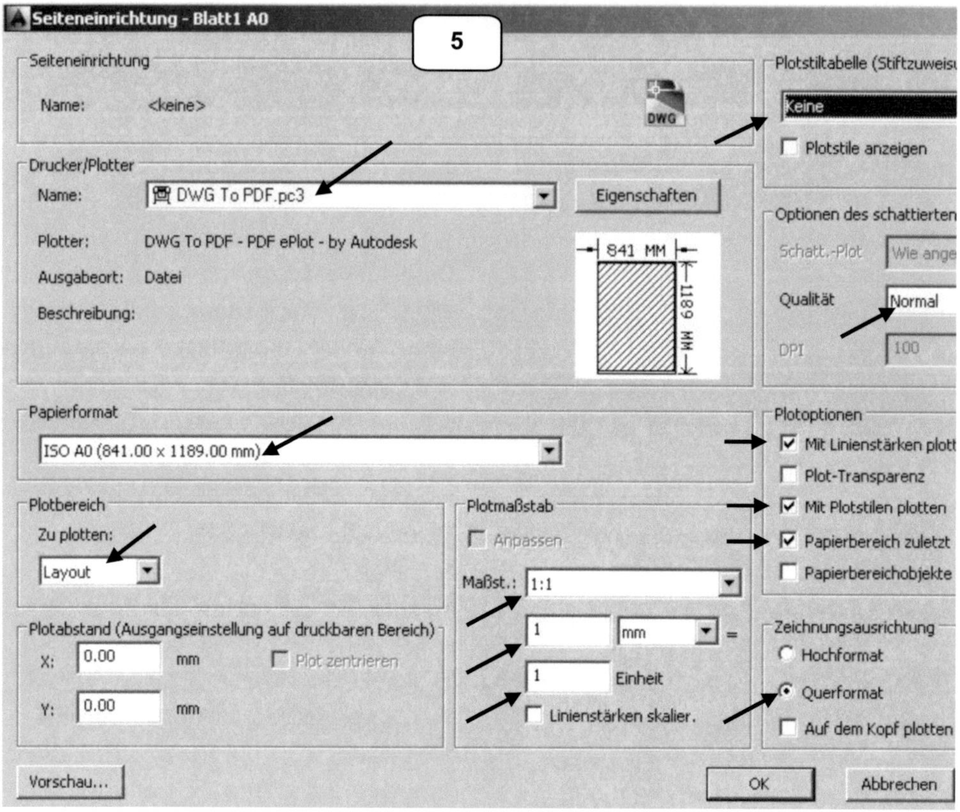

5.1.3 Ansichtsfenster und Ansichtsfenstermaßstab

5.1.3.1 Ansichtsfenster einrichten

Um Inhalte aus dem Modellbereich auf den Layoutbereich übertragen zu können, werden ein (oder mehrere) Ansichtsfenster benötigt. Standardmäßig beinhaltet jedes Layout bereits ein solches Ansichtsfenster.

Nachdem der Papierbereich auf die Größe ***A0*** geändert wurde, muss das bereits vorhandene Ansichtsfenster ebenfalls angepasst werden. Markieren Sie das vorhandene Ansichtsfenster durch einen (einfachen) Klick auf dessen Rand (1). Ziehen Sie den kleinen blauen Punkt der oberen rechten Ecke des Ansichtsfensters (2) bis zur dargestellten Position (3). Ziehen Sie anschließend den in der unteren linken Ecke befindlichen Punkt (4) bis zur dargestellten Position (5). Das Ansichtsfenster sollte jetzt in etwa auf der gestrichelten Linie liegen.

HINWEIS: Markieren Sie das Ansichtsfenster nur durch einen einfachen Klick mit der linken Maustaste auf den Rand des Ansichtsfensters. Per Doppelklick gelangen Sie in den Modellbereich und können den Ansichtsinhalt unbeabsichtigt verschieben oder bearbeiten.

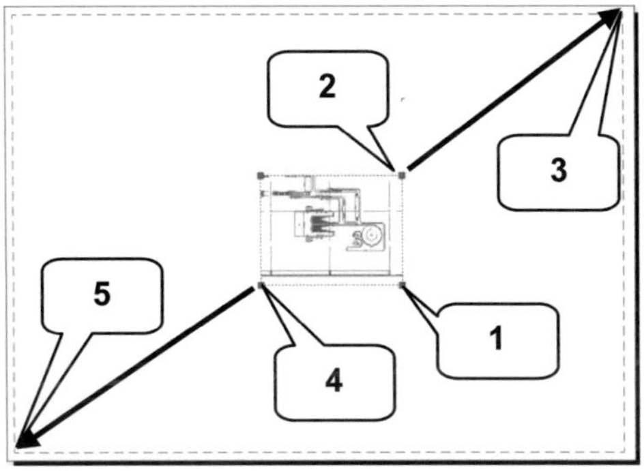

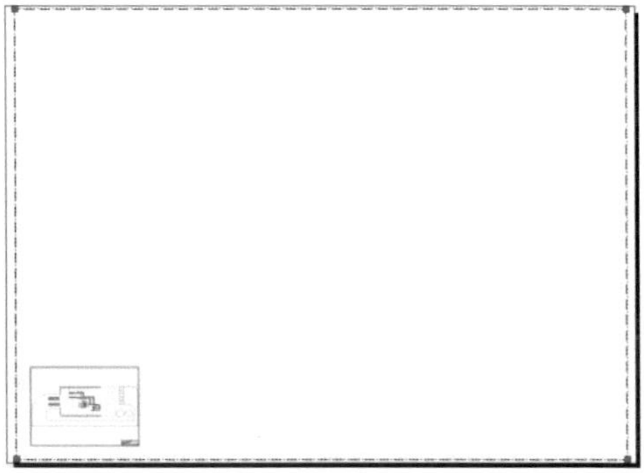

- Ansichtsfenster am Rand markieren (1)
- Punkt oben rechts des Ansichtsfensters (2) auf Punkt oben rechts des gestrichelten Rechtecks (3) ablegen
- Punkt unten links des Ansichtsfensters (4) auf Punkt unten links des gestrichelten Rechtecks (5) ablegen
- [Esc]

5.1.3.2 Ansichtsfenstermaßstab anpassen

Sollte das Ansichtsfenster nicht mehr aktiv sein (die vier blauen Punkte sind dann nicht mehr zu sehen), klicken Sie bitte erneut mit der linken Maustaste einmalig darauf. In der unteren Werkzeugleiste auf der rechten Seite erscheint der Ansichtsfenstermaßstab (1). Klicken Sie darauf und wählen Sie die Option ***Benutzerdefiniert***. Im neuen Fenster ***Zeichnungsmaßstäbe bearbeiten*** ist die Option ***Hinzufügen*** zu verwenden.

Tragen Sie im Fenster ***Maßstab hinzufügen*** als Namen die Bezeichnung [1:110], als Wert für die Papiereinheiten [1] und als Wert der Zeichnungseinheiten [110] ein. Nachdem das Fenster durch OK bestätigt wurde, erscheint der neue Maßstab in der Auswahlliste und kann dort aktiviert werden. Bestätigen Sie auch dieses Fenster durch OK.

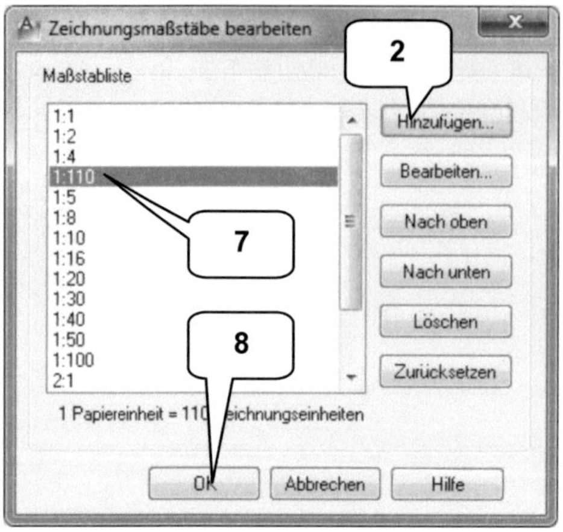

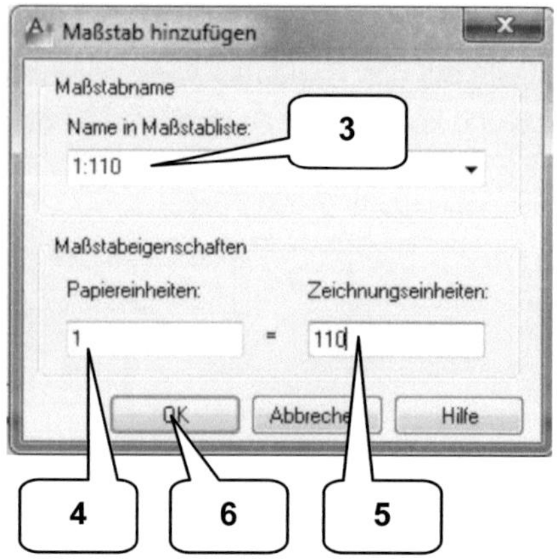

- **_Ansichtsfenstermaßstab_** (1)
- Option: Benutzerdefiniert
- Hinzufügen (2)
- Name in Maßstabsliste: [1:110] (3)
- Papiereinheiten: [1] (4)
- Zeichnungseinheiten: [110] (5)
- OK (6)

- Fenster: Ansichtsfenstermaßstab
- [1:110] aktivieren (7)
- OK (8)

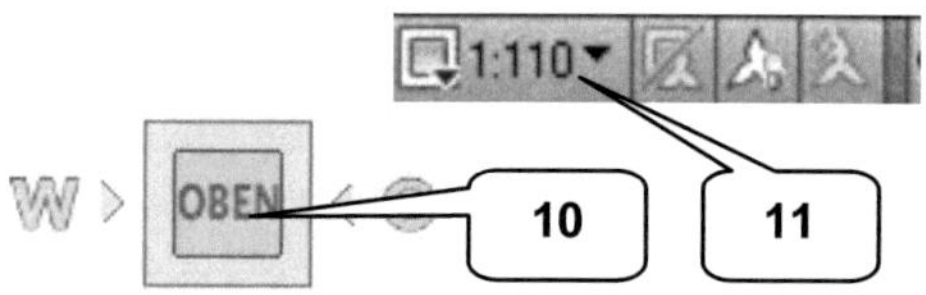

Die Ansicht auf dem Zeichenblatt muss zentriert und dem neuen Maßstab zugewiesen werden. Klicken Sie auf den Befehl ***Papier*** im unteren rechten Bereich des Programms, wählen Sie dann am ***ViewCube*** die Ansicht ***OBEN*** und stellen Sie im Auswahlmenü des Ansichtsfenstermaßstabes den neuen Maßstab ein. Mit dem Befehl ***Modell*** gelangen Sie wieder zurück in den Layoutbereich.

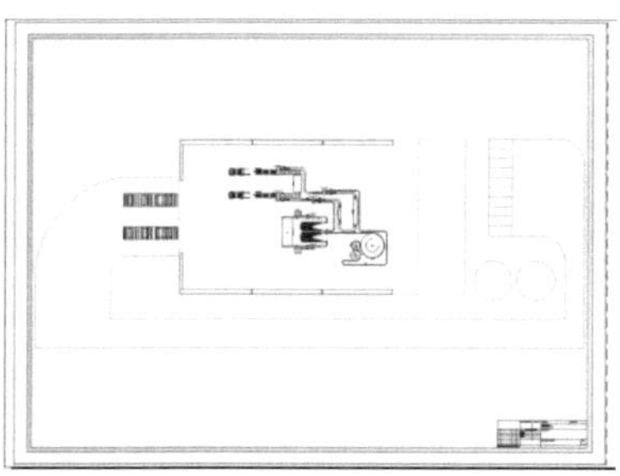

- ***Papier*** wählen (9)
- ***ViewCube-Ansicht: OBEN*** (10)
- Maßstab [1:110] aktivieren (11)
- ***Modell*** wählen (12)

5.1.4 Zeichnung beschriften

5.1.4.1 Layer: Beschriftung

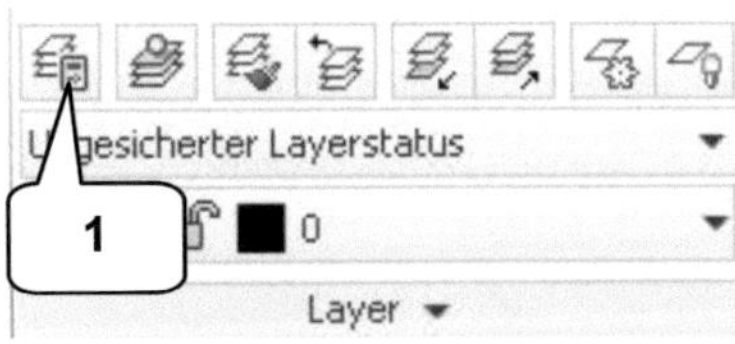

Starten Sie den ***Layereigenschaften-Manager*** (Register ***Start***) und erstellen Sie einen neuen Layer ***Beschriftung*** mit den folgenden Eigenschaften:

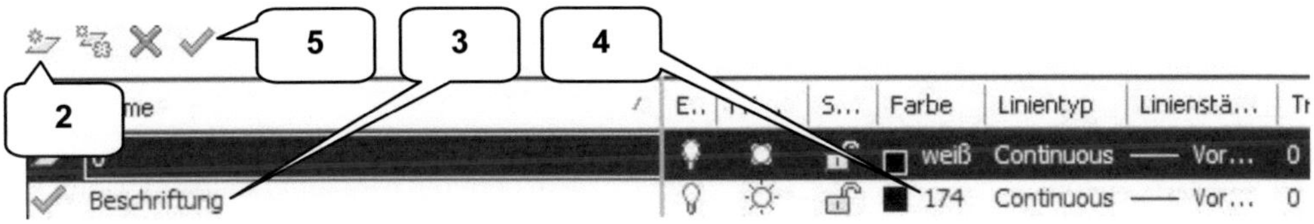

- ***Layereigenschaften-Manager*** (1)
- Neuer Layer (2)
- Name: [Beschriftung] (3)
- Farbe: [174] (4)
- Layer aktivieren (5)
- Layereigenschaften schließen

5.1.4.2 Schriftkopf der Zeichnung mit Textinhalten versehen

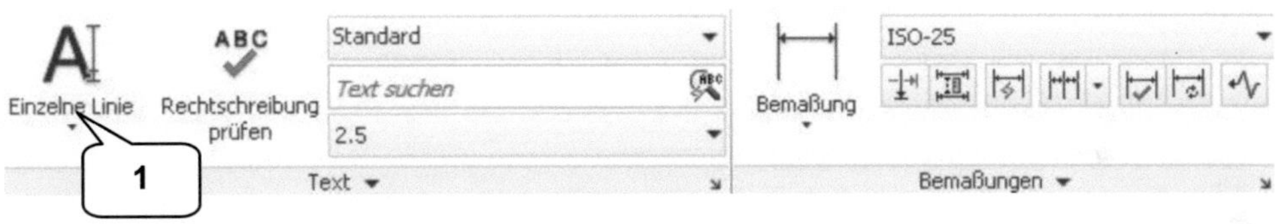

Der Schriftkopf der Zeichnung ist zu vervollständigen. Wechseln Sie ins Register ***Beschriften*** und starten Sie den Befehl ***Einzelne Zeile***.

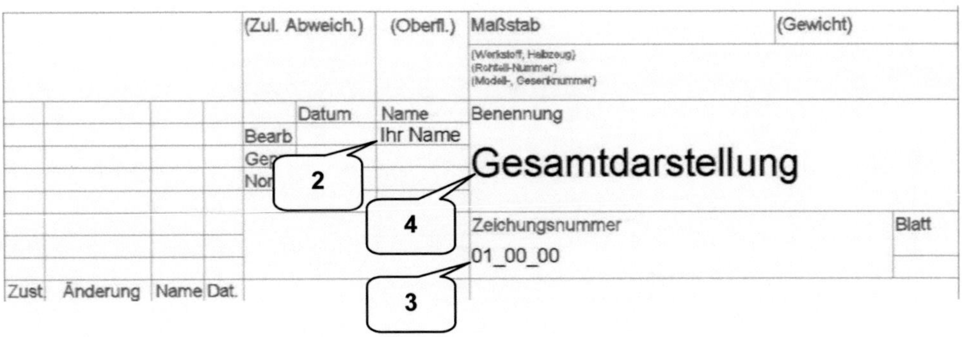

- Einzelne Zeile (1)
- Startpunkt festlegen (2)
- Höhe: [2.5] mm
- [Enter]
- Drehwinkel: [0] Grad
- [Enter]
- Bezeichnung: [Ihr Name]
- [Enter] > [Enter]

- ***Einzelne Zeile*** (1)
- Startpunkt festlegen (3)
- Höhe: [2.5] mm
- [Enter]
- Drehwinkel: [0] Grad
- [Enter]
- Bezeichnung: [01_00_00]
- [Enter] > [Enter]

- ***Einzelne Zeile*** (1)
- Startpunkt festlegen (4)
- Höhe: [5] mm
- [Enter]
- Drehwinkel: [0] Grad
- [Enter]
- Bezeichnung: [Gesamtdarstellung]
- [Enter] > [Enter]

Fügen Sie weitere Beschriftungen hinzu. Ergänzen Sie im Textfeld ***Maßstab*** den Wert [1:110] und im Textfeld ***Blatt*** den Wert [1]. Wurde ein Text falsch positioniert, kann er jederzeit nachträglich verändert werden. Hierfür klicken Sie den Text einmal mit der linken Maustaste an und verschieben diesen dann bei gedrückter linker Maustaste auf die gewünschte Position.

5.1.4.3 Die einzelnen Bereiche beschriften

Fügen Sie den Bereichen der Fabrik jeweils eine Textüberschrift hinzu. Verwenden Sie den Befehl ***Einzelne Zeile*** mit einer Schrifthöhe [5] mm sowie die folgenden Bezeichnungen:

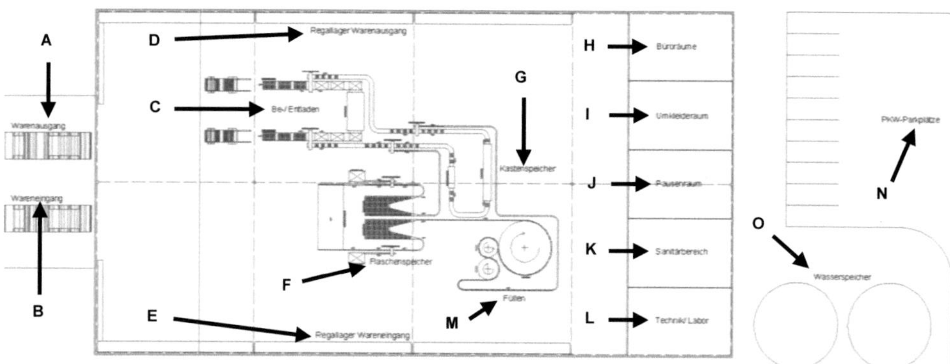

- A) [Warenausgang]
- B) [Wareneingang]
- C) [Be-/ Entladen]
- D) [Regallager WA]
- E) [Regallager WE]
- F) [Flaschenspeicher]
- G) [Kastenspeicher]
- H) [Büroräume]
- I) [Umkleideraum]
- J) [Pausenraum]
- K) [Sanitärbereich]
- L) [Technik/ Labor]
- M) [Füllen]
- N) [PKW-Parkplätze]
- O) [Wasserspeicher]

5.2 ZEICHNUNG & BESCHRIFTUNG > Register: BESCHRIFTEN

5.2.1 Befehlsgruppe: BEMASSUNGEN

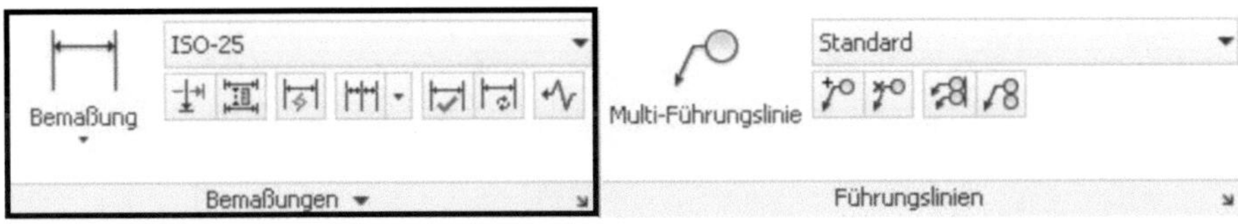

Die Befehlsgruppe ***Bemaßungen*** beinhaltet diverse Bemaßungsbefehle. Je nach Objekttyp können Bemaßungen erstellt, erweitert oder bearbeitet werden.

5.2.1.1 Befehlsgrundlagen: Linearbemaßung

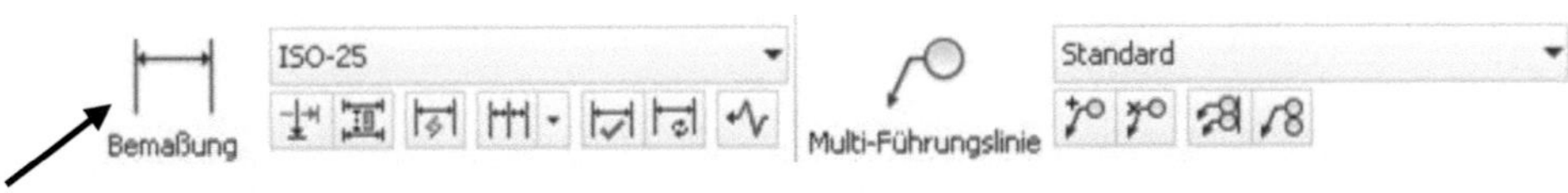

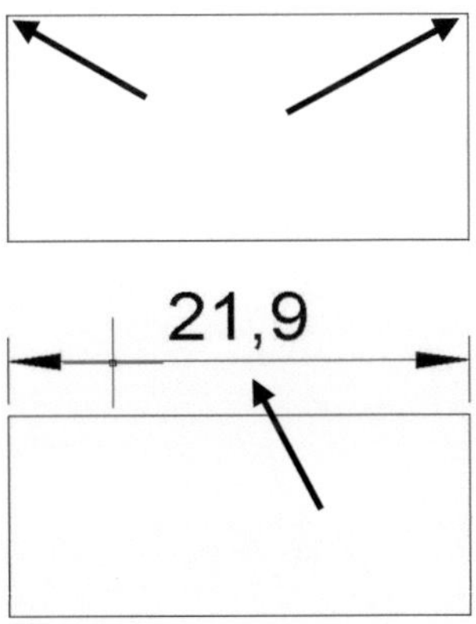

FUNKTION

- Erstellt eine lineare Bemaßung zwischen zwei Punkten

OPTIONEN

- [Mtext]: Mehrzeiliger Bemaßungstext
- [Text]: Texteingabe
- [Winkel]: Winkeleingabe für Maßtext
- [Horizontal]: Linearbemaßung horizontal
- [Vertikal]: Linearbemaßung vertikal

5.2.1.2 Abstand der ersten beiden Hallenpfeiler bemaßen

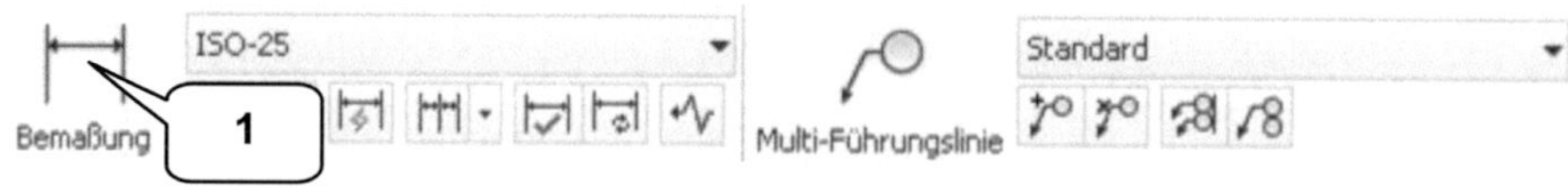

Die erste Bemaßung soll den Abstand der ersten beiden Hallenpfeiler (oben links) darstellen. Bemaßt werden soll der Schnittpunkt der gestrichelten Linien mit den Pfeiler-Rechtecken. Orientieren Sie sich an den folgenden Abbildungen.

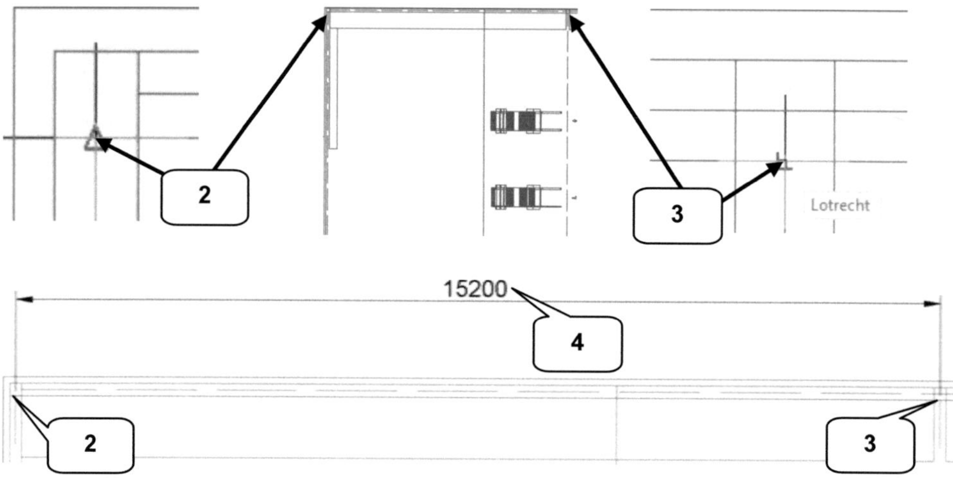

- **Linearbemaßung** (1)
- Startpunkt wählen (2)
- Endpunkt wählen (3)
- Maßtext ablegen (4)

5.2.1.3 Befehlsgrundlagen: Weiter (Bemaßung)

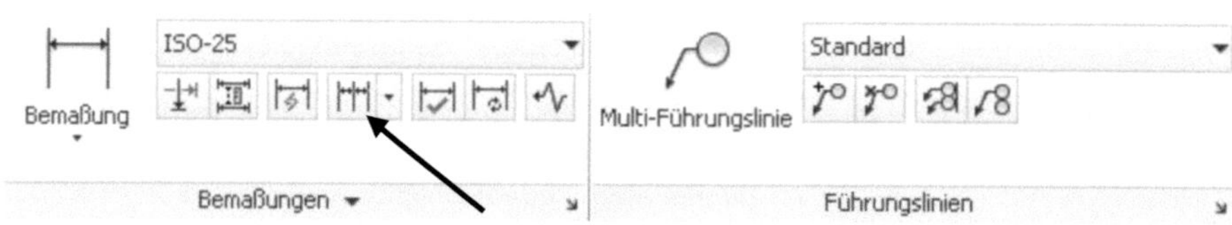

Der Befehl ***Weiter*** fügt der zuletzt erzeugten Bemaßung weitere Referenzpunkte hinzu und erzeugt somit eine Kettenbemaßung.

5.2.1.4 Linearbemaßung der ersten beiden Hallenpfeiler fortsetzen

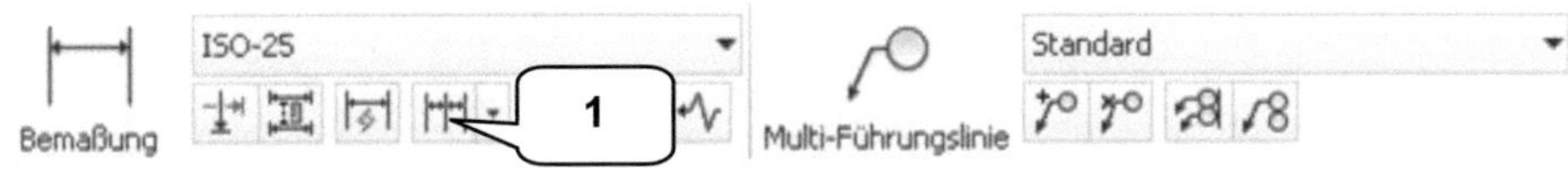

Um das zuletzt erzeugte Maß erweitern zu können, starten Sie den Befehl ***Weiter*** und wählen Sie die folgenden drei markierten Referenzpunkte (jeweils der Schnittpunkt zwischen den gestrichelten Linien und den Rechtecken).

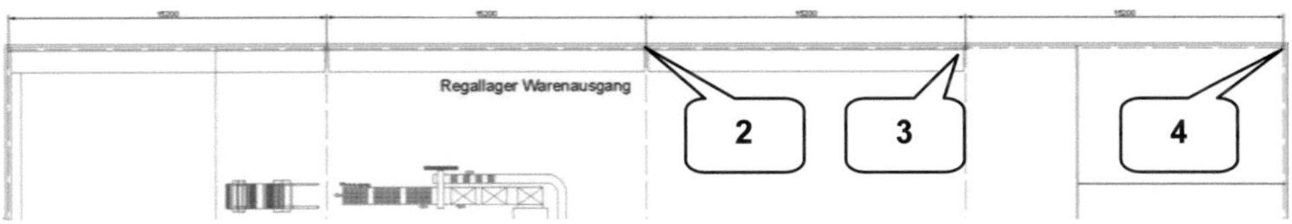

- ***Weiter*** (1)
- Markierten Schnittpunkt zwischen der gestrichelten Linie und dem Rechteck wählen (2)
- Markierten Schnittpunkt wählen (3)
- Markierten Schnittpunkt wählen (4)
- [Esc]

5.2.1.5 Befehlsgrundlagen: Radiusbemaßung

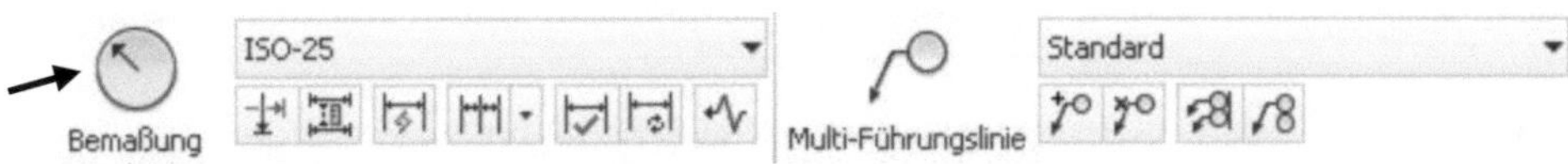

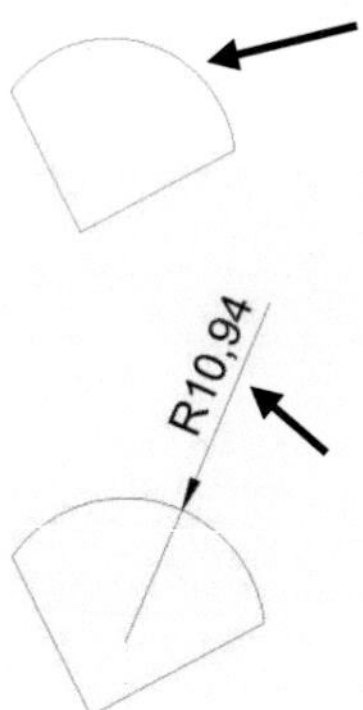

FUNKTION

- Erzeugt eine Radiusbemaßung an einem Bogen/ Kreis

OPTIONEN

- [Mtext]: Mehrzeiliger Bemaßungstext
- [Text]: Texteingabe
- [Winkel]: Winkeleingabe für Maßtext

5.2.1.6 Wasserspeicher (links) mit Radiusbemaßung versehen

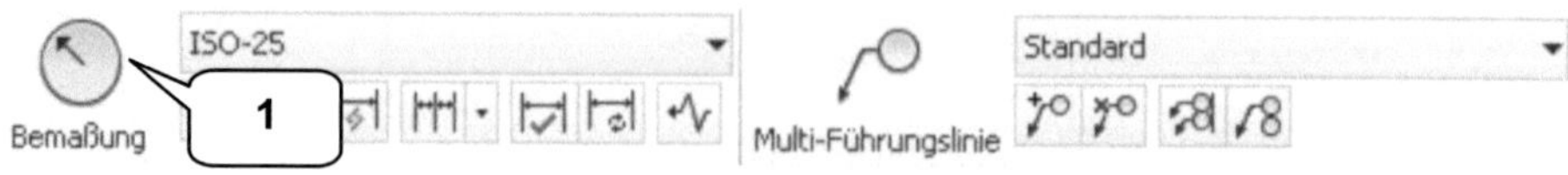

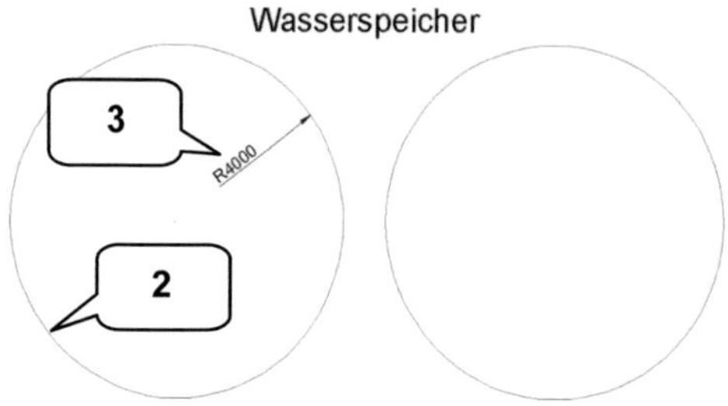

Starten Sie den Befehl **_Radiusbemaßung_**, wählen Sie den linken Kreis und legen Sie den Maßtext auf der markierten Position ab.

- **_Radiusbemaßung_** (1)
- Kreis wählen (2)
- Maßtext an Position (3) ablegen

5.2.1.7 Befehlsgrundlagen: Durchmesserbemaßung

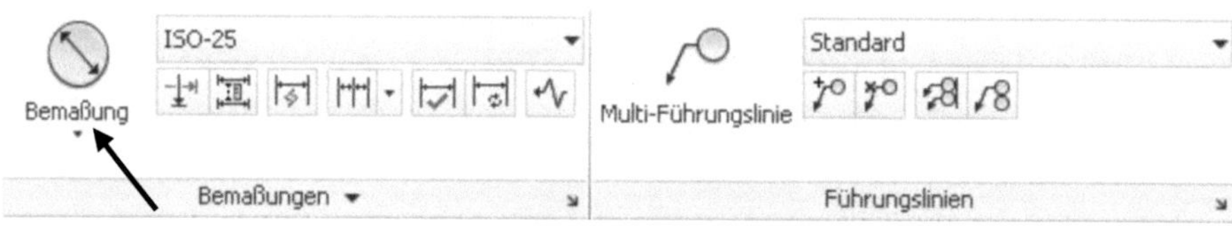

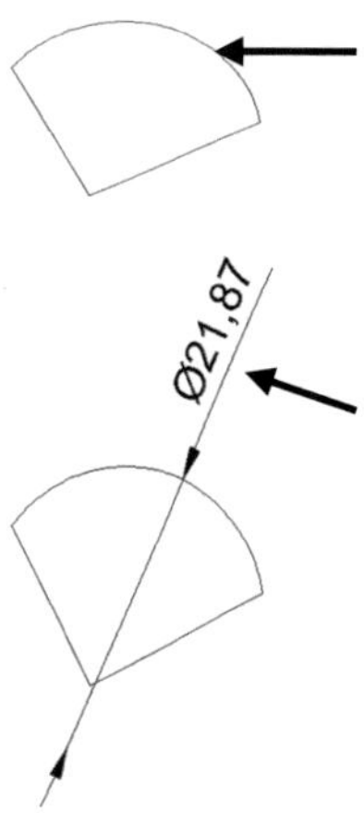

FUNKTION

- Erzeugt eine Durchmesserbemaßung an einem Bogen/ Kreis

OPTIONEN

- [Mtext]: Mehrzeiliger Bemaßungstext
- [Text]: Texteingabe
- [Winkel]: Winkeleingabe für Maßtext

5.2.1.8 Wasserspeicher (rechts) mit Durchmesserbemaßung versehen

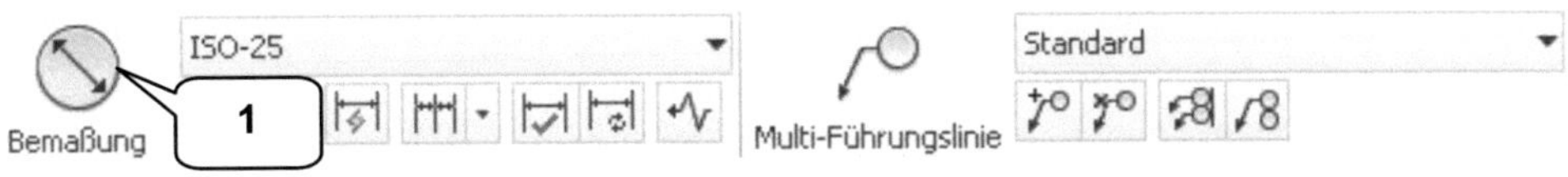

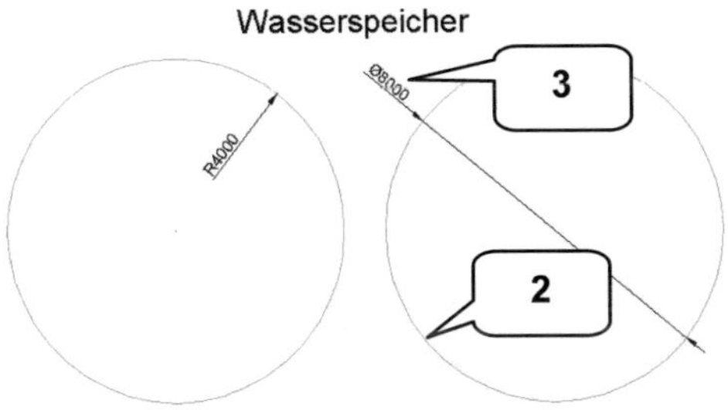

Starten Sie den Befehl ***Durchmesser-bemaßung*** und folgen Sie der Befehlskette:

- ***<u>Durchmesserbemaßung</u>*** (1)
- Kreis (2) wählen
- Maßtext an Position (3) ablegen

5.2.1.9 Befehlsgrundlagen: Zentrumsmarkierung

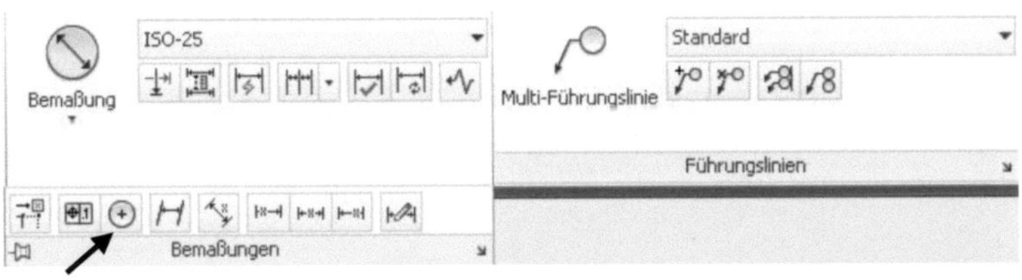

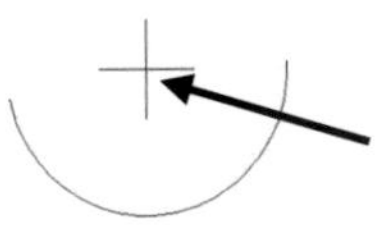

FUNKTION

- Fügt einem Bogen oder Kreis eine Mittelpunktmarkierung hinzu

5.2.1.10 Zentren der Wasserspeicher markieren

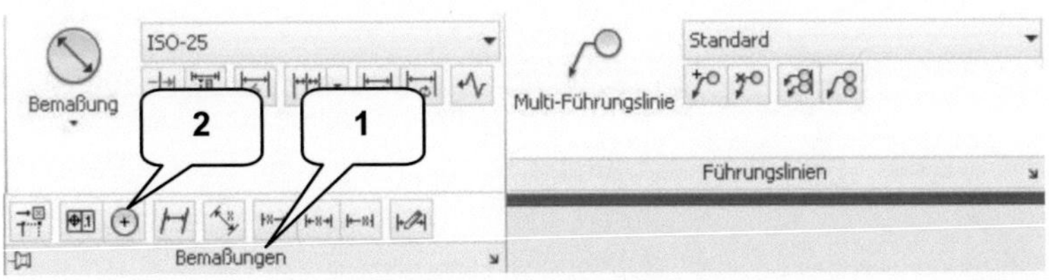

Erweitern Sie die Befehlsgruppe ***Bemaßungen***, starten Sie den Befehl ***Zentrumsmarkierung*** und fügen Sie beiden Kreisen nacheinander Mittelpunktmarkierungen hinzu.

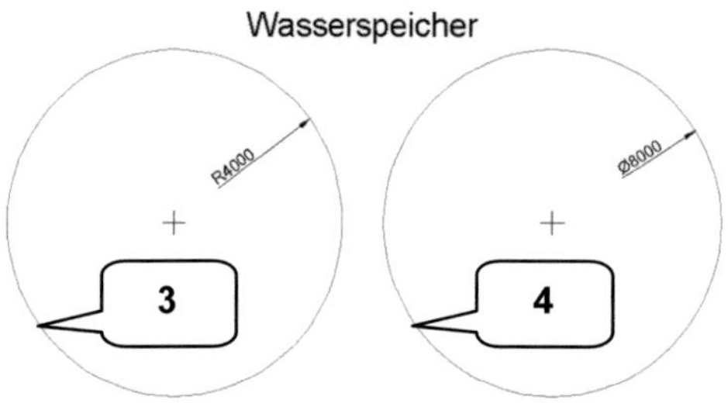

- Befehlsgruppe ***Bemaßungen*** erweitern (1)
- ***Zentrumsmarkierung*** (2)
- Linken Kreis (3) wählen

- ***Zentrumsmarkierung*** (2)
- Rechten Kreis (4) wählen

5.2.2 Befehlsgruppe: FÜHRUNGSLINIEN

Führungslinien sind Textwerkzeuge, kombiniert mit Linien und Umrandungen. Sie können einzeln dargestellt oder gruppiert werden.

5.2.2.1 Befehlsgrundlagen: Multi-Führungslinie

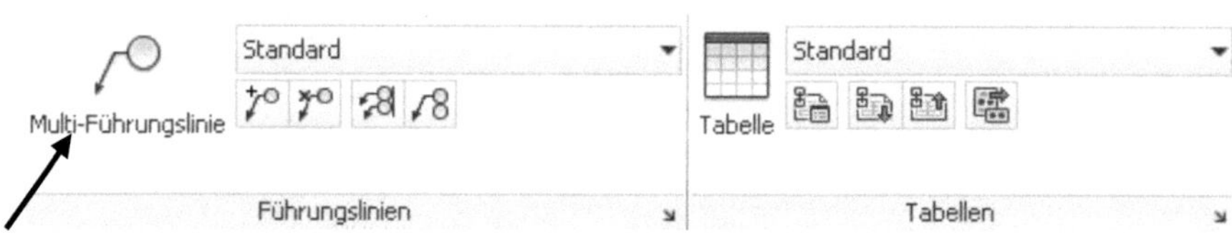

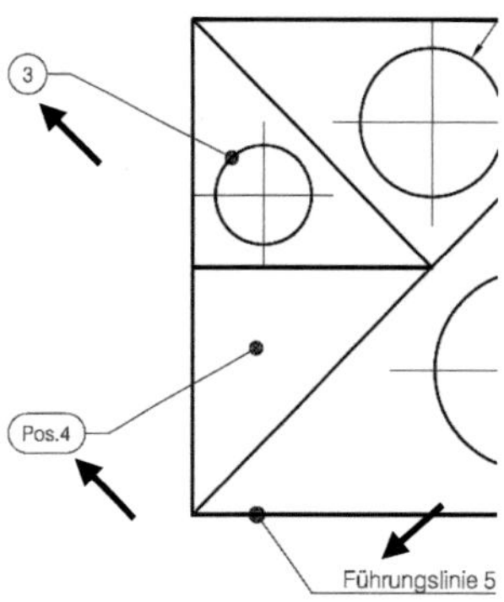

FUNKTION

- Erstellt einen Text mit Umrandung und Führungslinie

OPTIONEN

- [Führungslinienverlängerung zuerst]: Voreinstellung
- [Inhalt zuerst]: Definierte Voreinstellung
- [Optionen]: Hinweistext

5.2.2.2 Weitere Bereiche durch Führungslinien kennzeichnen

Starten Sie den Befehl ***Multi-Führungslinie*** und erzeugen Sie nacheinander die folgenden Texthinweise:

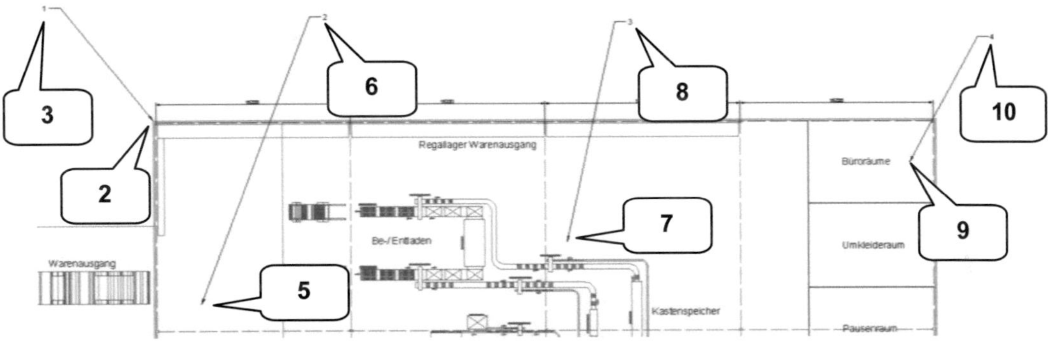

- ***Multi-Führungslinie*** (1)
- Startpunkt der Linie: (2)
- Text an Position (3) ablegen
- Register: Texteditor
- Texthöhe: [5] mm (4)
- Text: [1] eingeben
- Texteditor schließen

- ***Multi-Führungslinie*** (1)
- Startpunkt der Linie: (5)
- Text an Position (6) ablegen
- Register: Texteditor
- Texthöhe: [5] mm (4)
- Text: [2] eingeben
- Texteditor schließen

- ***Multi-Führungslinie*** (1)
- Startpunkt der Linie: (7)
- Text an Position (8) ablegen
- Register: Texteditor
- Texthöhe: [5] mm (4)
- Text: [3] eingeben
- Texteditor schließen

- ***Multi-Führungslinie*** (1)
- Startpunkt der Linie: (9)
- Text an Position (10) ablegen
- Register: Texteditor
- Texthöhe: [5] mm (4)
- Text: [4] eingeben
- Texteditor schließen

5.2.2.3 Befehlsgrundlagen: Ausrichten

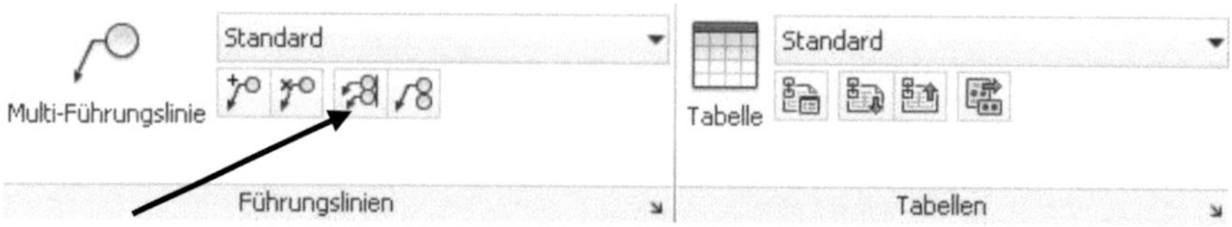

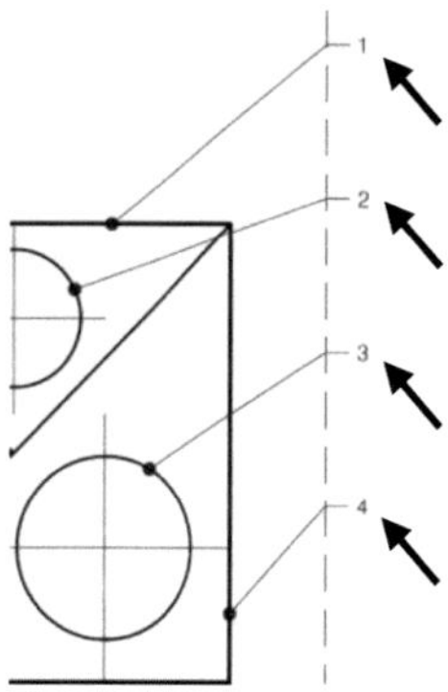

FUNKTION

- Richtet mehrere Führungslinien aneinander aus

OPTIONEN

- [Verteilen]: Gleichmäßiges Verteilen zwischen zwei Punkten (Eingabeaufforderung)
- [Führungsliniensegmente parallel machen]: Ausrichten nach einer gewählten Führungslinie
- [Abstand angeben]: Abstand zwischen Text und Führungslinien definieren

5.2.2.4 Führungslinien horizontal ausrichten

Die Führungslinien können jetzt ausgerichtet werden. Starten Sie den Befehl ***Ausrichten*** und folgen Sie der Befehlskette:

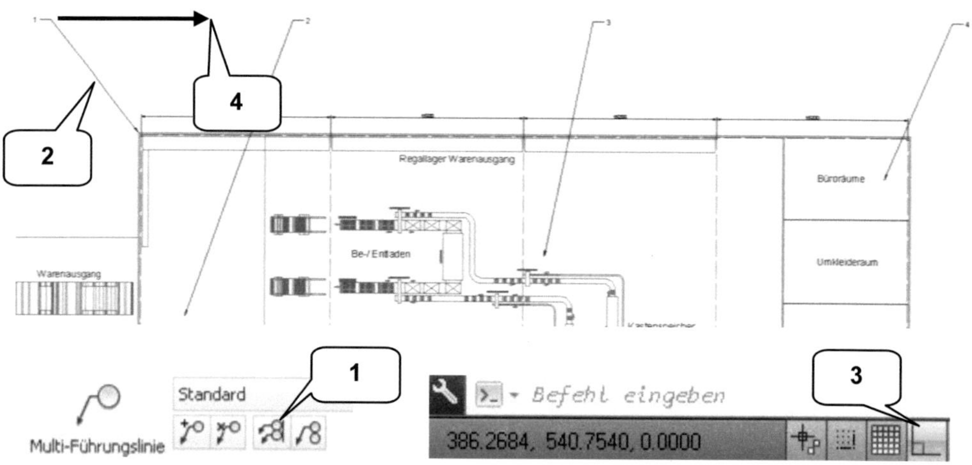

- ***Ausrichten*** (1)
- Alle vier Führungslinien markieren
- [Enter]
- 1. Führungslinie wählen (2)
- ***Ortho-Modus*** aktivieren (3)
- Maus nach rechts ziehen und auf einen beliebigen Punkt klicken (4)
- ***Ortho-Modus*** deaktivieren (3)

5.2.2.5 Befehlsgrundlagen: Führungslinie hinzufügen

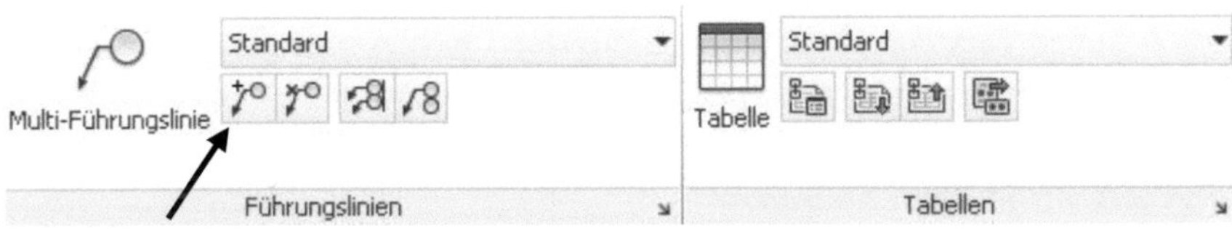

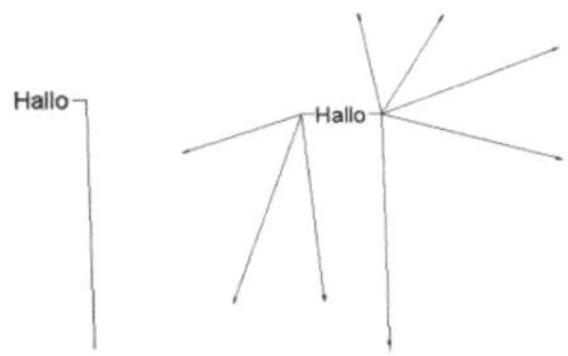

FUNKTION

- Fügt einer vorhandenen Führungslinie weitere Führungslinien hinzu

5.2.2.6 Erweitern einer vorhandenen Führungslinie

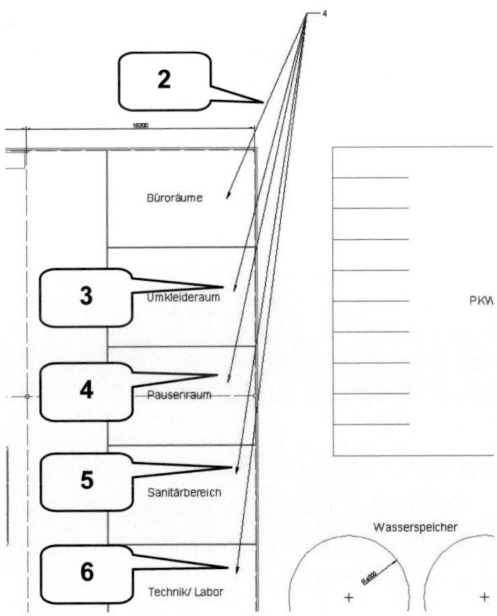

Um die letzte Führungslinie um vier weitere Linien erweitern zu können, starten Sie den Befehl ***Führungslinie hinzufügen*** und folgen danach der Befehlskette:

- ***Führungslinie hinzufügen*** (1)
- Letzte Führungslinie (2) wählen
- Auf Punkt (3) klicken
- Auf Punkt (4) klicken
- Auf Punkt (5) klicken
- Auf Punkt (6) klicken
- [Esc]

5.2.3 Befehlsgruppe: TABELLEN

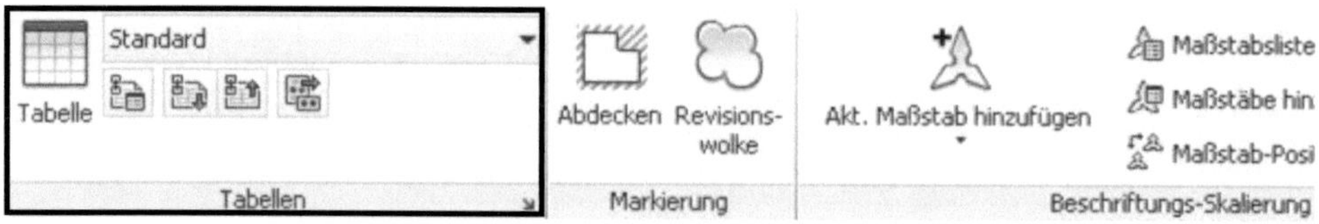

Die Befehlsgruppe ***Tabellen*** erzeugt und bearbeitet Tabellen oder richtet einen Datenaustausch mit einer externen Datenquelle (z.B. Excel-Tabelle) ein.

5.2.3.1 Befehlsgrundlagen: Tabelle

FUNKTION

- Erstellt ein leeres Tabellenobjekt

OPTIONEN

- [Tabellenstil]: Zellenformatierung
- [Einfügeoptionen]: Tabellenquelle
- [Einfügeverhalten]: Platzierungsfestlegung
- [Spalten- und Zeileneinstellungen]: Größe und Anzahl der Zellen vordefinieren
- [Zellenstile festlegen]: Grundeinstellung der Zellen

5.2.3.2 Einfügen einer tabellarischen Legende

Die Positionsnummern der Führungslinien (1...4) müssen mit einer Legende versehen werden, welche die Nummerierungen erläutert. Starten Sie den Befehl ***Tabelle*** und erzeugen Sie eine Tabelle mit zwei Spalten (Spaltenbreite: 85 mm) und neun Zeilen (Zeilenhöhe: 1 Zeile). Der Inhalt dieser Tabelle kann anschließend ergänzt werden.

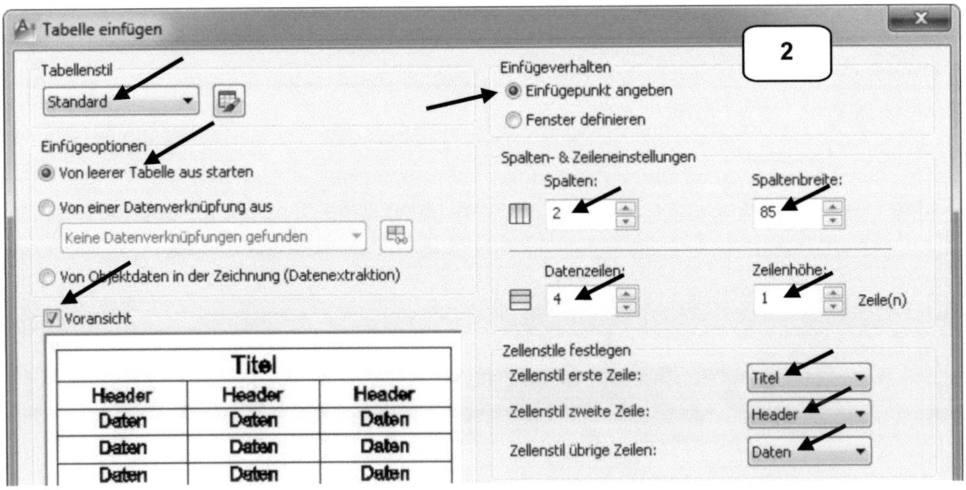

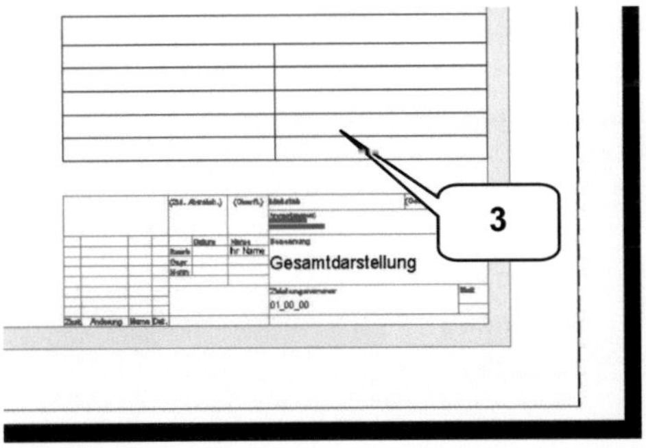

- ***Tabelle*** (1)
- Einstellungen übernehmen (2)
- OK
- Tabelle oberhalb des Zeichnungsschriftfeldes auf Position (3) ablegen
- [Esc]

HINWEIS: Verwenden Sie den Befehl ***Verschieben*** (Register ***Start*** > Befehlsgruppe ***Einfügen***), um die Tabelle bündig oberhalb des Zeichnungsschriftfeldes anzuordnen.

5.2.3.3 Tabelle formatieren und mit Textinhalten füllen

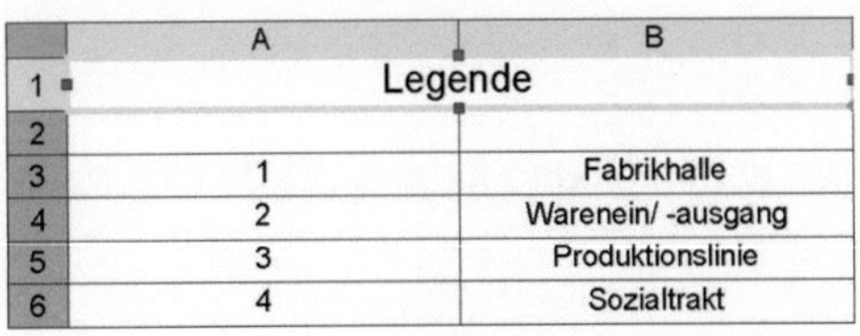

	A	B
1	Legende	
2		
3	1	Fabrikhalle
4	2	Warenein/ -ausgang
5	3	Produktionslinie
6	4	Sozialtrakt

4

Übernehmen Sie Inhalte der nebenstehenden Abbildung (4). Um eine Zelle bearbeiten zu können, muss diese mit einem Doppelklick aktiviert werden. Zwischen den einzelnen Zellen können Sie (während der Bearbeitung) mit den Pfeiltasten der Tastatur wechseln.

Richten Sie die Position jeder Zelle mit der Ausrichtung ***Mitte-Zentrum*** (5) aus und beenden Sie die Bearbeitung der Tabelle anschließend mit ***Texteditor schließen***.

5.2.3.4 Drucken der Zeichnung im PDF-Format

Starten Sie den Befehl ***Plot***. Prüfen Sie noch einmal die korrekten Einstellungen der Seiteneinrichtung. Als Plotter ist der PDF-Drucker ***DWG To PDF.pc3*** zu verwenden. Dieser wird aus dem Layout eine PDF-Datei erzeugen. Prüfen Sie vorab das korrekte Druckbild über die [Vorschau...] ***Vorschau*** und ***starten*** Sie anschließend den Druckbefehl.

- ***Plot*** (6)
- [Vorschau...] Vorschau
- [Esc]
- [OK]
- Dateiname: [00-00-Gesamt-Blatt1-A0]
- Dateityp: *.pdf
- Speicherort: Projektordner wählen
- [Speichern]

Die PDF-Datei kann danach im Projektordner mit einem PDF-Reader geöffnet werden. Um die Datei aus AutoCAD® heraus auf Papier auszudrucken, starten Sie im Programm erneut den Befehl ***Plot***. Suchen Sie aus der Liste (***Drucker/ Plotter*** > ***Name***) Ihren am PC angeschlossenen Drucker heraus und passen Sie die Druckgröße der Zeichnung (***Drucker/ Plotter*** > ***Eigenschaften***) an diesen Drucker an (z.B. Format A4). Bitte beachten Sie, dass der Seitenbereich der Zeichnung (A0) auf den Seitenbereich der Papiergröße (z.B. A4) angepasst werden muss.

Das Übungsprojekt ***Fabrikplanung*** wurde mit der letzten Übung für den 2D-Bereich fertiggestellt, der 2D-Bereich kann damit verlassen werden.

Speichern (7) und schließen Sie die Zeichnung abschließend.

6 Fabrikplanung im 3D-Bereich

6.1 Erste Schritte im Bereich 3D-GRUNDLAGEN

6.1.1 Erstellen einer neuen 3D-Gesamtzeichnung

Eine 3D-Visualisierung soll einen räumlichen Einblick in die Platzverhältnisse des Planungsobjektes bringen. Erzeugen Sie hierfür eine neue Datei und speichern Sie diese als ***00_00_Gesamt-3D.dwg*** ab.

- ***Neu*** (1)
- Vorlage: acadiso.dwt
- Öffnen

- ***Speichern*** (2)
- Dateiname: [00_00_Gesamt-3D]
- Dateityp: *.dwg
- Speichern

6.1.2 Der Arbeitsbereich: 3D-GRUNDLAGEN

6.1.2.1 Basiszeichnung für Maschinen der Produktionslinie einfügen

Verlassen Sie den aktuellen 2D-Arbeitsbereich und wechseln Sie in den Arbeitsbereich ***3D-Grundlagen*** (1).

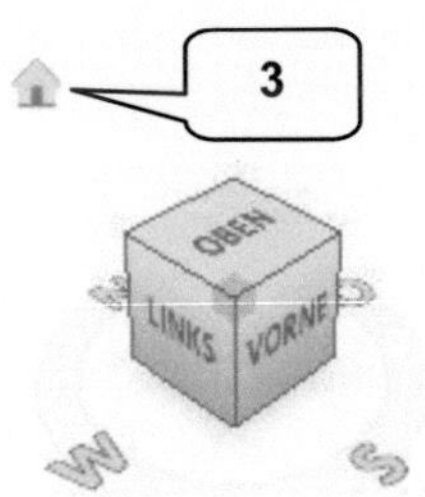

Die Grundlage für die 3D-Planung soll eine bereits vorgefertigte Zeichnung bieten. Wechseln Sie ins Register ***Einfügen*** (2) und importieren Sie die Zeichnung:

- ***01_00_Produktionslinie_Maschinen-3D.dwg***

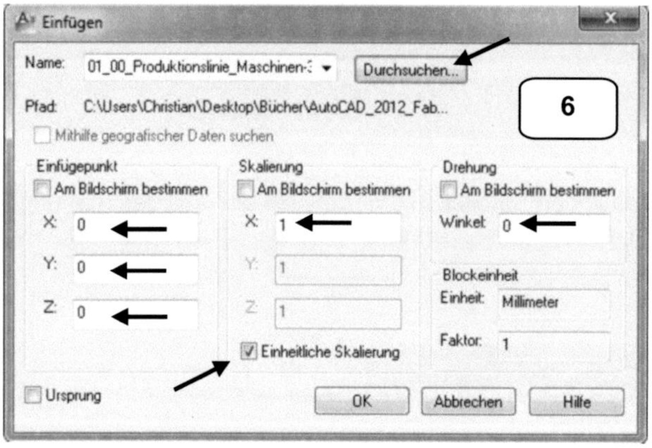

- ***Einfügen*** (4)
- Durchsuchen...
- Dateiname: [01_00_Produktionslinie_ Maschinen-3D.dwg]
- Einstellungen (6) übernehmen
- OK

Klicken Sie anschließend auf das kleine ***Haus-Symbol*** am ***ViewCube*** (3) um die Ansicht isometrisch auszurichten.

6.1.2.2 Layer: Maschinen

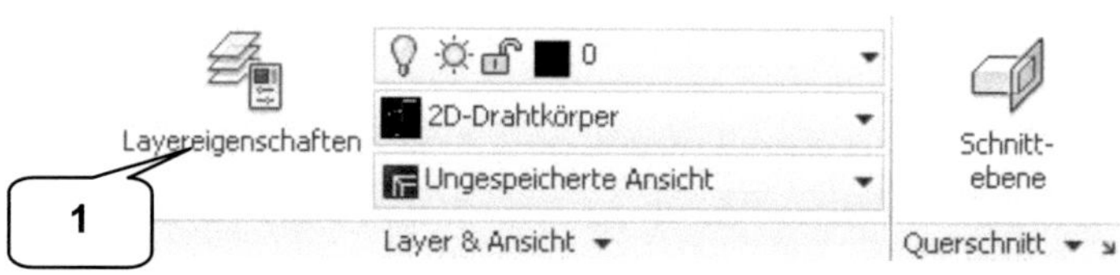

Wechseln Sie ins Register ***Start*** und erzeugen Sie einen weiteren Layer ***3D-Maschinen*** mit den folgenden Eigenschaften:

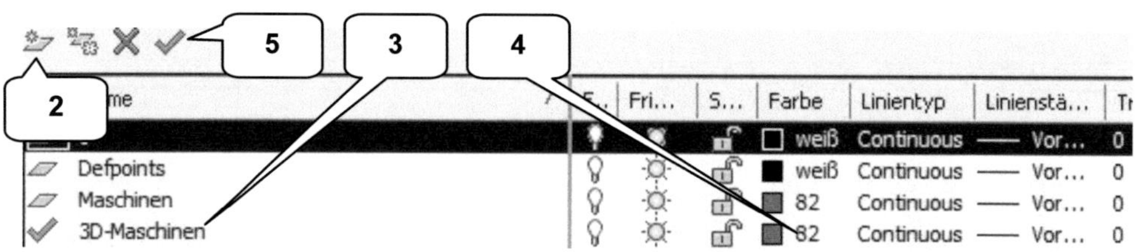

- ***Layereigenschaften-Manager*** (1)
- Neuer Layer (2)
- Name: [3D-Maschinen] (3)
- Farbe: [82] (4)
- Layer aktivieren (5)
- Layereigenschaften schließen

6.2 3D-GRUNDLAGEN > Register: START

6.2.1 Befehlsgruppe: ERSTELLEN

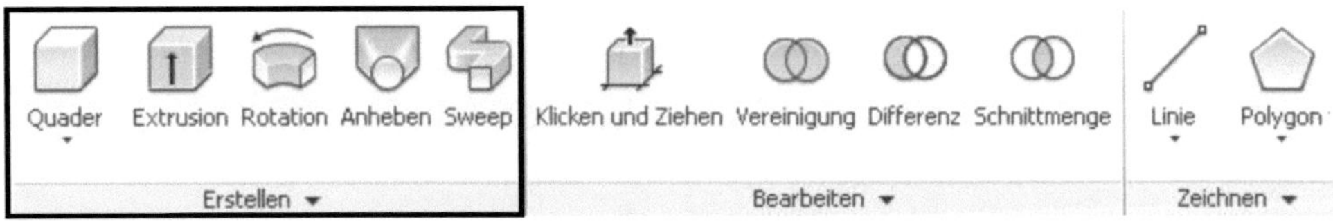

Mit der Befehlsgruppe ***Erstellen*** können 3D-Objekte als Flächen- oder Volumenkörper erzeugt werden.

6.2.1.1 Befehlsgrundlagen: Quader

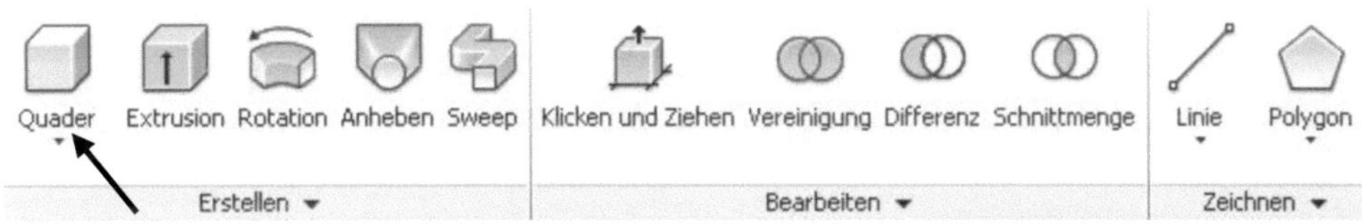

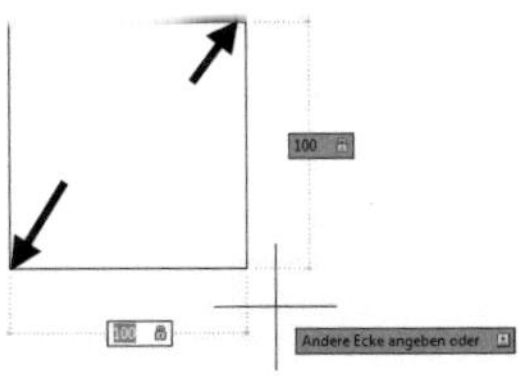

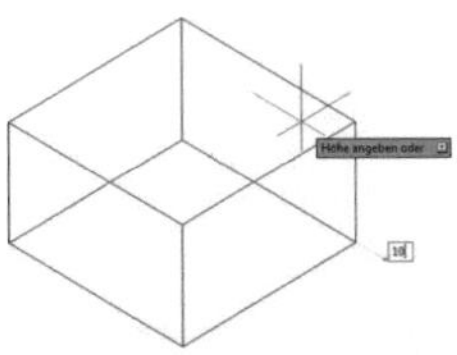

FUNKTION

- Erzeugt ein rechteckiges Objekt und extrudiert dieses

OPTIONEN

- [Mittelpunkt]: Mittelpunkt der Basisgeometrie
- [Würfel]: Erzeugt einen Würfel
- [Länge]: Erzeugt einen Quader
- [2Punkt]: Höhe gleich Abstand zweier Punkte

6.2.1.2 Die erste Maschine als Quader erzeugen

Starten Sie den Befehl ***Quader*** und erzeugen Sie die Maschine ***Kästen auf Paletten heben***. Die vorhandenen 2D-Objekte dienen als Vorlage.

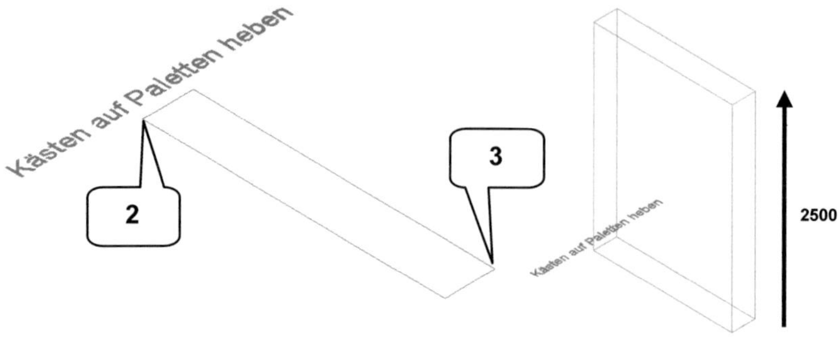

- *__Quader__* (1)
- Startpunkt wählen (2)
- Endpunkt wählen (3)
- Maus etwas nach oben ziehen
- Wert für Höhe eingeben: [2500] mm
- [Enter]

__HINWEIS__: Ein freies Drehen der Bildschirmansicht ist bei gedrückter linker Maustaste auf dem ***ViewCube*** oder mit der Kombination der Taste [Shift] und gedrückter mittlerer Maustaste möglich.

6.2.1.3 Weitere Maschinen als Quader darstellen

Wiederholen Sie den Befehl ***Quader*** und erzeugen Sie die folgenden acht Maschinen:

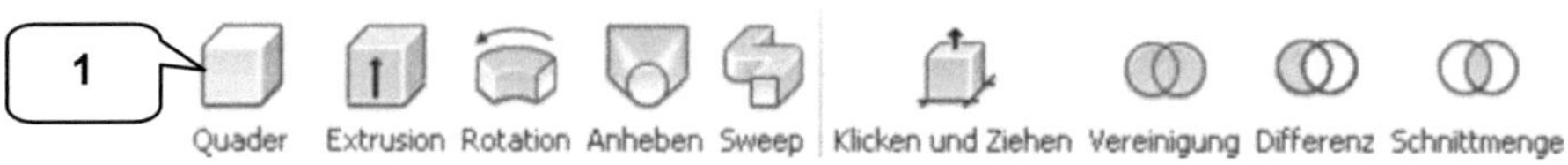

__Maschinenbezeichnung__	**__Wert für Höhen__**
• Kästen von Paletten heben (2)	[2500] mm
• Palettenspeicher (3)	[3000] mm
• Flaschen in Kästen heben (4)	[2500] mm
• Flaschen aus Kästen heben (5)	[2500] mm
• Flaschenkontrolle/ Selektion (6)	[2500] mm
• Kastenwaschmaschine (7)	[3000] mm
• Kastenspeicher (8)	[5000] mm
• Flaschenwaschmaschine (9)	[5000] mm

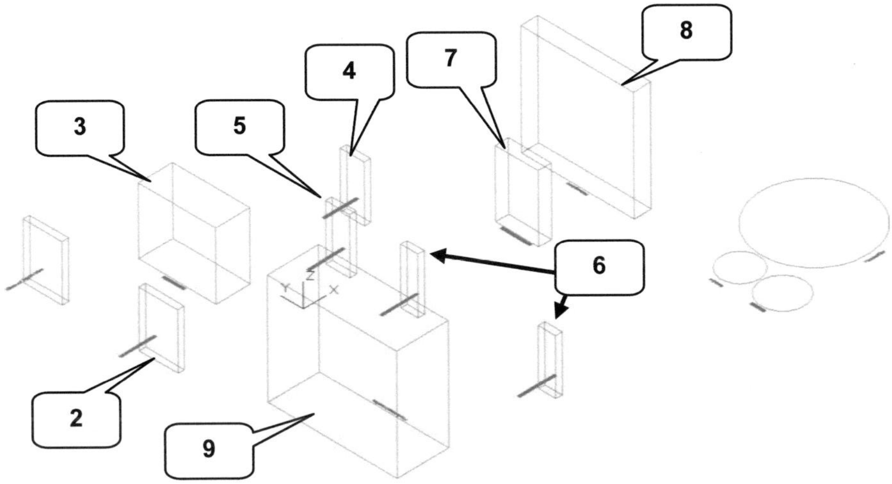

HINWEIS: Achten Sie bei der Auswahl der Punkte für das Basisrechteck stets darauf, zwei diagonal gegenüberliegende Punkte der 2D-Objekte zu wählen.

6.2.1.4 Befehlsgrundlagen: Zylinder

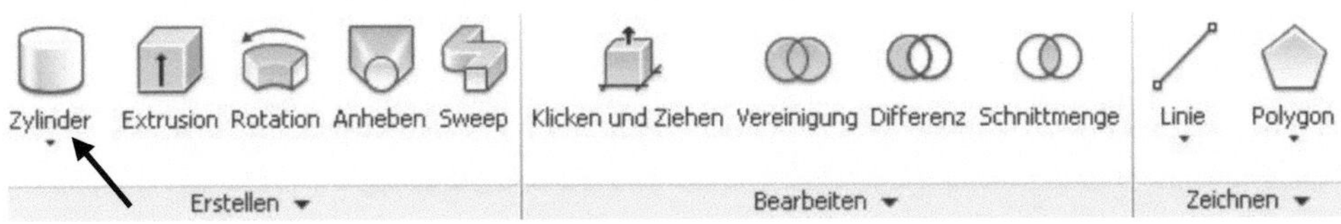

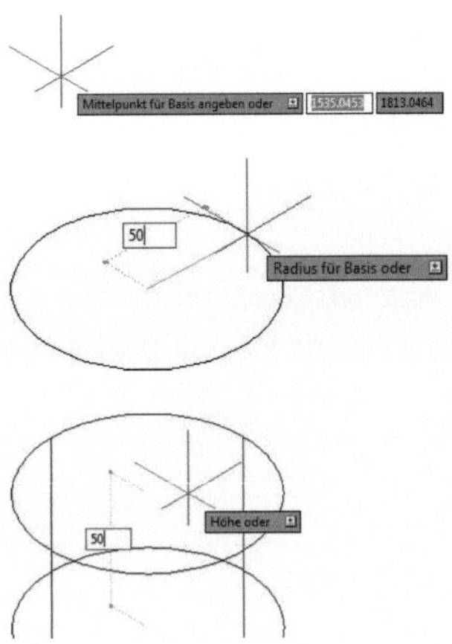

FUNKTION

- Erzeugt einen Kreis oder eine Ellipse und extrudiert diese

OPTIONEN

- [3P]: Kreis durch drei Punkte
- [2P]: Kreis durch zwei Punkte
- [Ttr]: Kreis durch drei Tangenten
- [Elliptisch]: Erzeugt eine Ellipse
- [Durchmesser]: Durchmesser- statt Radiusangabe
- [2Punkt]: Höhe gleich Abstand zweier Punkte

6.2.1.5 Maschinen als Zylinder darstellen

Der ***Flaschenfüller*** (1) soll durch einen Zylinder symbolisiert werden.

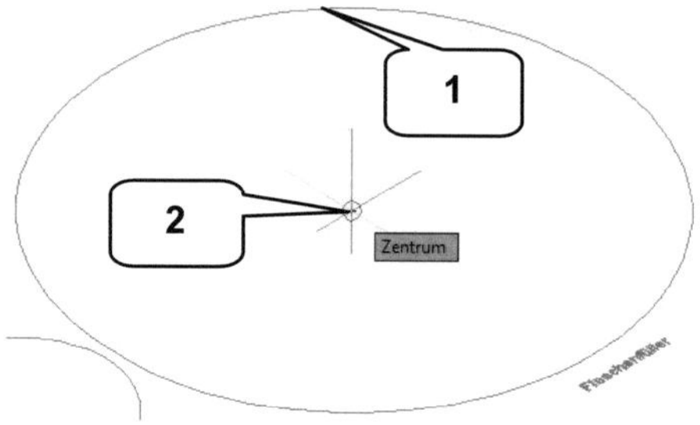

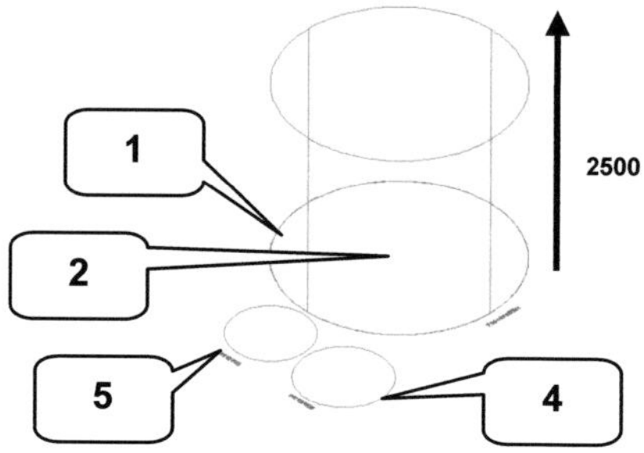

- ***Zylinder*** (3)
- Markierten Kreismittelpunkt wählen (2)
- Wert für Radius eingeben: [2500] mm
- [Enter]
- Maus etwas nach oben ziehen
- Wert für Höhe eingeben: [4000] mm
- [Enter]

Die beiden Maschinen ***Etikettierer*** (4) und ***Schließer*** (5) sollen ebenfalls als Zylinder erstellt werden. Verwenden Sie die folgenden Radien- und Höhenangaben:

Maschinenbezeichnung	**Wert für Radius**	**Wert für Höhen**
• Etikettierer (4)	[1000] mm	[2500] mm
• Schließer (5)	[900] mm	[2500] mm

HINWEIS: Im 3D-Modus ist der Mittelpunkt eines Kreises oft schlecht zu erfassen. Wenn Sie mit dem Mauspfeil vorher noch einmal über den Kreis selbst fahren und anschließend auf den Mittelpunkt des Kreises, sollte sich das verbessern.

6.2.1.6 Befehlsgrundlagen: Kegel

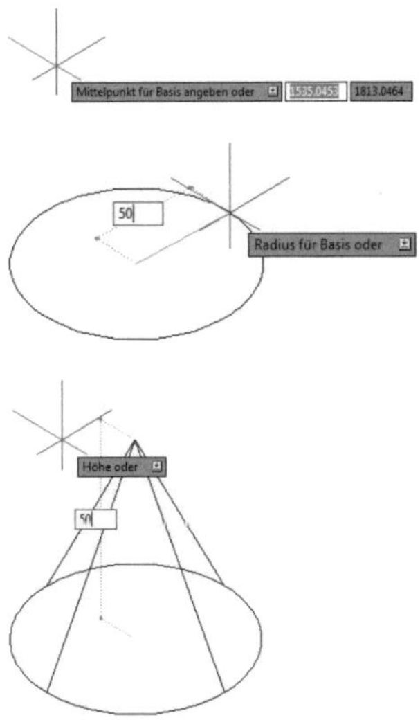

FUNKTION

- Erzeugt einen Volumenkörper aus einem Kreis oder einer Ellipse

OPTIONEN

- [3P]: Basis durch drei Punkte
- [2P]: Basis durch zwei Punkte
- [Ttr]: Basis durch zwei Tangenten
- [Elliptisch]: Erzeugt eine Ellipse
- [Durchmesser]: Durchmesser- statt Radiusangabe
- [2Punkt]: Höhe gleich Abstand zweier Punkte
- [Achsenendpunkt]: Höhe bis Endpunkt
- [Oberen Radius]: Kegel wird oben abgerundet

6.2.1.7 Flaschenfüller mit kegeligem Dach ergänzen

Die obere Fläche des Flaschenfüllers soll mit einem kegeliger Aufsatz versehen werden. Starten Sie den Befehl ***Kegel***, wählen Sie für den Mittelpunkt des Basiskreises den markierten Kreismittelpunkt der oberen Zylinderfläche des Flaschenfüllers (großer Zylinder) und geben Sie anschließend die Höhe des Kegels ein.

- ***Kegel*** (1)
- Kreismittelpunkt wählen (2)
- Wert für Radius: [2500] mm
- [Enter]
- Maus etwas nach oben ziehen
- Wert für Höhe: [500] mm
- [Enter]

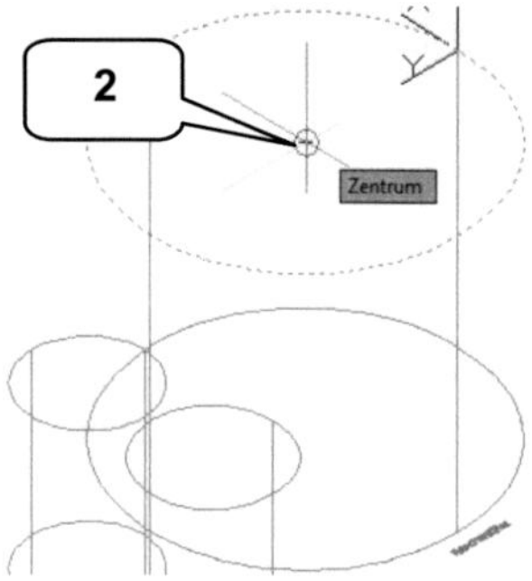

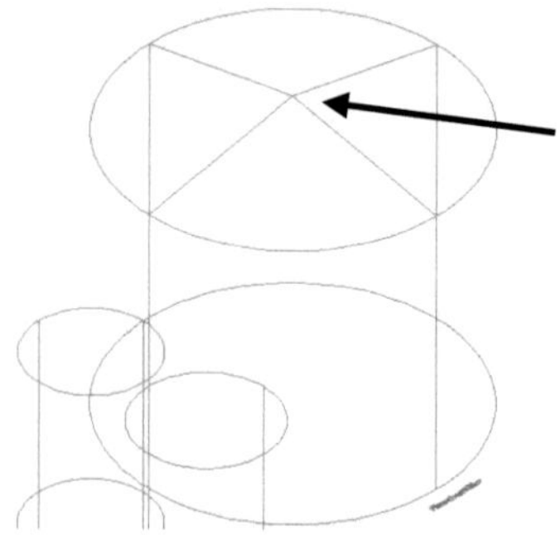

6.2.1.8 Befehlsgrundlagen: Kugel

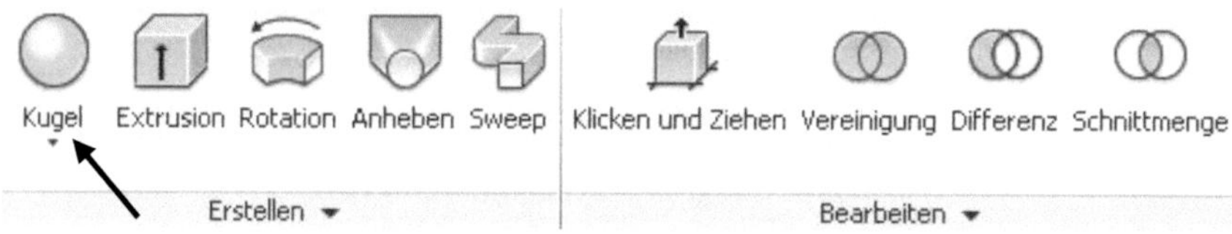

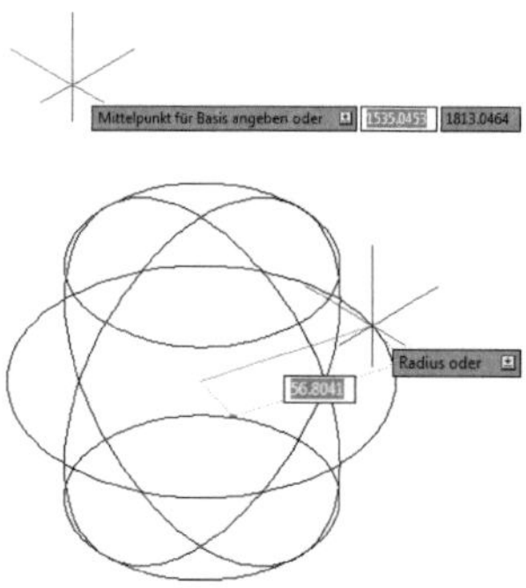

FUNKTION

- Erzeugt eine Kugel

OPTIONEN

- [3P]: Kugel durch drei Punkte
- [2P]: Kugel durch zwei Punkte
- [Ttr]: Kugel durch zwei Tangenten
- [Durchmesser]: Durchmesser- statt Radiusangabe

6.2.1.9 Schließer und Etikettierer durch Kugeln ergänzen

Schließer (5) und ***Etikettierer*** (4) sollen auf der oberen Seite mit einer ***Kugel*** versehen werden. Die Vorgehensweise ist identisch wie beim Aufsetzen des Kegels auf den Flaschenfüller. Orientieren Sie sich an den folgenden Abbildungen:

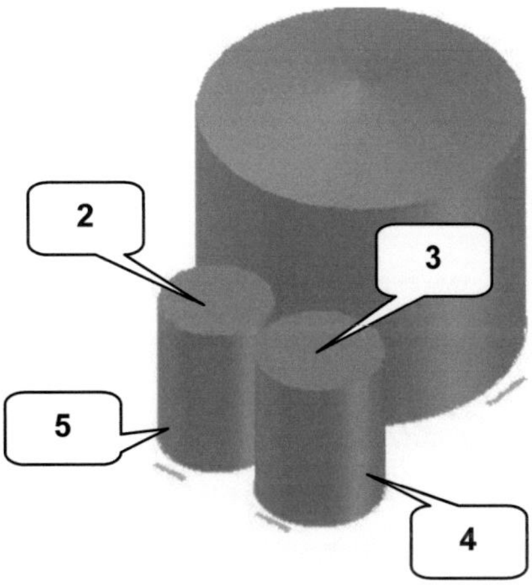

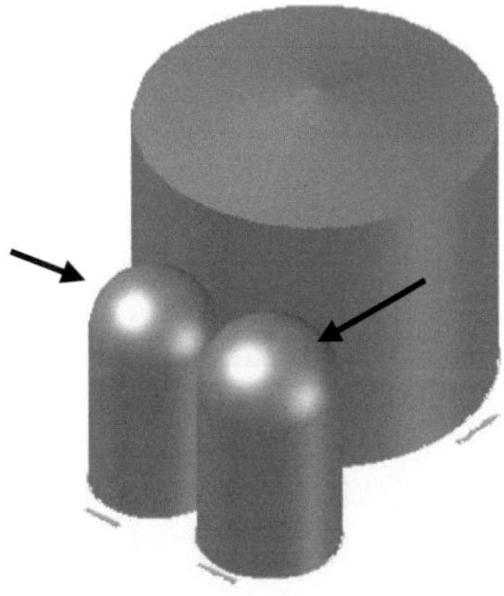

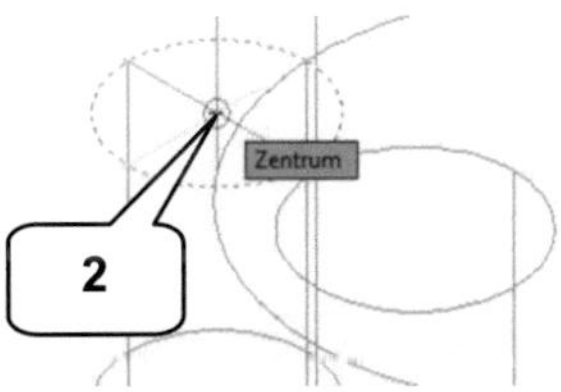

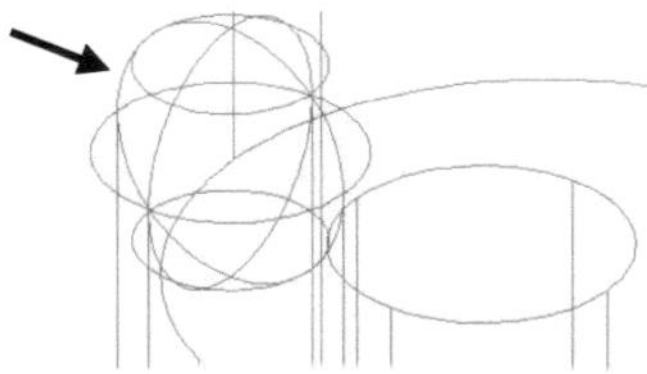

- ***Kugel*** (1)
- Kreismittelpunkt (2) der oberen Fläche des Schließers (5) wählen
- Kugelradius: [900] mm
- [Enter]

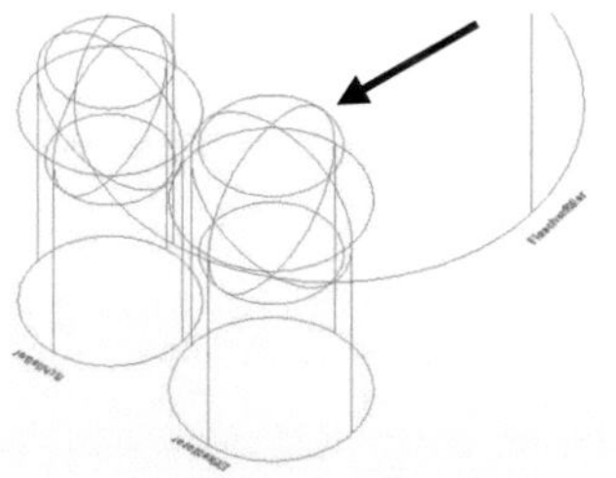

- ***Kugel*** (1)
- Kreismittelpunkt (3) der oberen Fläche des Etikettierers (4) wählen
- Kugelradius: [1000] mm
- [Enter]

6.2.2 Befehlsgruppe: ÄNDERN

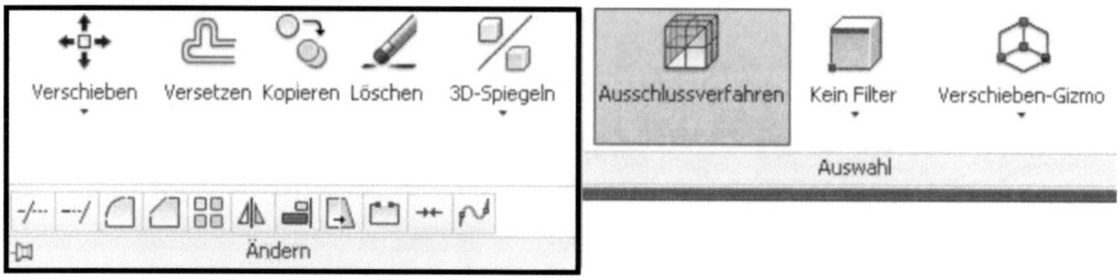

Die Befehlsgruppe ***Ändern*** enthält Befehle zur Bearbeitung bereits erzeugter 3D-Objekte. Viele der Befehle sind in ähnlicher Form bereits aus dem 2D-Arbeitsbereich bekannt.

6.2.2.1 Befehlsgrundlagen: Abrunden

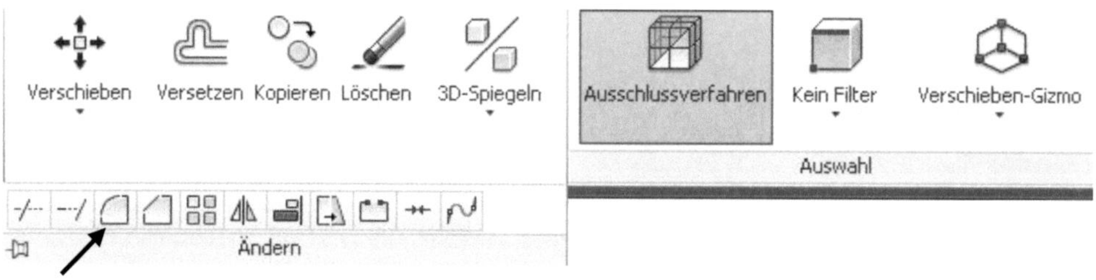

FUNKTION

- Erzeugt Rundungen an Kanten von Volumenkörpern

OPTIONEN

- [Kette]: Mehrere Kanten abrunden
- [Radius]: Rundungsradius festlegen

6.2.2.2 Abrunden einiger Maschinenkanten

Die vier Kanten der oberen Fläche des ***Palettenspeichers*** (4) sollen abgerundet werden. Starten Sie den Befehl ***Abrunden***, verwenden Sie den Modus [Mehrere], um alle vier Kanten zeitgleich runden zu können und wählen Sie die vier markierten Kanten der oberen Fläche.

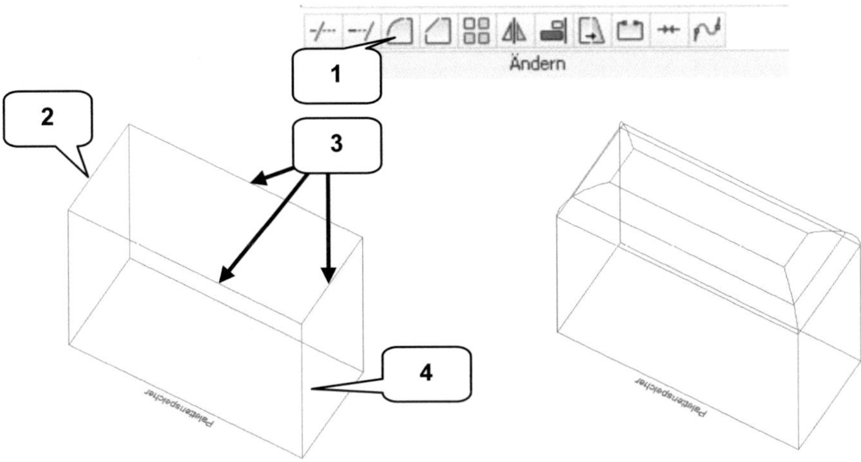

- Abrunden (1)
- Kante (2) wählen (Palettenspeicher)
- Rundungsradius eingeben: [500] mm
- [Enter]
- Kanten (3) wählen
- [Enter]

Wiederholen Sie das Abrunden der oberen Kanten bei den folgenden Maschinen:

Maschinenbezeichnung	Wert für Radius
• Flaschenwaschmaschine (5)	[500] mm
• Kastenwaschmaschine (6)	[200] mm
• Kastenspeicher (7)	[200] mm

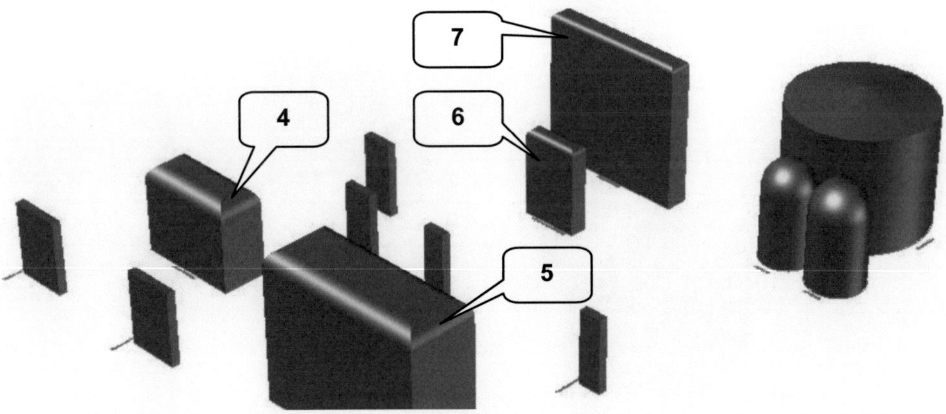

6.2.2.3 Befehlsgrundlagen: Fasen

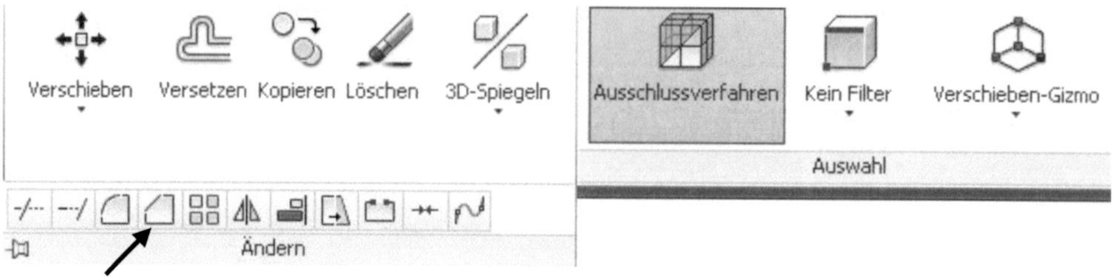

FUNKTION

- Fügt einer Kante eine Fase hinzu

OPTIONEN

- [Kontur]: Fasen aller Kanten einer Fläche
- [Entfernung]: Abstand Fasen- zu Volumenkörperkante

6.2.2.4 Fasen von Maschinenkanten

Die vier Kanten der oberen Fläche der Maschine ***Kästen auf Paletten heben*** (3) sollen mit einer Fase versehen werden. Starten Sie den Befehl ***Fasen*** und folgen Sie der Befehlskette:

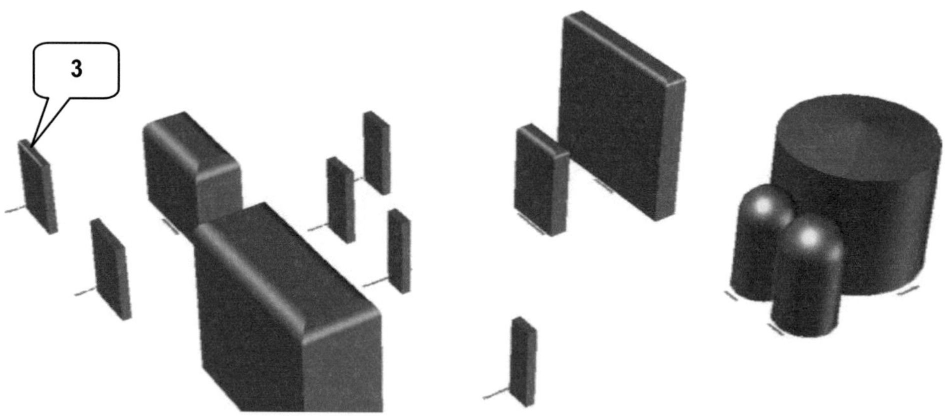

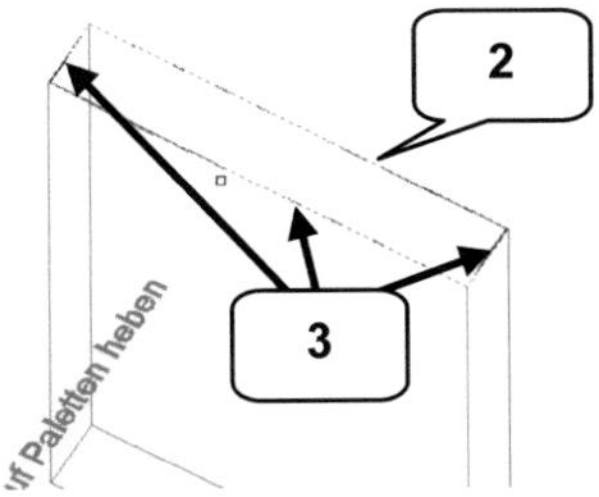

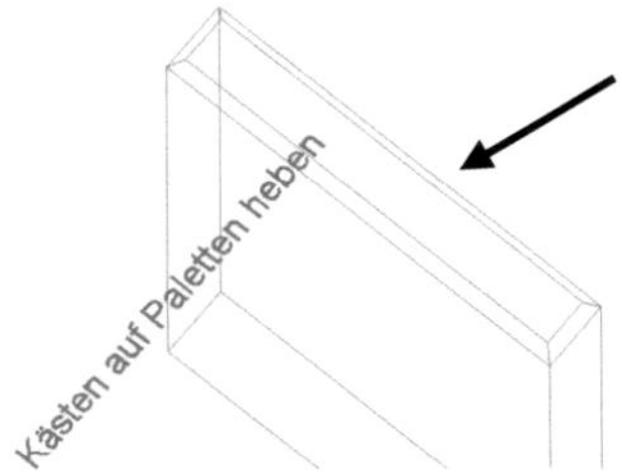

- ***Fasen*** (1)
- Markierte Kante (2) wählen
- Option: [Nächste]
- [Enter]
- Abstand 1: [50] mm
- [Enter]
- Abstand 2: [50] mm
- [Enter]
- Markiert Kanten (3) wählen
- [Enter]

Fasen Sie alle restlichen, unbearbeiteten, durch den Befehl ***Quader*** erzeugten Maschinen an den oberen Kanten. Verwenden Sie dieselben Werte wie im vorherigen Schritt.

6.2.2.5 3D-Transportsystem als Block einfügen

Wechseln Sie ins Register ***Einfügen*** und importieren Sie die Datei ***01_00_Produktionslinie-Transportsystem-3D*** als Block in die Zeichnung. Achten Sie darauf, den Einfügepunkt der Zeichnung auf den Koordinatenursprung zu beziehen (X=0, Y=0, Z=0).

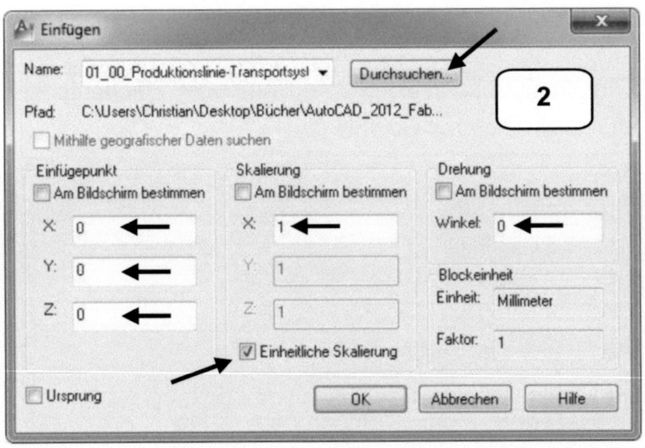

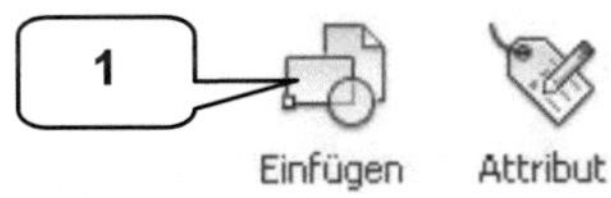

- ***Einfügen*** (1)
- [Durchsuchen...]
- Dateiname: [01_00_Produktionslinie-Transportsystem-3D.dwg]
- Einstellungen übernehmen (2)
- [OK]

6.2.2.6 Ändern des visuellen Stils auf Realistisch

Der Ansichtsstil ***2D-Drahtkörper*** entlastet den Arbeitsspeicher Ihres Rechners und ermöglicht ein schnelles und störungsfreies Arbeiten. Eine gute plastische Darstellung von 3D-Zeichnungen erreichen Sie hiermit allerdings nicht. Ändern Sie im Register ***Start*** den visuellen Stil auf ***Realistisch*** (1). Drehen Sie die Ansicht etwas und betrachten Sie die Produktionslinie von verschiedenen Seiten.

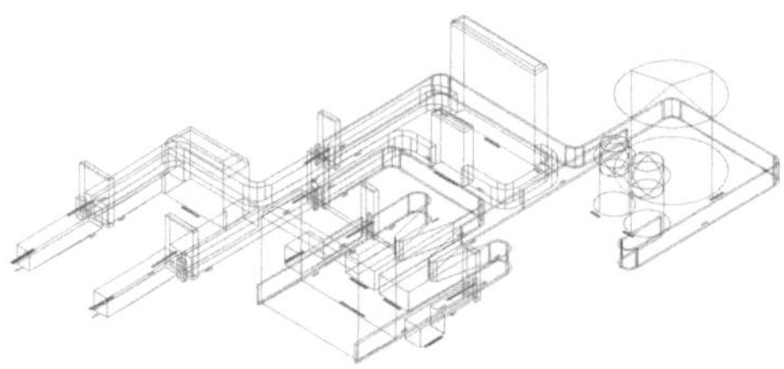

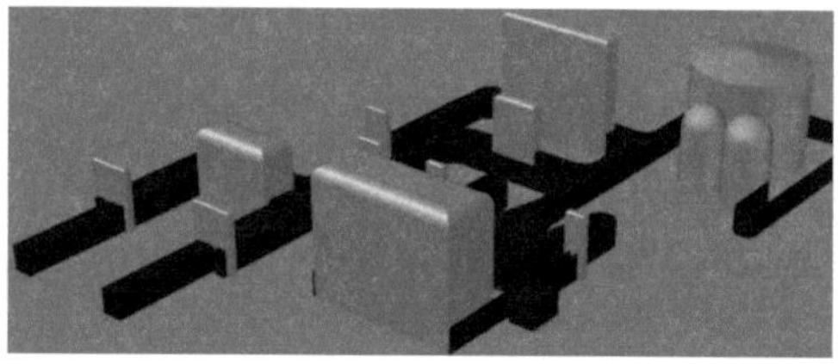

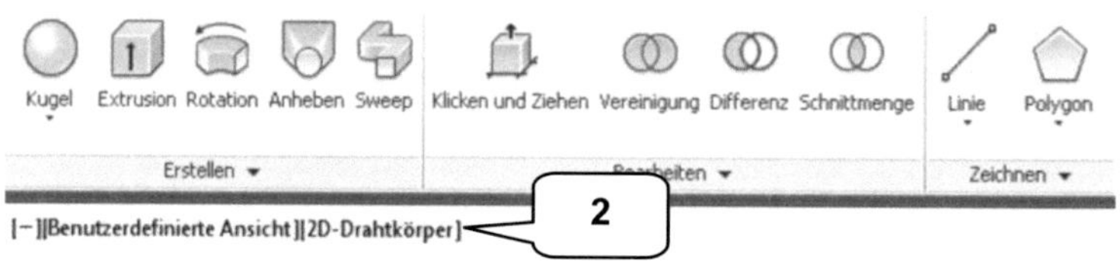

HINWEIS: Eine schnelle Änderung der Ansicht kann auch direkt aus dem Zeichenfenster heraus erfolgen. Verwenden Sie hierfür die markierten Befehle (2).

6.2.2.7 Importieren der Zeichnung: Fabrikhalle

Wechseln Sie ins Register ***Einfügen*** und importieren Sie die Datei ***02_00_Fabrikhalle_mit_Außenbereich-3D.dwg***. Der Einfügepunkt der Zeichnung muss sich auch hier auf den Koordinatenursprung zu beziehen (X=0, Y=0, Z=0). Reaktivieren Sie den visuellen Stil ***2D-Drahtkörper***.

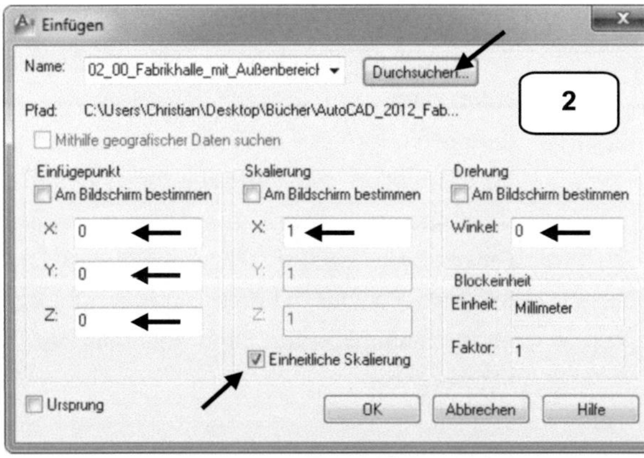

- ***Einfügen*** (1)
- Durchsuchen...
- Dateiname: [02_00_Fabrikhalle_mit_Außenbereich-3D.dwg]
- Einstellungen übernehmen (2)
- OK
- Register: ***Start***
- Visueller Stil: ***2D-Drahtkörper***

6.2.2.8 Befehlsgrundlagen: Extrusion (BG: ERSTELLEN)

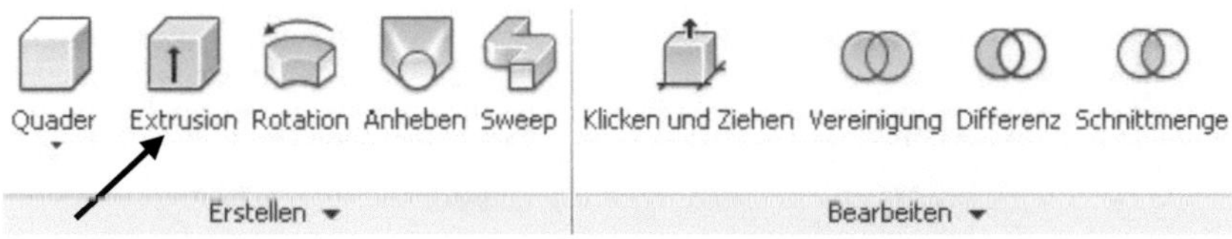

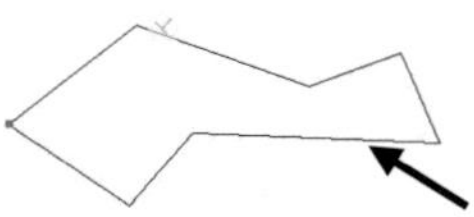

FUNKTION

- Erzeugt einen Volumen- oder Flächenkörper durch Extrusion eines 2D-Objektes

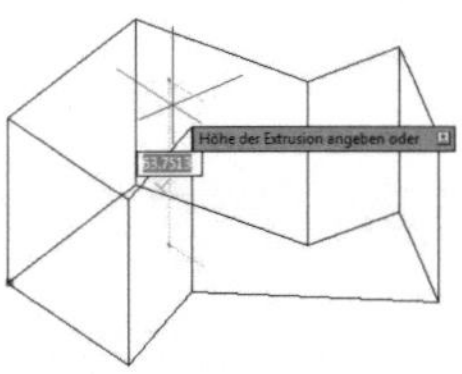

OPTIONEN

- [Modus]: Volumenkörper oder Fläche als Objekt
- [Richtung]: Richtung der Extrusion
- [Pfad]: Extrusion entlang eines Richtungspfades

6.2.2.9 Block bearbeiten

Um die folgenden Arbeitsschritte ausführen zu können, muss in den Bearbeitungsbereich eines Blocks der Zeichnung gewechselt werden. Erweitern Sie hierfür die Befehlsgruppe ***Referenz*** des Registers ***Einfügen*** und starten Sie den Befehl ***Referenz-Bearbeitung***.

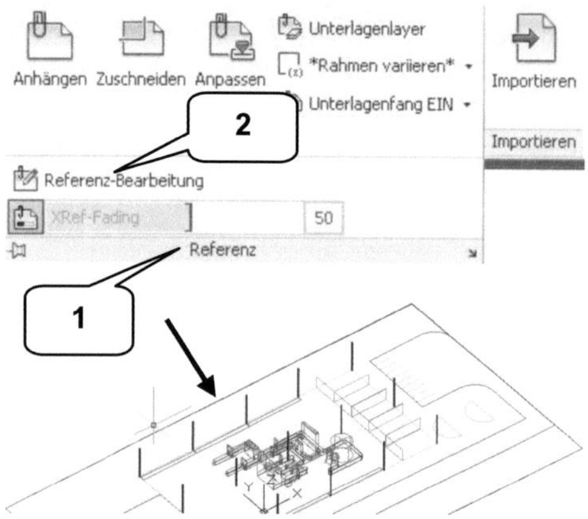

Wählen Sie anschießend den markierten Block ***02_00_Fabrikhalle_mit_ Außenbereich.dwg***, um dessen Bearbeitung zu aktivieren. Im Fenster ***Referenz bearbeiten*** ist die Option ***Alle eingebetteten Objekte automatisch wählen*** zu aktivieren und das Fenster mit OK ***OK*** zu bestätigen. Das folgende Fenster mit dem Hinweis auf ignorierte Abhängigkeiten kann ebenfalls bestätigt werden.

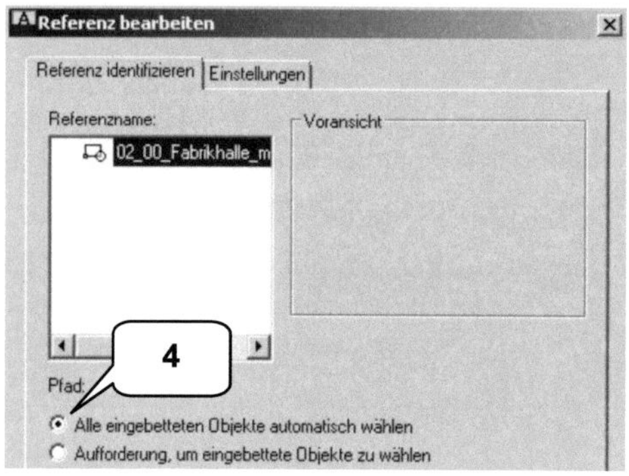

- Register ***Einfügen***
- Befehlsgruppe ***Referenz*** erweitern (1)

- ***Referenz-Bearbeitung*** (2)
- Markierte Kante (3) wählen
- Option (4) aktivieren
- OK
- ***...ignorierte Abhängigkeiten...*** mit OK OK bestätigen

6.2.2.10 Extrudieren der Regale

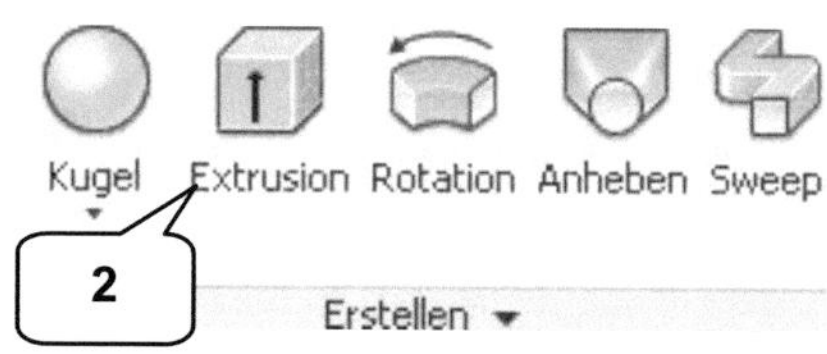

Wechseln Sie ins Register ***Start*** und aktivieren Sie in der Befehlsgruppe ***Layer & Ansicht*** den Layer ***Regale***. Starten Sie den Befehl ***Extrusion*** und konvertieren Sie die markierten sechs Rechtecke (Regale) in Volumenkörper.

- Register ***Start***
- Layer ***Regale*** aktivieren (1)

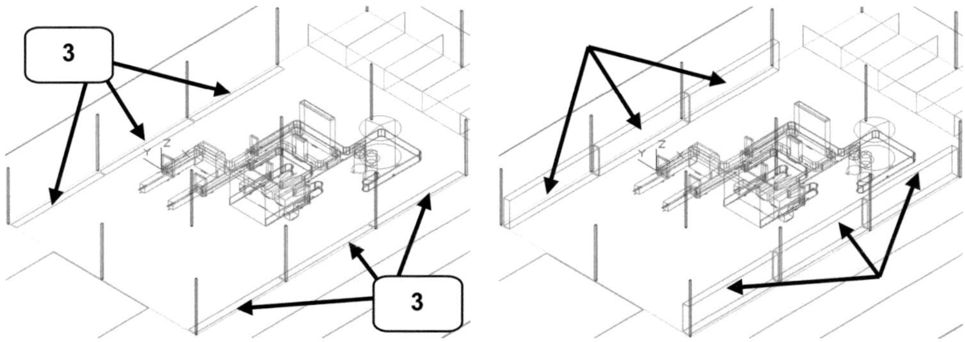

- **_Extrusion_** (2)
- Sechs Rechtecke wählen (3)
- [Enter]
- Maus nach oben ziehen
- Höhe der Extrusion: [4000] mm
- [Enter]

HINWEIS: Um einen Volumenkörper zu erhalten, muss das zu extrudierende 2D-Objekt geschlossen sein. Ist dies nicht der Fall, wird anstelle des Volumenkörpers ein Flächenelement mit der Masse m=0 kg erzeugt.

6.2.2.11 Befehlsgrundlagen: Rotation (BG: ERSTELLEN)

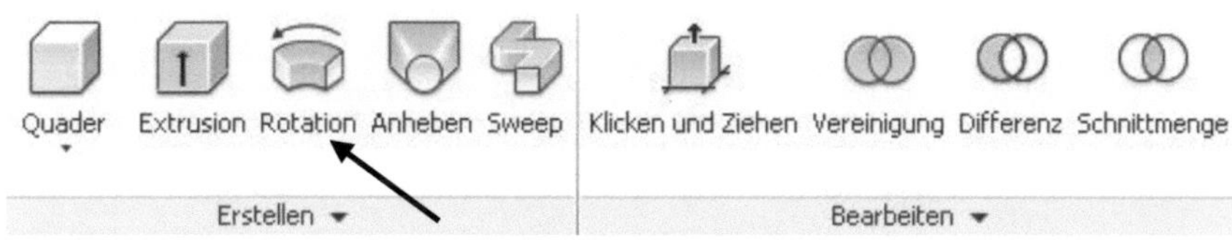

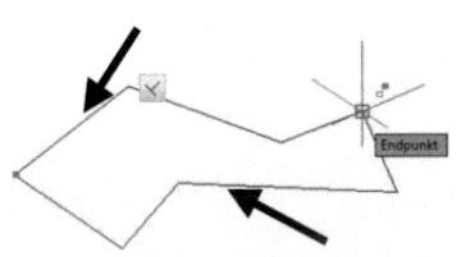

FUNKTION

- Erzeugt einen Volumen- oder Flächenkörper durch Rotation einer 2D-Geometrie um eine Achse

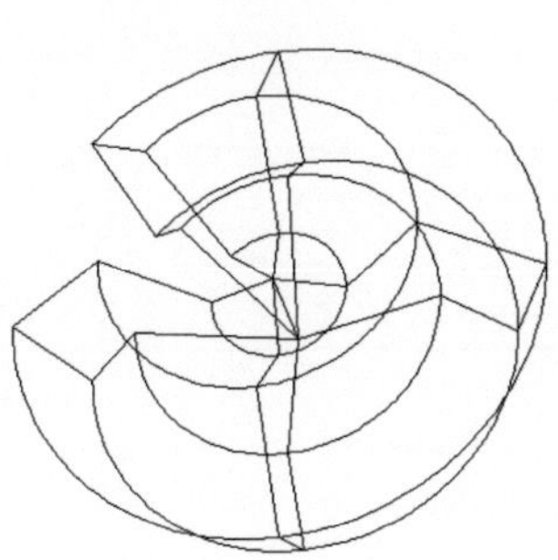

OPTIONEN

- [Modus]: Volumenkörper oder Fläche als Objekt
- [Objekt]: Objekt als Drehachse definieren
- [X, Y, Z]: Drehen um die X-, Y- oder Z-Achse
- [Startwinkel]: Versatzwert für Rotation

6.2.2.12 Wassertanks durch Rotation erzeugen

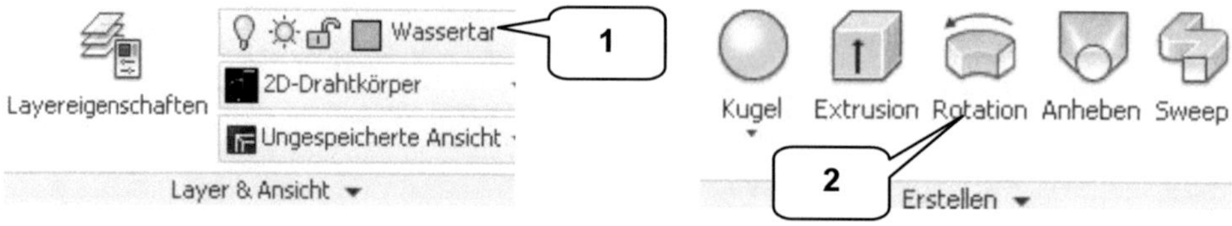

Aktivieren Sie den Layer ***Wassertanks*** (1) und erstellen Sie den ersten Wassertank mit dem Befehl ***Rotation***. Wiederholen Sie die Befehlskette für den zweiten Tank.

- ***Rotation*** (2)
- Halbkreis (3) wählen
- Punkt (4) wählen
- Punkt (5) wählen
- Rotationswinkel eingeben: [360] Grad
- [Enter]

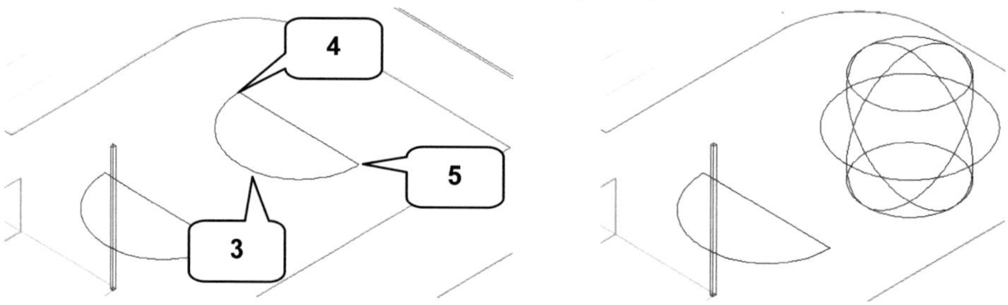

6.2.2.13 Befehlsgrundlagen: Polykörper (BG: ERSTELLEN)

FUNKTION

- Erzeugt ein Wandelement mit einer Polylinie als Basiskörper

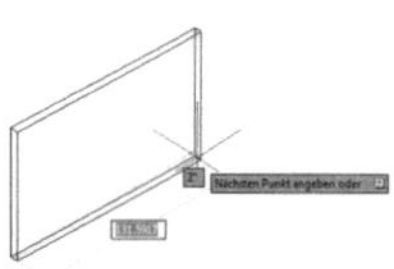

OPTIONEN

- [Objekt]: Konvertiert ein vorhandenes Objekt in ein Wandelement (Polykörper)

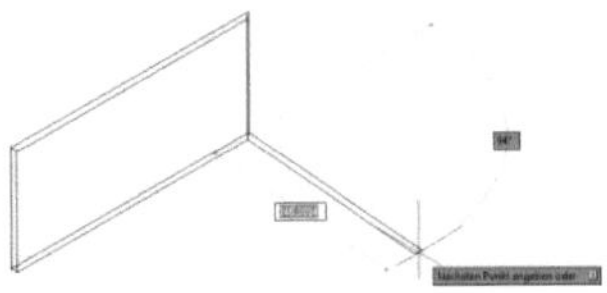

- [Höhe]: Höhe des Polykörpers
- [Breite]: Breite des Polykörpers
- [Ausrichten]: Basis links, rechts oder mittig der Ziehkurve festlegen
- [Bogen]: Fügt einen Bogen hinzu
- [Schließen]: Schließt den Polykörper
- [Zurück]: Einen Zeichenschritt zurück

6.2.2.14 Hallenwand durch Polykörper erzeugen

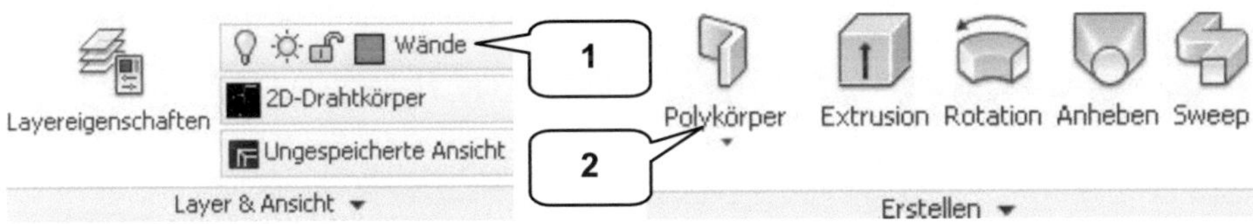

Aktivieren Sie den Layer ***Wände*** (1) und zeichnen Sie um die vier außenliegenden Eckpunkte der Halle einen ***Polykörper***. Er soll die äußere Hallenwand der Fabrik mit einer Breite von 100 mm und einer Höhe von 8000 mm darstellen.

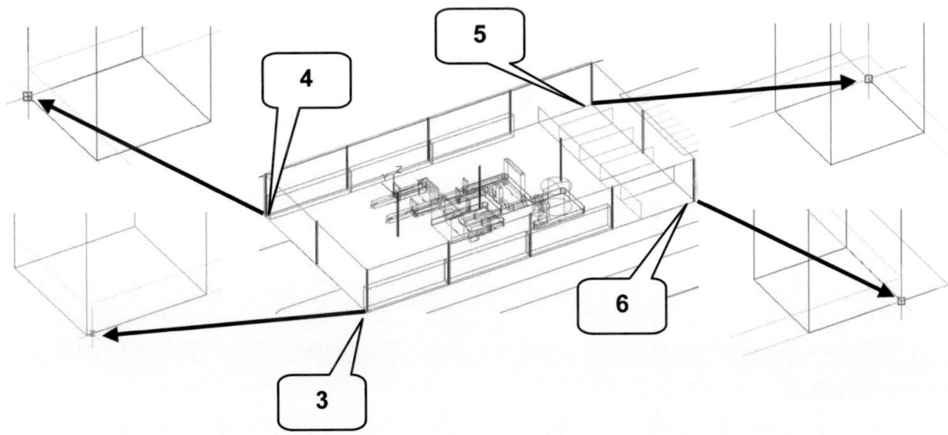

- ***Polykörper*** (2)
- Option: [Breite]
- Wert für Breite: [100] mm
- [Enter]
- Option: [Ausrichten]
- Wert für Ausrichtung: [Rechts]
- Option: [Höhe]
- Wert für Höhe: [8000] mm
- [Enter]
- Ersten Punkt (3) wählen
- Zweiten Punkt (4) wählen
- Dritten Punkt (5) wählen
- Vierten Punkt (6) wählen
- [S] (Polylinie schließen)
- [Enter]

6.2.2.15 Zwei neue Quader erzeugen

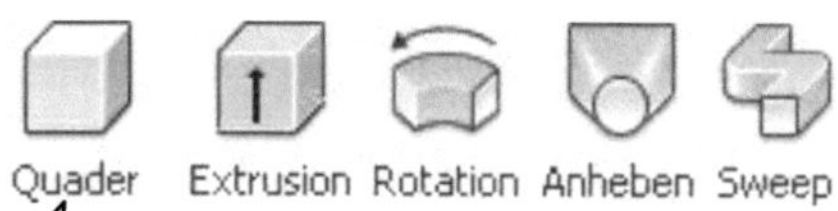

Um in die Hallenwand Aussparungen für zwei Hallentore einfügen zu können, sollen zwei ***Quader*** erzeugt werden.

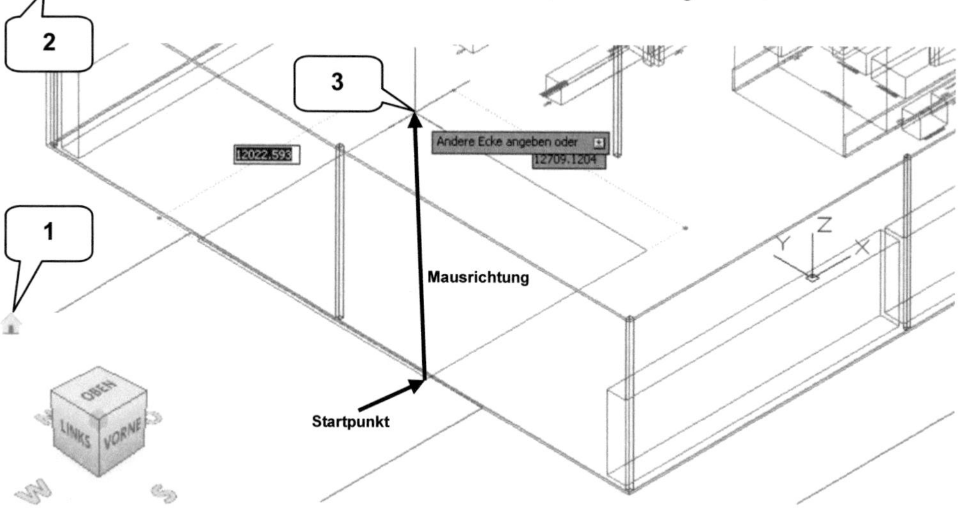

- ***ViewCube: Haus*** anklicken (1)
- ***Quader*** (2)
- Startpunkt: [-15300] > [Tab] > [5800]
- [Enter]
- Maus ca. auf Position (3) ziehen (nicht mit linker Maustaste klicken)
- Endpunkt: [500] > [Tab] > [3500]
- Maus nach oben ziehen
- Höhe: [5000] mm
- [Enter]

Der Quader soll kopiert und zeitgleich 6800 mm verschoben werden.

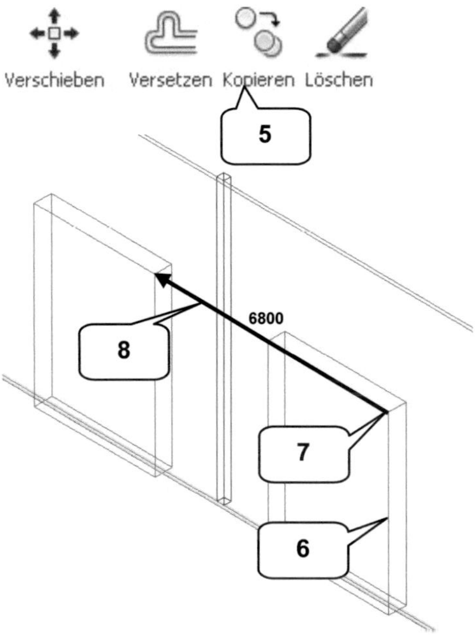

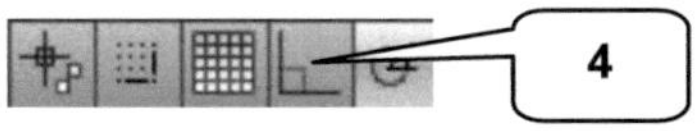

- *__Ortho-Modus__* aktivieren (4)

- *__Kopieren__* (5)
- Quader wählen (6)
- [Enter]
- Startpunkt wählen (7)
- Maus in markierte Richtung ziehen (8)
- [Tab] > [6800]
- [Enter]
- [Esc]

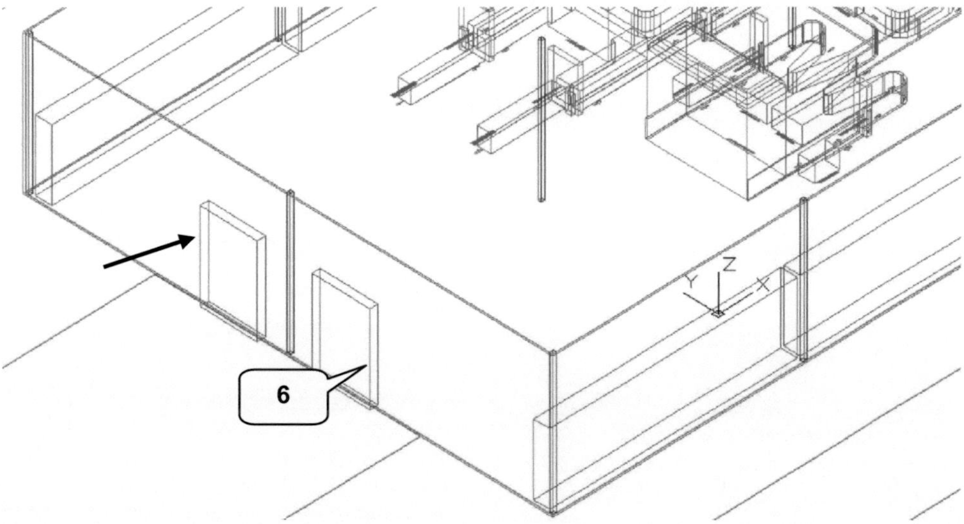

6.2.3 Befehlsgruppe: BEARBEITEN

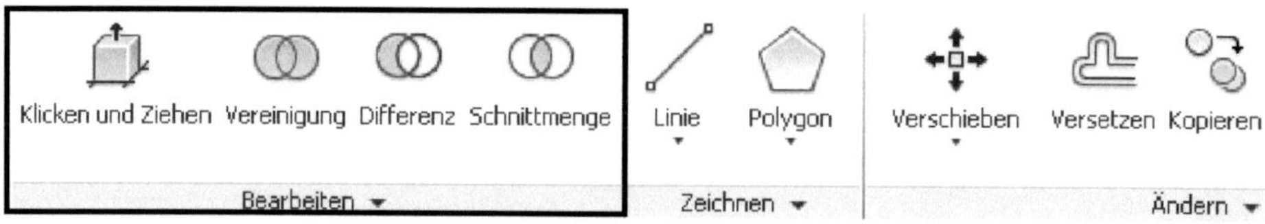

Bearbeitet Volumen- oder Flächenkörper durch boolesche Operationen.

6.2.3.1 Befehlsgrundlagen: Differenz

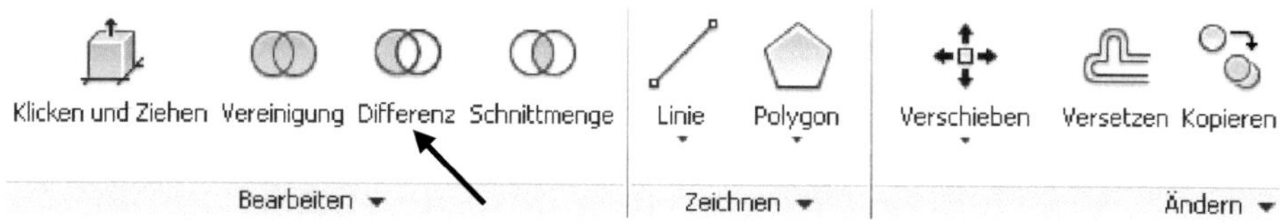

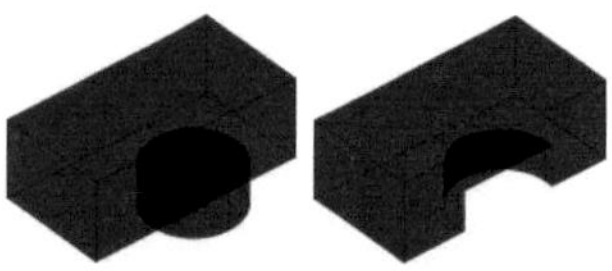

FUNKTION

- Subtrahiert ein Objekt (Volumen- oder Flächenkörper) von einem anderen Objekt

6.2.3.2 Quader vom Polykörper subtrahieren (Differenz)

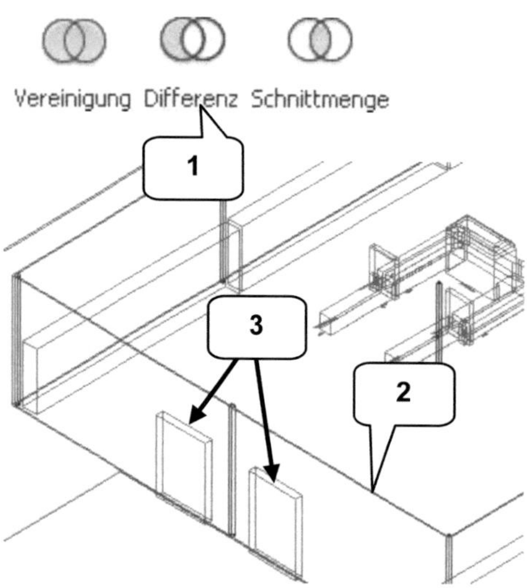

Starten Sie den Befehl ***Differenz***, um die Quader vom Polykörper zu subtrahieren.

- ***Differenz*** (1)
- Hallenwand wählen (2)
- [Enter]
- Beide Quader wählen (3)
- [Enter]

Die beiden Quader wurden aus der Zeichnung entfernt, an deren Stelle befinden sich jetzt zwei Aussparungen in der Hallenwand.

6.2.3.3 Fuhrpark als Block importieren

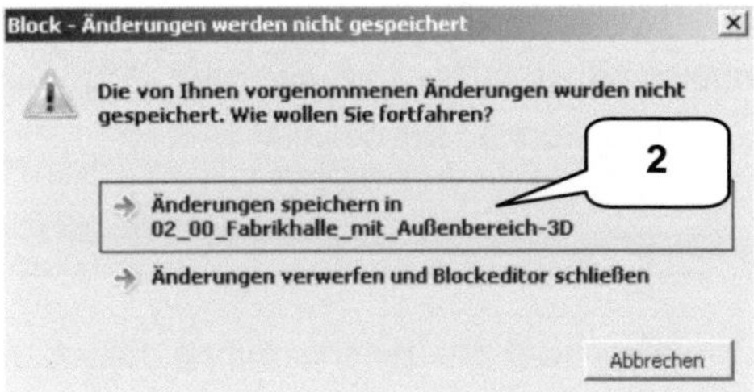

Der Blockeditor kann jetzt ***geschlossen*** werden (1).

Im Fenster ***Block - Änderungen***... ist die Option ***Änderungen speichern***... (2) zu aktivieren.

Der gesamte Fuhrpark (samt LKWs und Gabelstapler) kann komplett importiert werden. Wechseln Sie ins Register ***Einfügen*** und importieren Sie die Datei ***03_00_Fuhrpark.dwg***. Achten Sie darauf, sich auf den Koordinatenursprung (X=0, Y=0, Z=0) zu beziehen.

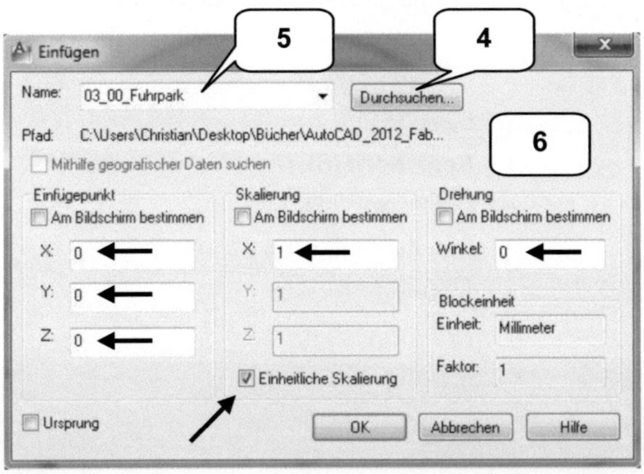

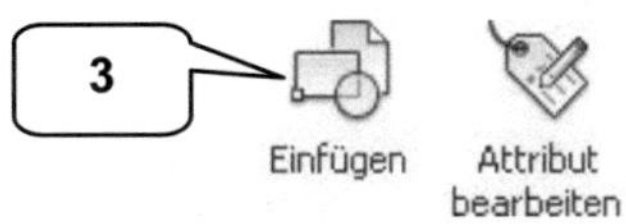

- ***Einfügen*** (3)
- Durchsuchen... (4)
- Dateiname: [03_00_Fuhrpark.dwg] (5)
- Einstellungen übernehmen (6)
- OK

6.2.4 Register: RENDERN

6.2.4.1 Befehlsgrundlagen: Rendern

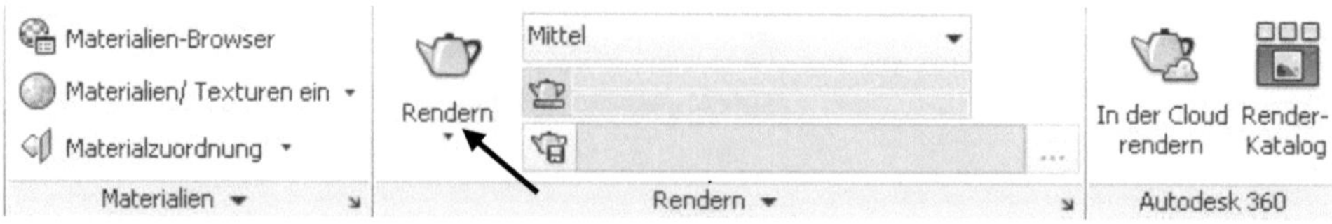

Der Befehl ***Rendern*** berechnet die aktuelle Konstruktions-Kulisse und speichert diese als Bild. Materialien, Texturen, Hintergrund und Beleuchtung können frei definiert werden.

6.2.4.2 Rendern des Bildes

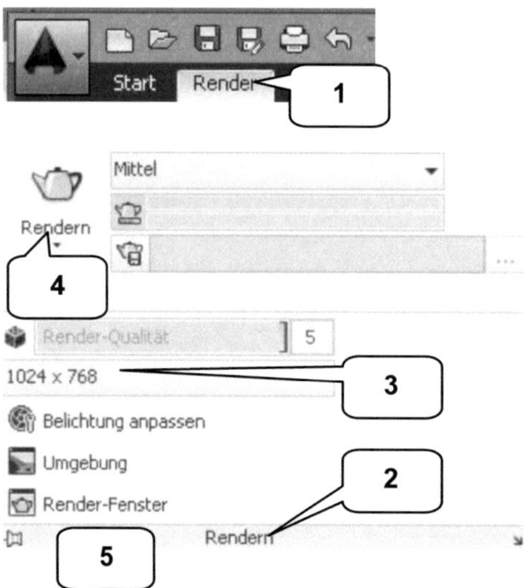

Erweitern Sie die Befehlsgruppe ***Rendern*** und folgen Sie der Befehlskette:

- Register ***Render*** öffnen (1)
- Befehlsgruppe ***Rendern*** erweitern (2)
- Format: 1024 x 768 wählen (3)

- ***Rendern*** (4)
- ***Datei*** (5)
- ***Speichern*** (6)
- Dateiname: [Bild_1]
- Dateityp: *.jpg
- Speichern

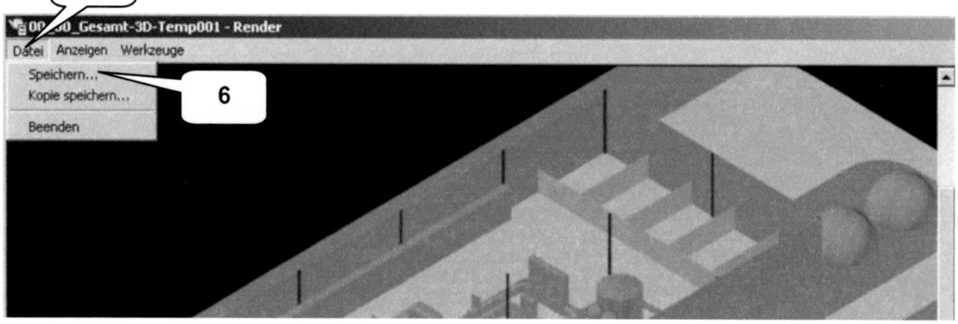

Speichern und schließen Sie die Datei abschließend.

7 SCHLUSSWORT

Der Autor des Buches hofft, dass Sie bei der Arbeit mit dem Programm und dem Übungsprojekt viel Spaß hatten.

Der Inhalt des Buches wurde sorgfältig geprüft. Leider können Fehler nicht ausgeschlossen werden.

Wenn Ihnen während der Arbeit mit dem Buch Fehler auffallen sollten, oder wenn Sie Ideen zur Verbesserung des Inhaltes haben, ist Ihnen der Autor für jeden Hinweis per E-Mail dankbar.

Konstruktive Anmerkungen können jederzeit an ***schlieder@cad-trainings.de*** gesendet werden.

Vielen Dank.

INDEX

*

A

B

B

B

B

B

D

E

E

F

G

H

I

K

L

M

N

O

P

P

Q

R

S

S

T

U

V

W

X

Z